王小波　主编

中国海域海岛地名志

福建卷第二册

海洋出版社

2020年·北京

图书在版编目（CIP）数据

中国海域海岛地名志．福建卷．第二册 / 王小波主编．—北京：海洋出版社，2020.1
ISBN 978-7-5210-0563-9

Ⅰ．①中… Ⅱ．①王… Ⅲ．①海域—地名—福建②岛—地名—福建 Ⅳ．①P717.2

中国版本图书馆 CIP 数据核字（2020）第 008923 号

主　　编：王小波（自然资源部第二海洋研究所）
责任编辑：杨传霞　程净净
责任印制：赵麟苏
海洋出版社 出版发行
http：//www.oceanpress.com
北京市海淀区大慧寺 8 号　邮编：100081
廊坊一二〇六印刷厂印刷
2020 年 1 月第 1 版　2020 年 11 月河北第 1 次印刷
开本：889mm×1194mm　1/16　印张：17.25
字数：250 千字　定价：200.00 元
发行部：010-62100090　邮购部：010-62100072
总编室：010-62100034
海洋版图书印、装错误可随时退换

《中国海域海岛地名志》

总编纂委员会

总 主 编：王小波

副总主编：孙　丽　王德刚　田梓文

专 家 组（按姓氏笔画顺序）：

丰爱平　王其茂　王建富　朱运超　刘连安

齐连明　许　江　孙志林　吴桑云　佟再学

陈庆辉　林　宁　庞森权　曹　东　董　珂

编纂委员会成员（按姓氏笔画顺序）：

王　隽　厉冬玲　史爱琴　刘春秋　杜　军

杨义菊　吴　頔　谷东起　张华国　赵晓龙

赵锦霞　莫　微　谭勇华

《中国海域海岛地名志·福建卷》

编纂委员会

主　编：姬厚德

副主编：陈　鹏　罗美雪　颜尤明　朱毅斌　张志卫

编写组：

自然资源部第一海洋研究所：刘金城　黄　沛

福建海洋研究所：蓝尹余　杨顺良　任岳森　张加晋
赵东波　翁宇斌　胡灯进　涂振顺
孙芹芹

福建省水产设计院：张聪亮　阮建萍　刘春荣　陈衍顺
林　锋

福建省水产研究所：游远新　宫照庆　陈红梅　许春晓
许文彬　林建伟　吴晓琴　汤三钦
卢俊杰　梁彬荣　杨和作　余启义
邹天涯　蔡真玲

自然资源部第三海洋研究所：吴海燕　吴　剑　涂武林
潘　翔　宋志晓　蔡鹭春

前　言

我国海域辽阔，海域海岛地理实体众多，在历史的长河中产生了丰富多彩、类型各异的地名，是重要的基础地理信息。开展全国海域海岛地名普查工作，对于维护国家主权和领土完整，巩固国防建设，促进经济社会协调发展，方便社会交流交往、人民群众生产生活，提高政府管理水平和公共服务能力，都具有十分重要的意义。

20 世纪 80 年代，中国地名委员会组织开展了我国第一次地名普查，对海域地名也进行了普查（台湾省及香港、澳门地区的地名除外），并进行了地名标准化处理。经过近 30 年的发展，在海域海岛地理实体中，有实体无名、一实体多名、多实体重名的现象仍然不同程度存在；有些地理实体因人为开发、自然侵蚀等原因已经消失，但其名称依然存在。在海洋经济已经成为拉动我国国民经济发展有力引擎的新形势下，特别是党的十九大报告提出“坚持陆海统筹，加快建设海洋强国”，开展海域海岛地名普查及标准化工作刻不容缓。

根据《国务院办公厅关于开展第二次全国地名普查试点的通知》（国办发〔2009〕58 号）精神和《第二次全国地名普查试点实施方案》的要求，原国家海洋局于 2009 年组织开展了全国海域海岛地名普查工作，对海域、海岛及其他地理实体展开了全面的调查，空间上涵盖了中国所有海岛，获取了我国海域海岛地名的基本情况。全国海域海岛地名普查工作得到了沿海省、直辖市、自治区各级政府的大力支持，11 个沿海省（市、区）的各级海洋主管部门、37 家海洋技术单位、数百名调查人员投入了这项工作，至 2012 年基本完成。对大陆沿海数以万计的海岛进行了现场调查，并辅以遥感影像对比；对港澳台地区的海岛地理实体进行了遥感调查，并现场调查了西沙、南沙的部分岛礁，获取了大量实地调查资料和数据。这次普查基本摸清了全国海域、海岛和其他地理实体的数量与分布，了解了地理实体名称含义及历史沿革，掌握了地理实体的开发利用情况，并对地理实体名称进行了标准化处理。《中国海域海岛地名志》即是全国海域海岛地名普查工作成果之一。

地名志是综合反映地名的专著，也是标准化地名的工具书。1989 年，中国地名委员会以第一次海域地名普查成果为基础，编纂完成《中国海域地名志》，收录中国海域和海岛等地名 7 600 多条。根据第二次全国海域海岛地名普查工作总体要求，为了详细记录全国海域海岛地名普查成果，进一步加强海域海岛名称管理，传承海域海岛地名历史文化，维护国家海洋权益，原国家海洋局组织成立了《中国海域海岛地名志》总编纂委员会，经过沿海省（市、区）地名普查和编纂人员三年的共同努力，于 2014 年编纂完成了《中国海域海岛地名志》初稿。2018 年 6 月 8 日，国家海洋局、民政部公布了《我国部分海域海岛标准名称》。编委会依据公布的海域海岛标准名称，对初稿进行了认真的调整、核实、修改和完善，最终编纂完成了卷帙浩繁的《中国海域海岛地名志》。

《中国海域海岛地名志》由辽宁卷，山东卷，浙江卷，福建卷，广东卷，广西卷，海南卷和河北、天津、江苏、上海卷共 8 卷组成。其中河北、天津、江苏、上海合为一卷，浙江卷分为 3 册，福建卷分为 2 册，广东卷分为 2 册，全国共 12 册。共收录海域地理实体地名 1 194 条、海岛地理实体地名 8 923 条，内容涵盖了地名含义及沿革、位置面积资源等自然属性、开发利用现状等社会经济属性以及其他概况。所引用的数据主要为现场调查所得。

《中国海域海岛地名志》是全面系统记载我国海域海岛地名的大型基础工具书，是我国海洋地名工作一项有意义的文化工程。本书的出版，将为沿海城乡建设、行政管理、经济活动、文化教育、外事旅游、交通运输、邮电、公安户籍、地图测绘等事业，提供历史和现实的地名资料；同时为各企事业单位和广大读者提供地名查询服务，并为海洋科技工作者开展海洋调查提供基础支撑。

本书是《中国海域海岛地名志·福建卷》，共收录海域地理实体地名 195 条，海岛地理实体地名 1 905 条。本卷在搜集材料和编纂过程中，得到了原福建省海洋与渔业厅、福建省各级海洋和地名有关部门，以及福建海洋研究所、自然资源部第三海洋研究所、福建省水产研究所、福建省水产设计院、自然资源部第一海洋研究所、自然资源部第二海洋研究所、国家卫星海洋应用中心、国家海洋信息中心、国家海洋技术中心等海洋技术单位的大力支持。在此我们谨向为编纂本书提供帮助和支持的所有领导、专家和技术人员致以最深切的谢意！

鉴于编者知识和水平所限，书中错漏和不足之处在所难免，尚祈读者不吝指正。

《中国海域海岛地名志》总编纂委员会

2019年12月

凡 例

1. 本志主要依据国家海洋局《关于印发〈全国海域海岛地名普查实施方案〉的通知》（国海管字〔2010〕267 号）、《国家海洋局海岛管理司关于做好中国海域海岛地名志编纂工作的通知》（海岛字〔2013〕3 号）、《国家海洋局民政部关于公布我国部分海域海岛标准名称的公告》（2018 年第 1 号）进行编纂。

2. 本志分前言、凡例、目录、地名分述和附录。

3. 地名分述分海域地理实体、海岛地理实体两部分。海域地理实体包括海、海湾、海峡、水道、滩、半岛、岬角、河口；海岛地理实体包括群岛列岛、海岛。

4. 按条目式编纂。

（1）海域地理实体的条目编排顺序，在同一省份内，按市级行政区划代码由小到大排列，在县级行政区域内按地理位置自北向南、自西向东排列。

（2）群岛列岛的条目编排顺序，原则上在省级行政区域内按地理位置自北向南、自西向东排列；有包含关系的群岛列岛，范围大的排前。

（3）海岛的条目编排顺序，在同一省份内，按市级行政区划代码由小到大排列，在县级行政区域内原则上按地理位置自北向南、自西向东排列。有主岛和附属岛的，主岛排前。

5. 入志范围。

（1）海域地理实体部分。

海：2018 年国家海洋局、民政部公布的《我国部分海域海岛标准名称》（以下简称《标准名称》）中收录的海。

海湾：《标准名称》中面积大于 5 平方千米的海湾和小于 5 平方千米的典型海湾。

海峡：《标准名称》中收录的海峡。

水道：《标准名称》中最窄宽度大于 1 千米且最大水深大于 5 米的水道和已开发为航道的其他水道。

滩：《标准名称》中直接与陆地相连，且长度大于 1 千米的滩。

半岛：《标准名称》中面积大于 5 平方千米的半岛。

岬角：《标准名称》中已开发利用的岬角。

河口：《标准名称》中河口对应河流的流域面积大于 1 000 平方千米的河口和省级界河口。

（2）海岛地理实体部分。

群岛、列岛：《标准名称》中大陆沿海的所有群岛、列岛。

海岛：《标准名称》中收录的海岛。

6. 实事求是地记述我国海域地理实体、海岛地理实体的地名含义及历史沿革；全面真实地反映地理实体的自然属性和社会经济属性。对相关属性的描述侧重当前状态。上限力求追溯事物发端，下限至 2011 年年底，个别特殊事物和事件适当下延。

7. 录用的资料和数据来源。

地名的含义和历史沿革，取自正史、旧志、地名词典、档案、文件、实地调访以及其他地名资料。

群岛列岛地理位置为遥感调查。海岛地理位置为现场实测，并与遥感调查比对。

岸线长度、近岸距离、面积，为本次普查遥感测量数据。

最高点高程，取自正史、旧志、调查报告、现场实测等。

人口，取自现场调查、民政部门登记资料以及官方网站公布数据。

统计数据，取自统计公报、年鉴、期刊等公开资料。

8. 数据精确度按以下位数要求。如引用的数据精确度不足以下要求位数的，保留引用位数；如引用的数据精确度超过要求位数的，按四舍五入原则留舍。

地理位置经纬度精确到分位小数点后一位数。

湾口宽度、海峡和水道的最窄宽度、河口宽度，小于 1 千米的，单位用“米”，精确到整数位；大于或等于 1 千米的，单位用“千米”，精确到小数点后两位。

岸线长度、近陆距离大于 1 千米的，单位用“千米”，保留两位小数；小于 1 千米的，单位用“米”，保留整数。

面积大于 0.01 平方千米的，单位用“平方千米”，保留四位小数；小于 0.01 平方千米的，单位用“平方米”，保留整数。

高程和水深的单位用“米”，精确到小数点后一位数。

9. 地名的汉语拼音，按 1984 年 12 月 25 日中国地名委员会、中国文字改革委员会、国家测绘局颁布的《中国地名汉语拼音字母拼写规则（汉语地名部分）》拼写。

10. 采用规范的语体文、记述体。行文用字采用国家语言文字工作委员会最新公布的简化汉字。个别地名，如“硋”“砛”“沥”等方言字、土字因通行于一定区域，予以保留。

11. 标点符号按中华人民共和国国家标准《标点符号用法》（GB/T 15834－1995）执行。

12. 度量衡单位名称、符号使用，采用国务院 1984 年 3 月 4 日颁布的《中华人民共和国法定计量单位的有关规定》。

13. 地名索引以汉语拼音首字母排列。

14. 本志中各分卷收录的地理实体条目和各地理实体相对位置的表述，不作为确定行政归属的依据。

15. 本志中下列用语的含义：

海，是指海洋的边缘部分，是大洋的附属部分。

海湾，是指海或洋深入陆地形成的明显水曲，且水曲面积不小于以口门宽度为直径的半圆面积的海域。

海峡，是指陆地之间连接两个海或洋的狭窄水道或狭窄水面。

水道，是指陆地边缘、陆地与海岛、海岛与海岛之间的具有一定深度、可通航的狭窄水面。一般比海峡小或是海峡的次一级名称。

滩，是指高潮时被海水淹没、低潮时露出，并与陆地相连的滩地。根据物质组成和成因，可分为海滩、潮滩（粉砂淤泥质）和岩滩。

半岛，是指伸入海洋，一面同大陆相连，其余三面被水包围的陆地。

岬角，是指突入海中、具有较大高度和陡崖的尖形陆地。

河口，是指河流终端与海洋水体相结合的地段。

海岛，是指四面环海水并在高潮时高于水面的自然形成的陆地区域。

有居民海岛，是指属于居民户籍管理的住址登记地的海岛。

常住人口，是指户口在本地但外出不满半年或在境外工作学习的人口与户口不在本地但在本地居住半年以上的人口之和。

群岛，是指彼此相距较近的成群分布的岛群。

列岛，一般指线形或弧形排列分布的岛链。

目　录

下　篇　海岛地理实体

海　岛

下篇

海岛地理实体

HAIDAO DILI SHITI

海 岛

杨屿（Yáng Yǔ）

北纬 24°55.8′，东经 118°40.8′。位于泉州市丰泽区东北部海域，距大陆最近点 100 米。《福建省海岛保护规划》（2012）中称杨屿。当地群众惯称黄屿。基岩岛。岸线长 456 米，面积 0.011 2 平方千米，最高点高程 17.6 米。植被以草丛、乔木为主。岛上及周围建有养殖用房。

过山屿（Guòshān Yǔ）

北纬 25°13.8′，东经 118°55.7′。位于泉州市泉港区南埔镇北部海域，距大陆最近点 100 米。该岛地处渔船必经之路，当地群众惯称过山屿。基岩岛。岸线长 488 米，面积 0.012 7 平方千米。岛上建有庙宇 1 座，有废弃养殖房屋 1 栋。

露尾屿（Lùwěi Yǔ）

北纬 25°13.5′，东经 118°56.3′。位于泉州市泉港区南埔镇北部海域，距大陆最近点 100 米。该岛形似鱼尾露出，当地群众惯称露尾屿。基岩岛。面积约 110 平方米。无植被。

外乌屿（Wàiwū Yǔ）

北纬 25°12.9′，东经 118°56.6′。位于泉州市泉港区南埔镇北部海域，距大陆最近点 800 米。岩石呈黑色。《福建省海域地名志》（1991）、《全国海岛资源综合调查报告》（1996）、《全国海岛名称与代码》（2008）中均称外乌屿。岸线长 303 米，面积 5 052 平方米，最高点高程 16.1 米。基岩岛，岛体由变质岩构成，海岸为基岩岸滩。地表多石少土，南北均有石坡延伸，周围为泥滩。岛上建有渔民避风小屋，海岛路侧有沙滩。

蟹屿（Xiè Yǔ）

北纬 25°12.1′，东经 118°58.6′。位于泉州市泉港区南埔镇北部海域，距大陆最近点 200 米。该岛以形似螃蟹得名。《福建省海域地名志》（1991）、《泉州市志》（1993）、《福建省海岛志》（1994）、《全国海岛资源综合调查报告》（1996）、《全国海岛名称与代码》（2008）中均称蟹屿。岸线长 1.05 千米，面积 0.037 5 平方千米，最高点高程 37.8 米。岛体呈不规则长块状，长轴近南北走向。基岩岛，岛体由变质岩构成，海岸为基岩岸滩。地表有土层。炸岛取石较严重，建有石屋和码头。东南侧、西侧为泥滩，北端临水水深 7.2～18.2 米，是湄洲湾内澳主航道。东侧为海带养殖场。

牛心礁 (Niúxīn Jiāo)

北纬 25°11.5′，东经 118°59.1′。位于泉州市泉港区南埔镇东北海域，距大陆最近点 700 米。该岛形似牛心，当地群众惯称牛心礁。《福建省海域地名志》（1991）中称牛心礁。基岩岛。岸线长 325 米，面积 3 169 平方米。无植被。岛上有一废弃房屋。

白塔礁 (Báitǎ Jiāo)

北纬 25°11.1′，东经 118°59.5′。位于泉州市泉港区南埔镇东北海域，距大陆最近点 1.4 千米。岛顶呈白色，形似塔，故名。《中国海域地名志》（1989）、《福建省海域地名志》（1991）中称白塔礁。基岩岛。岸线长 63 米，面积 313 平方米。岛上建有航标塔 1 座。无植被。

惠屿 (Huì Yǔ)

北纬 25°11.0′，东经 118°59.7′。隶属泉州市泉港区，距大陆最近点 1.1 千米。又名横屿。《中国海域地名志》（1989）载："因横卧湄洲湾西北侧海面，犹如一堵屏障，名横屿，方言'横'、'惠'谐音，又处于惠、莆、仙交界处，为区别县属，改今名。"《福建省海域地名志》（1991）、《福建省海岛志》（1994）、《全国海岛资源综合调查报告》（1996）、《全国海岛名称与代码》（2008）中均称惠屿。

岸线长 5.43 千米，面积约 0.412 平方千米，最高点高程 59.9 米。岛体呈不规则长块状，东北 — 西南走向，长 1.95 千米，宽 0.4 千米，是肖厝港和秀屿港的海上屏障。基岩岛，岛体由动力变质岩及混合岩构成。岛麓海蚀现象较明显，西北岸局部、东南沿岸有石坡延伸；西岸、东南岸有 3 处沙、泥滩，周围水深

0.3～8.2 米；与东面约 2.1 千米处的莆田砾屿间有 4 条近南北走向的浅水带；东南约 400 米处另有一南北走向的浅水带；西南 200 米处有一水深 0.4 米的暗礁；南端小澳可避风。岛上植被较少，有木麻黄、小灌木等。

有居民海岛。岛上有惠屿村，2011 年户籍人口 1 209 人，常住人口 1 000 人，主要从事海上养殖和近海捕捞。有耕地 6 公顷，种植甘薯、花生等。岛上水电均由大陆引入，有小学、医疗站、火电站、杂货店等。岛北端建有导航灯桩。

螺仔礁 (Luózǎi Jiāo)

北纬 25°09.2′，东经 118°57.0′。位于泉州市泉港区后龙镇东部海域，距大陆最近点 300 米。该岛形似海螺，以方言而得名。《福建省海域地名志》（1991）中称螺仔礁。基岩岛。面积约 130 平方米。无植被。

户尾屿 (Hùwěi Yǔ)

北纬 25°07.7′，东经 118°57.4′。位于泉州市泉港区峰尾镇北部海域，距大陆最近点 300 米。该岛形似老虎尾巴，以方言谐音而得名。基岩岛。面积约 30 平方米。无植被。

椅轿尾屿 (Yǐjiàowěi Yǔ)

北纬 25°07.7′，东经 118°57.6′。位于泉州市泉港区峰尾镇北部海域，距大陆最近点 300 米。该岛形似供人乘坐的轿椅，且处于向海延伸礁石的尾端，当地群众惯称椅轿尾屿。基岩岛。面积约 30 平方米。无植被。

中格屿 (Zhōnggé Yǔ)

北纬 25°07.6′，东经 118°57.5′。位于泉州市泉港区峰尾镇北部海域，距大陆最近点 200 米。因与头格屿相接，当地群众惯称中格屿。基岩岛。岸线长 260 米，面积 2 345 平方米。无植被。

头格屿 (Tóugé Yǔ)

北纬 25°07.6′，东经 118°57.5′。位于泉州市泉港区峰尾镇北部海域，距大陆最近点 100 米。岛形似人的脑袋，方言“头格”与“脑袋”谐音，当地群众惯称头格屿。基岩岛。岸线长 53 米，面积 233 平方米。无植被。

石鸡屿（Shíjī Yǔ）

北纬 25°07.2′，东经 118°58.0′。位于泉州市泉港区峰尾镇东部海域，距大陆最近点 20 米。形似青蛙，方言称“石鸡”，当地群众惯称石鸡屿。基岩岛。面积约 130 平方米。无植被。

光头岛（Guāngtóu Dǎo）

北纬 25°06.8′，东经 118°57.3′。位于泉州市泉港区峰尾镇南部海域，距大陆最近点 200 米。因岛上无植被，形似光头，第二次全国海域地名普查时命今名。基岩岛。面积约 20 平方米。

白石头（Bái Shítou）

北纬 25°06.6′，东经 118°57.2′。位于泉州市泉港区峰尾镇南部海域，距大陆最近点 400 米。岩石呈白色，当地群众惯称白石头。基岩岛。岸线长 120 米，面积 959 平方米。无植被。

虎空（Hǔkōng）

北纬 25°06.3′，东经 118°56.3′。位于泉州市泉港区峰尾镇南部海域，距大陆最近点 200 米。礁石威胁渔船航行如虎拦路，礁上有洞，方言“洞”与“空”谐音，当地群众惯称虎空。基岩岛。岸线长 82 米，面积 502 平方米。植被以草丛为主。

白牛礁（Báiniú Jiāo）

北纬 25°06.0′，东经 118°58.9′。位于泉州市泉港区峰尾镇东南海域，距大陆最近点 2.5 千米。该岛呈白色，形似牛卧水，故名。《福建省海域地名志》（1991）中称白牛礁。岸线长 144 米，面积 1 557 平方米。岛呈扁圆形，长 70 米，宽 60 米。基岩岛，岛体由花岗岩构成。无植被。附近水深 2.1～8.4 米。岛上建有灯塔 1 座。

小白岛（Xiǎobái Dǎo）

北纬 25°05.9′，东经 118°58.9′。位于泉州市泉港区峰尾镇东南海域，距大陆最近点 2.6 千米。因在白礁附近，面积小，第二次全国海域地名普查时命今名。基岩岛。面积约 70 平方米。无植被。

大生岛（Dàshēng Dǎo）

北纬 25°04.9′，东经 119°01.2′。位于泉州市惠安县大竹岛西部海域 1.28 千米，距大陆最近点 2.4 千米。曾名大霜岛，因方言“霜”与“生”谐音，故成今名。《中国海域地名志》（1989）、《福建省海域地名志》（1991）、《福建省海岛志》（1994）、《全国海岛资源综合调查报告》（1996）、《福建海图》（2005）、《全国海岛名称与代码》（2008）中均称大生岛。

岸线长 1.3 千米，面积 0.073 3 平方千米，最高点高程 44.2 米。岛体呈橄榄形，西北 — 东南走向，长 450 米，宽 160 米。基岩岛，岛体由花岗岩构成，海岸为基岩岸滩，沿岸有石坡延伸，有小片沙滩。周围水深 4.2～9 米，西侧是湄洲湾主航道，水深 21～35 米，与大竹岛、小竹岛之间多礁石，构成航海三角危险地区。岛上建有一灯桩，周围海域有养殖分布。

大竹岛（Dàzhú Dǎo）

北纬 25°04.8′，东经 119°02.3′。位于泉州市惠安县东周半岛东北海域，距大陆最近点 3 千米。因该岛历来植竹，面积比小竹岛大，故名。曾名大德岛。《中国海域地名志》（1989）、《福建省海域地名志》（1991）、《福建省海岛志》（1994）、《全国海岛资源综合调查报告》（1996）、《惠安县志》（1998）、《福建海图》（2005）、《全国海岛名称与代码》（2008）中均称大竹岛。

岸线长 3.04 千米，面积 0.473 6 平方千米，最高点高程 85.4 米。呈鸭蛋形，东北 — 西南走向，长 1.1 千米，宽 0.44 千米。基岩岛，岛体主要由花岗岩及其风化沙土构成。岛麓海蚀现象显著，岩石呈峰窝状，可见海蚀洞穴。周围水深 2.9～10.6 米。西侧 1.1 千米处为湄洲湾主航道，西、南分别与大生岛、小竹岛隔水相望，三岛之间礁石密布，为航行危险带。

1958 年，净峰公社杜厝大队女青年周亚西率 8 名妇女到岛上开荒，誉为“八女跨海征荒岛”的佳话。立有“八女跨海垦荒”碑刻。1986 年，福建省在此设农业良种引进隔离试验场，现已废弃。岛上栽植木麻黄、马尾松、相思树与日本黑松等人工林。有 2 口淡水井。建有渔业码头 1 座。

竹笋岛 (Zhúsǔn Dǎo)

北纬 25°04.4′，东经 119°02.0′。位于泉州市惠安县大竹岛西南海域 300 米，距大陆最近点 2.7 千米。因形似竹笋，第二次全国海域地名普查时命今名。基岩岛。岸线长 222 米，面积 2 806 平方米。

小竹岛 (Xiǎozhú Dǎo)

北纬 25°04.3′，东经 119°02.0′。位于泉州市惠安县大竹岛西南部海域 320 米，距大陆最近点 2.5 千米。因历来植竹，面积比大竹岛小，故名。《中国海域地名志》（1989）、《福建省海域地名志》（1991）、《福建省海岛志》（1994）、《全国海岛资源综合调查报告》（1996）、《惠安县志》（1998）、《福建海图》（2005）、《全国海岛名称与代码》（2008）中均称小竹岛。基岩岛，岛体由花岗岩构成。岸线长 618 米，面积 0.021 4 平方千米，高约 34 米。呈鸭蛋形，长轴南北走向，长 250 米，四周有石滩。近岸水深 3.7 ～ 13.7 米。周边海域有海带养殖场。西侧为湄洲湾主航道，与大生岛、大竹岛之间礁石密布，构成三角航行危险地带。

尖屿 (Jiān Yǔ)

北纬 25°03.2′，东经 118°56.7′。隶属泉州市惠安县，距大陆最近点 1.2 千米。该岛因退潮后面积大，涨潮时只剩一尖峰，故名。《中国海域地名志》（1989）、《福建省海域地名志》（1991）、《福建省海岛志》（1994）、《全国海岛资源综合调查报告》（1996）、《福建海图》（2005）、《全国海岛名称与代码》（2008）中均称尖屿。基岩岛，岛体由花岗岩构成。岸线长 390 米，面积 8 888 平方米，高约 25 米。周围均有石滩，西南侧为干出 1.1 米的泥滩。

西白东礁 (Xībái Dōngjiāo)

北纬 25°03.2′，东经 118°56.5′。位于泉州市惠安县东周半岛西部海域，距大陆最近点 1 千米。位于尖屿西侧，礁石白色称西白，按其相对方位得名。基岩岛。岸线长 213 米，面积 1 957 平方米。无植被。

西白西礁 (Xībái Xījiāo)

北纬 25°03.2′，东经 118°56.4′。位于泉州市惠安县东周半岛西部海域，距大陆最近点900米。位于尖屿西侧，礁石白色称西白，按其相对方位得名。基岩岛。面积约140平方米。无植被。

东白后礁 (Dōngbái Hòujiāo)

北纬25°03.1′，东经118°56.7′。位于泉州市惠安县东周半岛西部海域，距大陆最近点1.1千米。位于西白东礁东侧，礁石白色称东白，按其相对方位得名。基岩岛。面积约240平方米。无植被。

东白前礁 (Dōngbái Qiánjiāo)

北纬25°03.0′，东经118°56.7′。位于泉州市惠安县东周半岛西部海域，距大陆最近点1千米。位于西白东礁东侧，礁石白色称东白，按其相对方位得名。基岩岛。岸线长63米，面积313平方米。植被以草丛为主。

水头礁 (Shuǐtóu Jiāo)

北纬25°03.0′，东经118°59.0′。位于泉州市惠安县东周半岛西部海域，距大陆最近点1千米。礁石光滑，以方言而得名。《中国海域地名志》（1989）、《福建省海域地名志》（1991）、《福建省海岛志》（1994）、《全国海岛资源综合调查报告》（1996）、《全国海岛名称与代码》（2008）中均称水头礁。基岩岛，岛体由变质岩构成。岸线长63米，面积313平方米。地表多岩石裸露，无植被。海岸为基岩滩岸。

惠安后屿 (Huì'ān Hòuyǔ)

北纬25°02.8′，东经118°59.0′。位于泉州市惠安县东周半岛西部海域，距大陆最近点400米。两屿南北排列，此岛居后而得名后屿。因省内重名，位于惠安县，第二次全国海域地名普查时更为今名。基岩岛，呈矩形，长轴为西北—东南走向。岸线长109米，面积408平方米。无植被。

惠安前屿 (Huì'ān Qiányǔ)

北纬25°02.7′，东经118°59.0′。位于泉州市惠安县东周半岛西部海域，距大陆最近点300米。两屿南北排列，此岛居前而得名前屿。因省内重名，位于惠安县，第二次全国海域地名普查时更为今名。基岩岛。岸线长63米，面积313平方米。植被以草丛为主。

狗鲨礁（Gǒushā Jiāo）

北纬25°02.6′，东经118°58.8′。位于泉州市惠安县东周半岛西部海域，距大陆最近点300米。礁周边海域产狗鲨，当地群众惯称狗鲨礁。基岩岛。岸线长185米，面积1 909平方米。岛上有1座废弃小房屋，无水电。植被以草丛为主。有块小沙滩。

黄干岛（Huánggān Dǎo）

北纬25°02.2′，东经119°01.5′。位于泉州市惠安县东周半岛东部海域，距大陆最近点1千米。该岛形似烘干的黄瓜，谐音黄干岛。《福建省海域地名志》（1991）、《福建省海岛志》（1994）、《全国海岛资源综合调查报告》（1996）、《全国海岛名称与代码》（2008）中均称黄干岛。基岩岛，岛体由沉积岩构成。岸线长4.44千米，面积0.548 4平方千米，高约72米。呈长块状，近南北走向，长1.37千米，最宽处0.8千米。两端高且宽，中部低而窄，西岸陡，东岸缓，沿岸有石坡，中段东、西两岸均有小沙滩。建有养殖房屋2座，有渔民暂住，有1口水井。岛上有灯桩2座，并设有国家大地控制点。周围水深8～24米。东侧海域为湄洲湾主航道，水深22.5～35米。

白屿仔岛（Báiyǔzǎi Dǎo）

北纬25°02.1′，东经119°01.9′。位于泉州市惠安县黄干岛东侧近岸处，距大陆最近点2.4千米。礁石呈白色且较小，当地群众惯称白屿仔岛。基岩岛。岸线长112米，面积646平方米。无植被。岛上有零星采石现象。

黄牛屿（Huángniú Yǔ）

北纬25°01.9′，东经119°00.8′。位于泉州市惠安县东周半岛东部海域，距大陆最近点900米。该岛形似黄牛卧水，故名。《中国海域地名志》（1989）、《福建省海域地名志》（1991）、《福建省海岛志》（1994）、《全国海岛资源综合调查报告》（1996）、《惠安县志》（1998）、《福建海图》（2005）、《全国海岛名称与代码》（2008）中均称黄牛屿。岸线长866米，面积0.038 1平方千米，高约50米。岛体呈长块状，西北 — 东南走向。基岩岛，岛体由沉积岩构成，沿岸有石滩。植被以草丛为主。岛上有采石痕迹。北侧水深1.1～3.4米，其余处水深 3.7 ～ 5.8 米。

过门礁（Guòmén Jiāo）

北纬 25°01.6′，东经 119°00.4′。位于泉州市惠安县东周半岛东部海域，距大陆最近点 300 米。该岛为渔民出海的必经之处，当地群众惯称过门礁。基岩岛。面积约 20 平方米。无植被。

枪屿（Qiāng Yǔ）

北纬 25°01.5′，东经 119°00.6′。位于泉州市惠安县东周半岛东部海域，距大陆最近点 700 米。以形似标枪得名。《福建省海域地名志》（1991）、《福建省海岛志》（1994）、《全国海岛资源综合调查报告》（1996）、《福建海图》（2005）、《全国海岛名称与代码》（2008）中均称枪屿。基岩岛。岸线长 467 米，面积 0.013 0 平方千米，高约 28 米。植被有草丛。岛上有采石痕迹。

杀狗礁（Shāgǒu Jiāo）

北纬 25°00.3′，东经 118°59.2′。位于泉州市惠安县东周半岛南部海域，距大陆最近点 200 米。当地群众惯称杀狗礁。基岩岛。面积约 60 平方米。无植被。

山龙屿（Shānlóng Yǔ）

北纬 24°59.0′，东经 119°01.4′。位于泉州市惠安县净峰镇东部海域，距大陆最近点 2.2 千米。该岛形似龙头出水，故名。又名屿仔。《中国海域地名志》（1989）、《福建省海域地名志》（1991）、《福建省海岛志》（1994）、《全国海岛资源综合调查报告》（1996）、《福建海图》（2005）、《全国海岛名称与代码》（2008）中均称山龙屿。基岩岛。岸线长 309 米，面积 6 100 平方米，高约 16 米。植被以草丛为主，有海鸟在此营巢繁育。建有灯塔 1 座，雨水蓄水池 1 个，有电。

后内洄尾（Hòunèihuíwěi）

北纬 24°58.4′，东经 119°00.4′。位于泉州市惠安县小岞镇北部 1.87 千米，距大陆最近点 1 千米。《福建省海域地名志》（1991）中称后内洄尾。基岩岛。岸线长 212 米，面积 2 883 平方米。无植被。

前内洄尾岛（Qiánnèihuíwěi Dǎo）

北纬 24°58.3′，东经 119°00.4′。位于泉州市惠安县小岞镇北部海域，距大陆最近点 900 米。因在后内洄尾靠陆一侧，第二次全国海域地名普查时命今名。基岩岛。岸线长 188 米，面积 2 266 平方米。无植被。

剑屿（Jiàn Yǔ）

北纬 24°58.0′，东经 119°02.0′。位于泉州市惠安县小岞镇东北部海域，距大陆最近点 500 米。该岛呈长条状似剑，故名剑屿。《中国海域地名志》（1989）、《福建省海域地名志》（1991）、《福建省海岛志》（1994）、《全国海岛资源综合调查报告》（1996）、《全国海岛名称与代码》（2008）中均称剑屿。基岩岛，岛体由花岗岩构成。岸线长 1.88 千米，面积 0.068 3 平方千米，高约 54 米。东北 — 西南走向，长 650 米，宽 150 米，沿岸有石滩延伸。建有 2 座灯塔和 1 条登山道，岛上无植被。北侧水深 4.3～14 米，南侧水深 7.8～22 米。西与后内洄尾间有一小澳，水深 3.4～11.6 米，可避东南风。

大回礁（Dàhuí Jiāo）

北纬 24°57.9′，东经 119°01.8′。位于泉州市惠安县小岞镇东北部海域，剑屿西南侧近岸处，距大陆最近点 500 米。当地群众惯称大回礁。基岩岛。岸线长 155 米，面积 955 平方米。无植被。

小回礁（Xiǎohuí Jiāo）

北纬 24°57.9′，东经 119°01.8′。位于泉州市惠安县小岞镇东北部海域，剑屿西南海域 80 米，距大陆最近点 400 米。当地群众惯称小回礁。基岩岛。面积约 10 平方米。无植被。

后洄头礁（Hòuhuítóu Jiāo）

北纬 24°57.9′，东经 119°01.7′。位于泉州市惠安县小岞镇东北部海域，剑屿西南海域 170 米，距大陆最近点 300 米。当地群众惯称后洄头礁。基岩岛。面积约 100 平方米。无植被。

惠安西礁（Huì'ān Xījiāo）

北纬 24°57.8′，东经 119°01.6′。位于泉州市惠安县小岞镇东北部海域，剑屿西南海域 280 米，距大陆最近点 200 米。在剑屿西而得名西礁，因省内重名，位于惠安县，第二次全国海域地名普查时更为今名。基岩岛。岸线长 334 米，面积 3 507 平方米。无植被。

假山脚礁 (Jiǎshānjiǎo Jiāo)

北纬 24°57.8′，东经 119°01.6′。位于泉州市惠安县小岞半岛东北海域 60 米，距大陆最近点 100 米。当地群众惯称假山脚礁。基岩岛。岸线长 268 米，面积 4 547 平方米。植被以草丛为主。

盘头礁 (Pántóu Jiāo)

北纬 24°57.5′，东经 119°01.6′。位于泉州市惠安县小岞半岛东部海域 90 米，距大陆最近点 100 米。该岛形似发髻，当地群众惯称盘头礁。基岩岛。面积约 20 平方米。无植被。

东埔岛 (Dōngpǔ Dǎo)

北纬 24°57.5′，东经 118°56.3′。位于泉州市惠安县净峰镇南部海域，距大陆最近点 100 米。该岛在西埔礁东面，第二次全国海域地名普查时命今名。基岩岛。面积约 20 平方米。无植被。

西埔礁 (Xīpǔ Jiāo)

北纬 24°57.5′，东经 118°56.2′。位于泉州市惠安县净峰镇南部海域，距大陆最近点 100 米。《福建省海域地名志》（1991）载："在惠安县东岭镇西埔村南约 1.1 千米处，以村得名。"基岩岛。面积约 40 平方米。无植被。

村边岛 (Cūnbiān Dǎo)

北纬 24°57.5′，东经 118°56.7′。位于泉州市惠安县净峰镇南部海域，距大陆最近点 200 米。该岛在边村附近，第二次全国海域地名普查时命今名。基岩岛。面积约 280 平方米。无植被。

后张岛 (Hòuzhāng Dǎo)

北纬 24°57.4′，东经 118°56.6′。位于泉州市惠安县净峰镇南部海域，距大陆最近点 300 米。因旁有一村叫后张村，第二次全国海域地名普查时命今名。基岩岛。面积约 210 平方米。无植被。

锐峰岛 (Ruìfēng Dǎo)

北纬 24°56.5′，东经 118°59.3′。位于泉州市惠安县小岞镇南部海域，距大陆最近点 50 米。该岛岛由尖锐的岩石构成，第二次全国海域地名普查时命今名。基岩岛。面积约 100 平方米。无植被。曾炸岛取石。

孤峰岛 (Gūfēng Dǎo)

北纬 24°56.5′，东经 118°59.2′。位于泉州市惠安县小岞镇南部海域，距大陆最近点 50 米。该岛由一座石头峰构成，第二次全国海域地名普查时命今名。基岩岛。面积约 140 平方米。无植被。岛上建有养殖池。

帽子岛 (Màozi Dǎo)

北纬 24°56.3′，东经 118°58.7′。位于泉州市惠安县小岞镇南部海域，距大陆最近点 50 米。该岛形似帽子，第二次全国海域地名普查时命今名。基岩岛。岸线长 90 米，面积 453 平方米。无植被。岛上有零星采石现象。

头巾礁 (Tóujīn Jiāo)

北纬 24°56.3′，东经 118°58.8′。位于泉州市惠安县小岞镇南部海域，距大陆最近点 50 米。当地群众惯称头巾礁。基岩岛。岸线长 36 米，面积 102 平方米。无植被。

帽舌岛 (Màoshé Dǎo)

北纬 24°56.3′，东经 118°58.7′。位于泉州市惠安县小岞镇南部海域，距大陆最近点 60 米。当地群众惯称帽舌岛。基岩岛。岸线长 76 米，面积 416 平方米。无植被。

南礁尾 (Nánjiāo Wěi)

北纬 24°56.2′，东经 118°58.3′。位于泉州市惠安县小岞镇南部海域，距大陆最近点 1.2 千米。该岛形似牛尾，当地群众惯称南礁尾。基岩岛。岸线长 110 米，面积 951 平方米。无植被。

后赤礁 (Hòuchì Jiāo)

北纬 24°54.5′，东经 118°57.6′。位于泉州市惠安县崇武镇东北海域，距大陆最近点 1.1 千米。表面被海水侵蚀呈赤色。《中国海域地名志》（1989）、《福建省海域地名志》（1991）、《福建省海岛志》（1994）、《全国海岛资源综合调查报告》（1996）、《福建海图》（2005）、《全国海岛名称与代码》（2008）中均称后赤礁。基岩岛。岸线长 215 米，面积 3 182 平方米，高 9.7 米。岛体呈不规则块状。无植被。附近水深 2.4～7.6 米。

小庄 (Xiǎozhuāng)

北纬 24°54.2′，东经 118°58.0′。位于泉州市惠安县崇武镇东北海域，距大陆最近点 300 米。因岛岸延伸石坡形似小肠，当地以方言称小庄。又名小屿。《福建省海域地名志》（1991）、《福建省海岛志》（1994）、《全国海岛资源综合调查报告》（1996）、《福建海图》（2005）、《全国海岛名称与代码》（2008）中均称小屿。因省内重名，第二次全国海域地名普查时命今名。基岩岛。岸线长 556 米，面积 0.011 3 平方千米，高约 17 米。植被以草丛为主。

鸟屎礁 (Niǎoshǐ Jiāo)

北纬 24°54.1′，东经 118°57.9′。位于泉州市惠安县崇武镇东北海域，距大陆最近点 200 米。礁上常有海鸟栖息，鸟屎较多，当地群众惯称鸟屎礁。基岩岛。面积 112 平方米。无植被。

小岞岛 (Xiǎozuò Dǎo)

北纬 24°54.0′，东经 118°57.8′。位于泉州市惠安县崇武镇东北海域，距大陆最近点 100 米。与大岞村遥相呼应，面积比其小，第二次全国海域地名普查时命今名。基岩岛。面积约 1 平方米。无植被。

上鲎尾岛 (Shànghòuwěi Dǎo)

北纬 24°53.6′，东经 118°57.3′。位于泉州市惠安县崇武镇大岞村西部海域，距大陆最近点 200 米。第二次全国海域地名普查时命今名。基岩岛。面积约 50 平方米。无植被。

沪下礁 (Hùxià Jiāo)

北纬 24°53.5′，东经 118°57.4′。位于泉州市惠安县崇武镇港墘村西部海域，距大陆最近点 100 米。当地群众惯称沪下礁。基岩岛。面积约 20 平方米。无植被。

下鲎尾岛 (Xiàhòuwěi Dǎo)

北纬 24°53.5′，东经 118°57.3′。位于泉州市惠安县崇武镇港墘村西部海域，距大陆最近点 200 米。基岩岛。岸线长 201 米，面积 2 518 平方米。无植被。

北沟石礁 (Běigōushí Jiāo)

北纬 24°53.4′，东经 118°57.4′。位于泉州市惠安县崇武镇港墘村西部海域，距大陆最近点 200 米。位于潮沟北，当地群众惯称北沟石礁。基岩岛。面积约 210 平方米。无植被。

中沟石礁 (Zhōnggōushí Jiāo)

北纬 24°53.4′，东经 118°57.3′。位于泉州市惠安县崇武镇港墘村西部海域，距大陆最近点 100 米。位于潮沟中，当地群众惯称中沟石礁。基岩岛。面积约 80 平方米。无植被。

南沟石礁 (Nán'gōushí Jiāo)

北纬 24°53.3′，东经 118°57.3′。位于泉州市惠安县崇武镇港墘村西部海域，距大陆最近点 200 米。位于潮沟南，当地群众惯称南沟石礁。基岩岛。面积约 84 平方米。无植被。

港口礁 (Gǎngkǒu Jiāo)

北纬 24°53.3′，东经 118°57.3′。位于泉州市惠安县崇武镇港墘村西部海域，距大陆最近点 200 米。位于渔港内，当地群众惯称港口礁。基岩岛。面积约 70 平方米。无植被。

妈祖印礁 (Māzǔyìn Jiāo)

北纬 24°53.1′，东经 118°59.6′。位于泉州市惠安县崇武镇大岞村东部海域，距大陆最近点 700 米。相传神仙至湄洲岛妈祖娘娘处朝圣，必经此礁，征得妈祖同意才能启步，故名。《福建省海域地名志》（1991）中称妈祖印礁。基岩岛。岸线长 3.8 米，面积 1.1 平方米，高约 1 米。岛上无植被。附近水深 5.8～12 米。因位于泉州湾往湄洲湾的拐弯处，影响船只航行，曾有木船触礁。

道仕屿 (Dàoshì Yǔ)

北纬 24°53.0′，东经 118°59.3′。位于泉州市惠安县崇武镇大岞村东部海域，距大陆最近点300米。周围的4个小屿，形如4个道士，名道士屿，后演化为今名。《福建省海岛志》（1994）中称道仕屿、伍屿、铁垫屿、丑屿。《福建省海域地名志》（1991）、《全国海岛资源综合调查报告》（1996）、《福建海图》（2005）、《全国海岛名称与代码》（2008）中均称道仕屿。基岩岛。岸线长485米，面积7 650平方米，高约17米。岛体呈长块状，东北—西南走向，长150米，宽65米。无植被。沿岸均有石滩，延伸与岛方向一致，东侧1千米内礁石密布，为航行危险区。周围水深0.4～7米。

惠安大屿（Huì'ān Dàyǔ）

北纬24°53.0′，东经118°59.2′。位于泉州市惠安县崇武镇大岞村东部海域，距大陆最近点200米。当地群众惯称大屿。因省内重名，且位于惠安县，第二次全国海域地名普查时更为今名。基岩岛。面积约120平方米。无植被。

惠安鸟屎礁（Huì'ān Niǎoshǐ Jiāo）

北纬24°53.0′，东经118°59.2′。位于泉州市惠安县崇武镇大岞村东部海域，距大陆最近点200米。当地群众惯称鸟屎礁。因省内重名，且位于惠安县，第二次全国海域地名普查时更为今名。基岩岛。面积约40平方米。无植被。

小道士岛（Xiǎodàoshi Dǎo）

北纬24°53.0′，东经118°59.2′。位于泉州市惠安县崇武镇大岞村东部海域，距大陆最近点200米。因该岛比旁边的道仕屿面积小，第二次全国海域地名普查时命今名。基岩岛。面积约90平方米。无植被。

前江礁（Qiánjiāng Jiāo）

北纬24°52.9′，东经118°58.1′。位于泉州市惠安县崇武镇大岞村南部海域，距大陆最近点20米。当地群众惯称前江礁。基岩岛。岸线长69米，面积375平方米。无植被。

东石头礁（Dōngshítou Jiāo）

北纬24°52.8′，东经118°54.2′。位于泉州市惠安县崇武镇前垵村东南部海域，距大陆最近点200米。位于东石礁前头，当地群众惯称东石头礁。基岩岛。岸线长121米，面积1 035平方米。无植被。有零星采石现象。

走壁礁（Zǒubì Jiāo）

北纬 24°52.8′，东经 118°54.4′。位于泉州市惠安县崇武镇前垵村东南部海域，距大陆最近点 200 米。当地群众惯称走壁礁。基岩岛。面积约 150 平方米。无植被。

东石礁（Dōngshí Jiāo）

北纬 24°52.8′，东经 118°54.2′。位于泉州市惠安县崇武镇前垵村东南部海域，距大陆最近点 200 米。该岛位于霞西村东海面上，故名。《福建省海域地名志》（1991）、《全国海岛资源综合调查报告》（1996）中称东石礁。基岩岛。岸线长 160 米，面积 1 651 平方米。无植被。

尖峰屿（Jiānfēng Yǔ）

北纬 24°52.7′，东经 118°58.9′。位于泉州市惠安县崇武镇大岞村东南部海域，距大陆最近点 100 米。大岞东山延伸的兀峰，为过往船只之明显目标，故名。又名尖峰。《福建省海域地名志》（1991）、《惠安县志》（1998）中称尖峰。《中国海域地名志》（1989）、《福建省海岛志》（1994）、《全国海岛资源综合调查报告》（1996）、《福建海图》（2005）、《全国海岛名称与代码》（2008）中称尖峰屿。基岩岛。岸线长 439 米，面积 0.010 9 平方千米，高约 31 米。岛体呈圆形，直径约 1.2 千米，沿岸均有石坡。植被以草丛、灌木为主。岛上有航标灯塔 1 座，夜间可 45° 角向海上扫射。周围水深 1.8 ～ 6.8 米。

鸡母石礁（Jīmǔshí Jiāo）

北纬 24°52.6′，东经 118°56.1′。位于泉州市惠安县崇武镇潮乐村东部海域，距大陆最近点 20 米。该岛形似母鸡，以方言而得名。基岩岛。面积约 50 平方米。无植被。

尖石礁（Jiānshí Jiāo）

北纬 24°52.5′，东经 118°55.4′。位于泉州市惠安县崇武镇潮乐村西南部海域，距大陆最近点 200 米。该岛礁石顶尖，当地群众惯称尖石礁。基岩岛。面积约 30 平方米。无植被。

丈柒礁（Zhàngqī Jiāo）

北纬24°52.5′，东经118°55.6′。位于泉州市惠安县崇武镇潮乐村西部海域，距大陆最近点100米。当地群众惯称丈柒礁。基岩岛。面积约270平方米。无植被。

浮山东角岛（Fúshān Dōngjiǎo Dǎo）

北纬24°52.0′，东经118°50.4′。隶属泉州市惠安县，距大陆最近点1.5千米。因处浮山（岛）东侧，第二次全国海域地名普查时命今名。基岩岛。岸线长176米，面积1 292平方米。无植被。

浮山（Fú Shān）

北纬24°52.0′，东经118°49.8′。隶属泉州市惠安县，距大陆最近点700米。据载："唐朝僖宗光启三年（887年），浙江省杭州灵隐寺慧远禅师云游南下，衣钵渡海来到这海岛东山南麓建一座寺庙。寺建成后要命何名，一时难定，但是这海岛四面皆海，受波浪冲动，恍若浮悬海中，于是就称浮山寺，浮山这个地名也由此得名。"《福建省海岛志》（1994）、《全国海岛资源综合调查报告》（1996）、《惠安县志》（1998）、《全国海岛名称与代码》（2008）中均称浮山。基岩岛。岸线长7.08千米，面积0.942平方千米，高约50米。

有居民海岛。岛上有浮山村，隶属泉州市惠安县。2011年户籍人口4 871人，常住人口3 415人。经济以捕捞与海水养殖业为主。岛上有连片农田和林地。有中学、小学。1970年在岛上西侧建海堤连通大陆。水电均从大陆引入。海上与陆上交通发达，对外通公交车。原有1个渔业码头，2004年建造浮山二级码头。

浮山西角岛（Fúshān Xījiǎo Dǎo）

北纬24°51.8′，东经118°49.5′。隶属泉州市惠安县，距大陆最近点1.8千米。因处浮山（岛）西侧，第二次全国海域地名普查时命今名。基岩岛。岸线长96米，面积560平方米。无植被。

小佳岛（Xiǎojiā Dǎo）

北纬24°51.6′，东经118°47.4′。位于泉州市惠安县张坂镇玉霞村东南部海域，距大陆最近点400米。在佳屿旁边，面积较小，第二次全国海域地名普查时命今名。基岩岛。岸线长103米，面积770平方米。无植被。

佳屿 (Jiā Yǔ)

北纬 24°51.5′，东经 118°47.6′。位于泉州市惠安县张坂镇玉霞村东南部海域，距大陆最近点 700 米。下洋村渔船常在岛西避东北风，是理想的避风屏障，故名佳屿。《中国海域地名志》（1989）、《福建省海域地名志》（1991）、《福建省海岛志》（1994）、《全国海岛资源综合调查报告》（1996）、《福建海图》（2005）、《全国海岛名称与代码》（2008）中均称佳屿。基岩岛。岸线长 396 米，面积 6 264 平方米，高约 9 米。岛体呈扁圆形，长 120 米，宽 70 米，南岸有石坡。植被以草丛为主。周围水深 1.4～3.3 米。

屿角仔岛 (Yǔjiǎozǎi Dǎo)

北纬 24°51.3′，东经 118°47.1′。位于泉州市惠安县张坂镇玉霞村南部海域，距大陆最近点 600 米。第二次全国海域地名普查时命今名。基岩岛。岸线长 92 米，面积 522 平方米。无植被。

北乌礁 (Běiwū Jiāo)

北纬 24°50.9′，东经 118°41.9′。位于泉州湾东北角，距大陆最近点 400 米。岛上岩石色黑，故名。《福建省海域地名志》（1991）、《福建海图》（2005）中均称北乌礁。基岩岛。面积约 1 平方米。无植被。岛上有灯桩 1 座。

北丁门岛 (Běidīngmén Dǎo)

北纬 24°50.8′，东经 118°50.0′。位于泉州市惠安县浮山东南海域，距大陆最近点 3.6 千米。在丁门屿北边，第二次全国海域地名普查时命今名。基岩岛。岸线长 177 米，面积 1 982 平方米。无植被。

丁门屿 (Dīngmén Yǔ)

北纬 24°50.7′，东经 118°50.1′。位于泉州市惠安县浮山东南海域，距大陆最近点 3.7 千米。屹立于泉州湾北侧，势如顶门之柱，曾名顶门屿，后谐音为今名。《中国海域地名志》（1989）、《福建省海域地名志》（1991）、《福建省海岛志》（1994）、《全国海岛资源综合调查报告》（1996）、《福建海图》（2005）、《全国海岛名称与代码》（2008）中均称丁门屿。岸线长 318 米，面积 4 544 平方米。岛体呈三角形。基岩岛，岛体由花岗岩构成，东北岸石坡延伸呈“凹”形，西南岸局部有石坡。无植被。周围水深 1.3～2.4 米，附近多礁石，为航行危险区。

南丁门岛 (Nándīngmén Dǎo)

北纬 24°50.6′，东经 118°50.1′。位于泉州市惠安县浮山东南海域，距大陆最近点 3.9 千米。在丁门屿南边，第二次全国海域地名普查时命今名。基岩岛。岸线长 435 米，面积 6 569 平方米。无植被。

大坠岛 (Dàzhuì Dǎo)

北纬 24°49.8′，东经 118°46.2′。位于泉州湾口，距大陆最近点 2.3 千米。该岛形似青蛙大腿，方言“腿”与“坠”谐音，故名。《中国海域地名志》(1989)、《福建省海域地名志》(1991)、《福建省海岛志》(1994)、《全国海岛资源综合调查报告》(1996)、《惠安县志》(1998)、《全国海岛名称与代码》(2008)中均称大坠岛。岸线长 3.85 千米，面积 0.487 5 平方千米，高 103.1 米。岛体呈不规则长块状，东西走向，长 1.25 千米，最宽处 0.7 千米。基岩岛，岛体由花岗岩构成。南面与马头岛堤连。岛上曾开发旅游，建有房子及道路等基础设施，现已废弃，有渔民在岛上暂住。岛上有柴油发电，有淡水。东、南岸有石坡，至小坠岛间为泉州湾大坠门水道，水深 6.6～9.8 米。

马头岛 (Mǎtóu Dǎo)

北纬 24°49.5′，东经 118°46.4′。位于泉州市惠安县大坠岛东南侧，距大陆最近点 3.1 千米。该岛形似马头，故名。《中国海域地名志》(1989)、《福建省海域地名志》(1991)、《全国海岛名称与代码》(2008)中称马头岛。基岩岛。岸线长 2.05 千米，面积 0.123 2 平方千米，高约 40 米。岛体呈不规则长块状，东西走向，长 550 米，宽 280 米。顶部平圆，西部南岸有石坡。周围水深 1.4～5.8 米，南为大坠门水道，水深 5.8～9.8 米。北面与大坠岛堤连。建有养殖房，已废弃，炸岛采石严重。建有航标灯桩 1 座。

小坠一岛 (Xiǎozhuì Yīdǎo)

北纬 24°48.8′，东经 118°45.9′。位于泉州市石狮市蚶江镇东部海域，距大陆最近点 3.87 千米。位于小坠岛附近且面积较小，从北往南排序加序数得名，第二次全国海域地名普查时命今名。基岩岛。岸线长 326 米，面积 6 474 平方米。

植被以草丛为主。岛上建有灯标 1 座。

小坠岛 (Xiǎozhuì Dǎo)

北纬 24°48.8′，东经 118°46.1′。位于泉州市石狮市蚶江镇东部海域，距大陆最近点 3.84 千米。《福建省海域地名志》（1991）载“以邻近泉州湾水道小坠门而名”。《石狮市志》（1993）、《福建省海岛志》（1994）、《全国海岛资源综合调查报告》（1996）中均称小坠岛。基岩岛。岸线长 675 米，面积 0.026 5 平方千米，最高点高程 18 米。植被以草丛和灌木丛为主。岛上有灯标 1 座。

小坠二岛 (Xiǎozhuì Èrdǎo)

北纬 24°48.8′，东经 118°45.9′。位于泉州市石狮市蚶江镇东部海域，距大陆最近点 3.75 千米。位于小坠岛附近且面积较小，从北往南排序加序数得名，第二次全国海域地名普查时命今名。基岩岛。岸线长 143 米，面积 1 037 平方米。无植被。周边海域暗礁密布。

山尾屿 (Shānwěi Yǔ)

北纬 24°48.7′，东经 118°42.3′。位于泉州市石狮市蚶江镇北部海域，距大陆最近点 540 米。《福建省海域地名志》（1991）中称山尾屿，“因位烟墩山之尾，故名”。《石狮市志》（1993）、《福建省海岛志》（1994）、《全国海岛资源综合调查报告》（1996）中均称山尾屿。基岩岛。岸线长 462 米，面积 0.012 2 平方千米，最高点高程 8 米。植被以草丛和灌木丛为主。建有码头 1 座。

斧剁岛 (Fǔduò Dǎo)

北纬 24°48.2′，东经 118°41.0′。位于泉州市石狮市蚶江镇北部海域，距大陆最近点 330 米。因其边缘整齐，犹如刀劈斧剁，第二次全国海域地名普查时命今名。基岩岛。岸线长 69 米，面积 379 平方米。无植被。岛上存在废弃建筑物。

石堡岛 (Shíbǎo Dǎo)

北纬 24°48.1′，东经 118°41.0′。位于泉州市石狮市蚶江镇北部海域，距大陆最近点 40 米。因其形似一座海防堡垒，第二次全国海域地名普查时命今名。基岩岛。面积约 10 平方米。无植被。岛上建有房屋，已废弃。

顶屿（Dǐng Yǔ）

北纬 24°47.1′，东经 118°45.3′。位于泉州市石狮市蚶江镇东部海域，距大陆最近点 450 米。该岛位于大山屿顶端，故名。《福建省海域地名志》（1991）、《石狮市志》（1993）、《福建省海岛志》（1994）、《全国海岛名称与代码》（2008）中均称顶屿。基岩岛。岸线长 492 米，面积 0.012 0 平方千米。植被以草丛为主。

大山屿（Dàshān Yǔ）

北纬 24°47.0′，东经 118°45.1′。位于泉州市石狮市蚶江镇东部海域，距大陆最近点 310 米。因形似大山而得名。《福建省海域地名志》（1991）、《石狮市志》（1993）、《福建省海岛志》（1994）、《全国海岛名称与代码》（2008）中均称大山屿。基岩岛。岸线长 686 米，面积 0.020 3 平方千米。植被以草丛和灌木丛为主。

三干礁（Sān'gān Jiāo）

北纬 24°47.0′，东经 118°44.8′。位于泉州市石狮市蚶江镇东部海域，距大陆最近点 470 米。三干礁为当地群众惯称。《福建省海域地名志》（1991）中称三干礁。基岩岛。面积约 10 平方米。无植被。

盐水石（Yánshuǐ Shí）

北纬 24°45.7′，东经 118°46.7′。位于泉州市石狮市蚶江镇东部海域，距大陆最近点 240 米。过去有人在其上晒盐，故名。《福建省海域地名志》（1991）中称盐水石。基岩岛。面积约 10 平方米。无植被。

内官厅礁（Nèiguāntīng Jiāo）

北纬 24°43.7′，东经 118°44.5′。位于泉州市石狮市蚶江镇东部海域，距大陆最近点 180 米。内官厅礁为当地群众惯称。《福建省海域地名志》（1991）中称内官厅礁。基岩岛。面积约 10 平方米。无植被。

下官厅礁（Xiàguāntīng Jiāo）

北纬 24°43.5′，东经 118°44.4′。位于泉州市石狮市蚶江镇东部海域，距大陆最近点 400 米。位于内官厅礁下方（南方），故名。《福建省海域地名志》

（1991）中称下官厅礁。基岩岛。面积约 30 平方米。无植被。

枕头干礁（Zhěntougān Jiāo）

北纬 24°42.3′，东经 118°43.9′。位于泉州市石狮市永宁镇东部海域，距大陆最近点 100 米。该岛形似枕头，故名。《福建省海域地名志》（1991）中称枕头干礁。基岩岛。岸线长 107 米，面积 574 平方米。无植被。

小长岭头岛（Xiǎochánglǐngtóu Dǎo）

北纬 24°42.1′，东经 118°44.1′。位于泉州市石狮市永宁镇东部海域，距大陆最近点 150 米。第二次全国海域地名普查时命今名。基岩岛。岸线长 323 米，面积 4 224 平方米。无植被。

雏鹰岛（Chúyīng Dǎo）

北纬 24°41.7′，东经 118°43.8′。位于泉州市石狮市永宁镇东部海域，低潮时通过沙滩与陆地相连，距大陆最近点 100 米。因岛体形似一只小鹰，第二次全国海域地名普查时命今名。基岩岛。岸线长 231 米，面积 3 495 平方米。无植被。岛周围有 6 根水泥柱，为原计划建造码头后废弃遗留物。

三旦北岛（Sāndàn Běidǎo）

北纬 24°41.6′，东经 118°43.5′。位于泉州市石狮市永宁镇东部海域，距大陆最近点 90 米。因位于三旦岛北边，第二次全国海域地名普查时命今名。基岩岛。岸线长 251 米，面积 3 812 平方米。植被以草丛为主。通过海堤与三旦岛相连。

风流屿（Fēngliú Yǔ）

北纬 24°41.6′，东经 118°43.9′。位于泉州市石狮市永宁镇东部海域，距大陆最近点 290 米。风吹海浪于屿旁形成回流，故名。又名风流。《晋江市志》（1993）中称风流。《福建省海域地名志》（1991）、《福建省海岛志》（1994）、《全国海岛资源综合调查报告》（1996）中称风流屿。基岩岛。岸线长 253 米，面积 4 395 平方米，最高点高程 15.6 米。无植被。

三旦岛（Sāndàn Dǎo）

北纬 24°41.5′，东经 118°43.4′。位于泉州市石狮市永宁镇东部海域，距大陆最近点220米。由三个小岛构成，故名。《福建省海域地名志》（1991）、《福建省海岛志》（1994）、《全国海岛资源综合调查报告》（1996）中称三旦岛。基岩岛。岸线长855米，面积0.024 3平方千米，最高点高程17.5米。无植被。

永宁白屿（Yǒngníng Báiyǔ）

北纬24°41.2′，东经118°42.9′。位于泉州市石狮市永宁镇东部海域，距大陆最近点50米。因岩石色白而得名白屿，因省内重名，且位于永宁镇，第二次全国海域地名普查时更为今名。基岩岛。岸线长209米，面积3 248平方米。无植被。

五叔岛（Wǔshū Dǎo）

北纬24°40.2′，东经118°42.1′。位于泉州市石狮市永宁镇东南部海域，距大陆最近点30米。因岛上无树，“无树”谐音“五叔”，第二次全国海域地名普查时命今名。基岩岛。岸线长195米，面积2 577平方米。无植被。周边海域暗礁密布。

五鼻岛（Wǔbí Dǎo）

北纬24°40.1′，东经118°42.2′。位于泉州市石狮市永宁镇东南部海域，距大陆最近点300米。该岛形似五个人的鼻子，故名。《福建省海域地名志》（1991）、《福建省海岛志》（1994）、《全国海岛资源综合调查报告》（1996）中均称五鼻岛。基岩岛。岸线长201米，面积2 019平方米，最高点高程6米。无植被。

南盘礁（Nánpán Jiāo）

北纬24°40.1′，东经118°42.1′。位于泉州市石狮市永宁镇东南部海域，距大陆最近点210米。该岛形似盘子且位于东南外侧，故名。《福建省海域地名志》（1991）中称南盘礁。基岩岛。岸线长289米，面积4 224平方米。无植被。

屿东屿（Yǔdōng Yǔ）

北纬24°40.0′，东经118°41.9′。位于泉州市石狮市永宁镇南部海域，距大陆最近点160米。位于高厝村东，故名。《福建省海域地名志》（1991）、《福建省海岛志》（1994）、《全国海岛资源综合调查报告》（1996）、《全国海岛名称与代码》（2008）中均称屿东屿。基岩岛。岸线长382米，面积8 225

平方米，最高点高程 7.9 米。植被以草丛为主。岛上建有航标 1 座。

三娘礁 (Sānniáng Jiāo)

北纬 24°37.6′，东经 118°40.9′。位于泉州市晋江市深沪镇东部海域，距大陆最近点 400 米。《福建省海域地名志》（1991）中称三娘礁，“由三块礁石构成，习惯称三娘”。基岩岛。岸线长 85 米，面积 541 平方米。无植被。该岛与深沪渔港相连。

鹰嘴岛 (Yīngzuǐ Dǎo)

北纬 24°37.5′，东经 118°40.9′。位于泉州市晋江市深沪镇东部海域，距大陆最近点 340 米。因岛体形似鹰嘴，第二次全国海域地名普查时命今名。基岩岛。面积约 280 平方米。无植被。

深沪赤礁 (shēnhù Chìjiāo)

北纬 24°37.3′，东经 118°40.9′。位于泉州市晋江市深沪镇东部海域，距大陆最近点 140 米。原名赤礁，因省内重名，位于深沪镇，第二次全国海域地名普查时更为今名。《福建省海域地名志》（1991）、《晋江市志》（1993）、《福建省海岛志》（1994）、《全国海岛资源综合调查报告》（1996）、《全国海岛名称与代码》（2008）中均称赤礁。基岩岛。岸线长 220 米，面积 2 495 平方米。无植被。

脸谱岛 (Liǎnpǔ Dǎo)

北纬 24°37.2′，东经 118°40.8′。位于泉州市晋江市深沪镇东部海域，距大陆最近点 60 米。岛形似一个漂浮在海上的京剧脸谱，第二次全国海域地名普查时命今名。基岩岛。岸线长 78 米，面积 443 平方米。无植被。

前塔礁 (Qiántǎ Jiāo)

北纬 24°36.5′，东经 118°41.0′。位于泉州市晋江市深沪镇东部海域，距大陆最近点 170 米。前塔礁为当地群众惯称。《福建省海域地名志》（1991）中称前塔礁。基岩岛。岸线长 63 米，面积 313 平方米。植被以草丛为主。

内白屿 (Nèibái Yǔ)

北纬 24°36.2′，东经 118°30.6′。位于泉州市晋江市深沪镇西部海域，距大陆最近点 1.03 千米。《福建省海域地名志》（1991）记载别名牛屎屿。《福建省海岛志》（1994）、《全国海岛资源综合调查报告》（1996）中均称内白屿。基岩岛。岸线长 423 米，面积 9 464 平方米，最高点高程 6.7 米。岛上有渔民建造的房屋。无植被。

张塔 (Zhāngtǎ)

北纬 24°35.2′，东经 118°33.4′。位于泉州市晋江市深沪镇西部海域，距大陆最近点 170 米。当地群众惯称五屿。因五屿省内重名，定名张塔。基岩岛。岸线长 144 米，面积 1 422 平方米。无植被。

海星岛 (Hǎixīng Dǎo)

北纬 24°35.2′，东经 118°40.4′。位于泉州市晋江市深沪镇东部海域，距大陆最近点 50 米。因岛形似海星，第二次全国海域地名普查时命今名。基岩岛。岸线长 73 米，面积 401 平方米。无植被。

东沪屿 (Dōnghù Yǔ)

北纬 24°34.8′，东经 118°40.1′。位于泉州市晋江市深沪镇东部海域，距大陆最近点 120 米。《晋江地名志》（2007）中称东沪屿。基岩岛。岸线长 211 米，面积 3 257 平方米。无植被。

皮带岛 (Pídài Dǎo)

北纬 24°34.5′，东经 118°39.4′。位于泉州市晋江市金井镇东部海域，距大陆最近点 180 米。因岛形似皮带，第二次全国海域地名普查时命今名。基岩岛。岸线长 60 米，面积 281 平方米。无植被。

东盘礁 (Dōngpán Jiāo)

北纬 24°34.4′，东经 118°39.4′。位于泉州市晋江市金井镇东部海域，距大陆最近点 280 米。该岛形似盘且位置靠东，故名。基岩岛。岸线长 216 米，面积 3 364 平方米。无植被。

宫脊 (Gōngjǐ)

北纬 24°34.3′，东经 118°39.2′。位于泉州市晋江市金井镇东部海域，距大陆最近点 20 米。当地群众惯称宫脊。基岩岛。岸线长 308 米，面积 6 140 平方米。

无植被。

绸带岛 (Chóudài Dǎo)

北纬 24°34.2′，东经 118°39.1′。位于泉州市晋江市金井镇东部海域，距大陆最近点 130 米。因岛体犹如漂浮在海上的绸带，第二次全国海域地名普查时命今名。基岩岛。岸线长 181 米，面积 2 109 平方米。无植被。

小碎石岛 (Xiǎosuìshí Dǎo)

北纬 24°33.4′，东经 118°39.2′。位于泉州市晋江市金井镇东部海域，距大陆最近点 50 米。因岛上多碎石，面积相对较小，第二次全国海域地名普查时命今名。基岩岛。岸线长 209 米，面积 2 960 平方米。无植被。岛上存在小规模炸岛取石现象。

南北尾屿 (Nánběiwěi Yǔ)

北纬 24°33.4′，东经 118°39.2′。位于泉州市晋江市金井镇东部海域，距大陆最近点 100 米。该岛由两块岩石南北排列构成，故名。《福建省海域地名志》（1991）、《福建省海岛志》（1994）、《全国海岛资源综合调查报告》（1996）、《全国海岛名称与代码》（2008）中均称南北尾屿。基岩岛。岸线长 447 米，面积 9 640 平方米，最高点高程 12.3 米。无植被。岛上有石灯塔 1 座。

南尾 (Nánwěi)

北纬 24°33.4′，东经 118°39.1′。位于泉州市晋江市金井镇东部海域，距大陆最近点 150 米。位于南北尾屿西南侧，故名。《晋江市志》（1993）、《福建省海岛志》（1994）、《全国海岛资源综合调查报告》（1996）、《全国海岛名称与代码》（2008）中均称南尾。基岩岛。岸线长 260 米，面积 3 691 平方米。无植被。

西姑房礁 (Xīgūfáng Jiāo)

北纬 24°32.8′，东经 118°33.8′。位于泉州市晋江市金井镇西部海域，距大陆最近点 830 米。西姑房礁为当地群众惯称。《福建省海域地名志》（1991）中称西姑房礁。基岩岛。面积约 230 平方米。无植被。

破犁头屿 (Pòlítóu Yǔ)

北纬 24°32.8′，东经 118°37.5′。位于泉州市晋江市金井镇东部海域，距大陆最近点 90 米。岛形呈三角状之犁头，故名。《福建省海域地名志》（1991）与《福建省海岛志》（1994）中称破犁头屿，“形似破犁头，故名”。《晋江地名志》（2007）载，“岛屿之状呈三角状之犁头，故名破犁头屿”。《全国海岛资源综合调查报告》（1996）中称破犁头屿。基岩岛。岸线长 117 米，面积 1 012 平方米，最高点高程 12.7 米。无植被。

挡风屏岛 (Dǎngfēngpíng Dǎo)

北纬 24°32.7′，东经 118°37.7′。位于泉州市晋江市金井镇东部海域，距大陆最近点 120 米。该岛与周边海岛构成一个避风小湾，常有渔船停靠，第二次全国海域地名普查时命今名。基岩岛。岸线长 316 米，面积 6 030 平方米。无植被。

小加罗岛 (Xiǎojiāluó Dǎo)

北纬 24°32.7′，东经 118°37.8′。位于泉州市晋江市金井镇东部海域，距大陆最近点 240 米。该岛处加罗屿旁，且面积较小，第二次全国海域地名普查时命今名。基岩岛。岸线长 122 米，面积 826 平方米。无植被。

加罗屿 (Jiāluó Yǔ)

北纬 24°32.7′，东经 118°37.8′。位于泉州市晋江市金井镇东部海域，距大陆最近点 210 米。该岛形似倒置笳箩（一种竹制器具），简作今名。《福建省海域地名志》（1991）、《晋江市志》（1993）、《福建省海岛志》（1994）、《全国海岛资源综合调查报告》（1996）中均称加罗屿。基岩岛。岸线长 363 米，面积 6 187 平方米，最高点高程 18.7 米。无植被。

东加罗岛 (Dōngjiāluó Dǎo)

北纬 24°32.7′，东经 118°37.9′。位于泉州市晋江市金井镇东部海域，距大陆最近点 280 米。因位于加罗屿东边，第二次全国海域地名普查时命今名。基岩岛。岸线长 402 米，面积 8 388 平方米，最高点高程 2.5 米。无植被。

白洋屿 (Báiyáng Yǔ)

北纬 24°32.4′，东经 118°33.1′。位于泉州市晋江市金井镇西部海域，距大陆最近点 1.91 千米。从岛上向远处望，海面浪潮汹涌，呈白茫茫的一片，故名。又名白洋。《晋江市志》（1993）中称白洋。《福建省海域地名志》（1991）、《福建省海岛志》（1994）、《全国海岛资源综合调查报告》（1996）中称白洋屿。基岩岛。岸线长 291 米，面积 6 020 平方米，最高点高程 10.7 米。无植被。岛上有红色灯塔。

晋江中屿 (Jìnjiāng Zhōngyǔ)

北纬 24°32.2′，东经 118°37.3′。位于泉州市晋江市金井镇东部海域，距大陆最近点 130 米。原名中屿。因省内重名，位于晋江市，第二次全国海域地名普查时更为今名。《晋江市志》（1993）、《全国海岛资源综合调查报告》（1996）中称中屿。基岩岛。岸线长 631 米，面积 0.015 4 平方千米，最高点高程 12.7 米。植被以草丛为主。

下沪屿 (Xiàhù Yǔ)

北纬 24°32.2′，东经 118°36.9′。位于泉州市晋江市金井镇东部海域，距大陆最近点 50 米。又名下沪。《晋江市志》（1993）中称下沪。《福建省海域地名志》（1991）、《福建省海岛志》（1994）、《全国海岛资源综合调查报告》（1996）中称下沪屿。基岩岛。岸线长 216 米，面积 2 901 平方米，最高点高程 7.2 米。无植被。

赤石屿 (Chìshí Yǔ)

北纬 24°32.2′，东经 118°36.8′。位于泉州市晋江市金井镇东部海域，距大陆最近点 90 米。以岛上土壤色赤得名。又名赤石。《晋江市志》（1993）中称赤石。《福建省海域地名志》（1991）、《福建省海岛志》（1994）、《全国海岛资源综合调查报告》（1996）中称赤石屿。基岩岛。岸线长 126 米，面积 1 044 平方米，最高点高程 10 米。无植被。

港尾屿 (Gǎngwěi Yǔ)

北纬 24°32.2′，东经 118°36.7′。位于泉州市晋江市金井镇东部海域，距大陆最近点 70 米。位于内河港口出海口，故名。又名港尾。《晋江市志》（1993）中称港尾。《福建省海域地名志》（1991）、《福建省海岛志》（1994）、《全国海岛资源综合调查报告》（1996）、《全国海岛名称与代码》（2008）中称港尾屿。基岩岛。岸线长 170 米，面积 1 982 平方米，最高点高程 8 米。无植被。

象棋岛 (Xiàngqí Dǎo)

北纬 24°31.8′，东经 118°35.4′。位于泉州市晋江市金井镇南部海域，距大陆最近点 40 米。因岛形似象棋，第二次全国海域地名普查时命今名。基岩岛。岸线长 89 米，面积 586 平方米。无植被。通过水泥桥与陆相连。附近有妈祖庙，岛上有香炉供信众插香。

大顶礁 (Dàdǐng Jiāo)

北纬 24°31.7′，东经 118°36.1′。位于泉州市晋江市金井镇南部海域，距大陆最近点 20 米。《福建省海域地名志》（1991）称大顶礁。基岩岛。面积约 10 平方米。无植被。

圭屿 (Guī Yǔ)

北纬 24°35.5′，东经 118°25.4′。位于泉州市南安市石井镇南部海域，距大陆最近点 1.63 千米。《福建省海域地名志》（1991）称圭屿，“传说因奎霞、郭任两村争归属，后由朝廷判归奎霞，赐名圭屿”。《南安县志》（1993）、《福建省海岛志》（1994）、《全国海岛资源综合调查报告》（1996）中均称圭屿。基岩岛。岸线长 464 米，面积 3 802 平方米，最高点高程 14.6 米。

竹甲笠 (Zhújiǎlì)

北纬 24°35.4′，东经 118°25.4′。位于泉州市南安市石井镇南部海域，距大陆最近点 1.76 千米。因其上尖下大，似古代竹编斗笠，当地群众惯称竹甲笠。基岩岛。岸线长 139 米，面积 1 117 平方米。植被以草丛为主。

蘑菇岛 (Mógu Dǎo)

北纬 24°35.4′，东经 118°25.4′。位于泉州市南安市石井镇南部海域，距大陆最近点 1.83 千米。因岛形似蘑菇头，第二次全国海域地名普查时命今名。基岩岛。面积约 20 平方米。无植被。

鲸背岛 (Jīngbèi Dǎo)

北纬 24°35.4′，东经 118°25.6′。位于泉州市南安市石井镇南部海域，距大陆最近点 1.94 千米。因其形似鲸鱼露出海面的背部，第二次全国海域地名普查时命今名。基岩岛。面积约 6 平方米。无植被。

土垵礁 (Tǔ'ǎn Jiāo)

北纬 24°35.4′，东经 118°25.6′。位于泉州市南安市石井镇南部海域，距大陆最近点 2.01 千米。礁东侧平坦，表层土质，形似马鞍，鞍与垵谐音，故名。《福建省海域地名志》（1991）中称土垵礁。基岩岛。面积约 3 平方米。无植被。

塔顶岛 (Tǎdǐng Dǎo)

北纬 24°34.8′，东经 118°26.5′。位于泉州市南安市石井镇南部海域，距大陆最近点 3.74 千米。因岛形似宝塔顶部，第二次全国海域地名普查时命今名。基岩岛。面积约 10 平方米。无植被。

小百屿 (Xiǎobǎi Yǔ)

北纬 24°34.4′，东经 118°26.5′。位于泉州市南安市石井镇南部海域，距大陆最近点 4.24 千米。与大百屿同处莲河、石井两江之间，该岛面积小，故名。又名小百。《南安县志》（1993）中称小百。《福建省海域地名志》（1991）、《福建省海岛志》（1994）、《全国海岛资源综合调查报告》（1996）中称小百屿。基岩岛。岸线长 562 米，面积 0.017 2 平方千米，最高点高程 14.2 米。岛上植被茂盛。有渔民搭建避风石屋 1 处，水井 1 口。

大百屿 (Dàbǎi Yǔ)

北纬 24°33.9′，东经 118°27.3′。位于泉州市南安市石井镇南部海域，距大陆最近点 5.58 千米。与小百屿同处莲河、石井两江之间，该岛面积大，故名。又名大百。《南安县志》（1993）中称大百。《福建省海域地名志》（1991）、《福建省海岛志》（1994）、《全国海岛资源综合调查报告》（1996）中称大百屿。基岩岛。岸线长 1 246 米，面积 0.065 7 平方千米，最高点高程 25.3 米。岛上曾开发旅游业，已荒废，建有 1 座酒店（大百岛酒店）和分散建筑若干，有水井。有码头 2 座，其一已毁坏。

草鞋礁 (Cǎoxié Jiāo)

北纬 24°32.1′，东经 118°29.1′。位于泉州市南安市石井镇南部海域，距大陆最近点 7.21 千米。该岛形似草鞋，故名。《福建省海域地名志》（1991）中称草鞋礁。基岩岛。岸线长 91 米，面积 455 平方米。无植被。

大毒石 (Dàdú Shí)

北纬 24°32.1′，东经 118°28.7′。位于泉州市南安市石井镇南部海域，距大陆最近点 6.93 千米。该岛处航道旁，对船只航行不利，名毒礁，后因重名更为今名。《福建省海域地名志》（1991）中称大毒石。基岩岛。面积约 2 平方米。无植被。

赤礁 (Chì Jiāo)

北纬 23°36.1′，东经 117°18.1′。位于漳州市诏安湾口海域，距大陆最近点 3.99 千米。该岛基部岩石颜色和顶部赤土一样呈赤色，故称赤礁。《中国海域地名志》（1989）、《福建省海域地名志》（1991）、《福建省海岛志》（1994）、《全国海岛资源综合调查报告》（1996）、《东山县城乡地名全录》（2007）、《全国海岛名称与代码》（2008）中均称赤礁。基岩岛。岸线长 255 米，面积 2 129 平方米，最高点高程 16.9 米。植被以草丛和灌木为主。该岛为诏安与东山县分界岛。

青纱洲岛 (Qīngshāzhōu Dǎo)

北纬 23°56.1′，东经 117°26.6′。位于漳州市云霄县漳江入海口海域，距大陆最近点 1.09 千米。因岛上湿地郁郁葱葱，第二次全国海域地名普查时命今名。沙泥岛。岸线长 1.45 千米，面积 0.127 2 平方千米。植被以草丛和灌木为主。建有养殖围塘。

江口洲岛 (Jiāngkǒuzhōu Dǎo)

北纬 23°55.7′，东经 117°26.1′。位于漳州市云霄县漳江入海口海域，距大陆最近点 1.09 千米。因位于漳江入海河口，第二次全国海域地名普查时命今名。沙泥岛。岸线长 3.17 千米，面积 0.535 平方千米。植被以草丛和灌木为主。建有养殖围塘。

石矾塔屿（Shífántǎ Yǔ）

北纬 23°54.5′，东经 117°29.7′。位于漳州市云霄县漳江入海口海域，距大陆最近点 1.17 千米。《云霄县志》（1999）载："岛礁兀立，状若笋尖，高达数丈，名曰石矾，后人建塔于此，名石矾塔，岛因名。"《福建省海域地名志》（1991）、《福建省海岛志》（1994）、《全国海岛资源综合调查报告》（1996）、《全国海岛名称与代码》（2008）中均称石矾塔屿。基岩岛。岸线长 53 米，面积 192 平方米，最高点高程 19.1 米。地表基岩裸露。岛上建有石矾塔 1 座，起航标作用。属云霄县石矾塔屿海洋特别保护区。

龟卵石岛（Guīluǎnshí Dǎo）

北纬 23°52.7′，东经 117°29.9′。位于漳州市云霄县海域，距大陆最近点 310 米。因外形酷似龟产卵，第二次全国海域地名普查时命今名。基岩岛。面积约 90 平方米。无植被。

双屿（Shuāng Yǔ）

北纬 23°51.9′，东经 117°30.3′。位于漳州市云霄县海域，距大陆最近点 260 米。该岛与小双岛并立，如两个岛屿，得名双屿。该岛面积稍大，名称沿用双屿。《福建省海域地名志》（1991）、《福建省海岛志》（1994）、《全国海岛资源综合调查报告》（1996）、《云霄县志》（1999）、《全国海岛名称与代码》（2008）中均称双屿。岸线长 456 米，面积 0.011 3 平方千米，最高点高程 18 米。基岩岛，岛体由花岗岩构成。该岛西侧建造海堤与大陆相连，堤内围海造地用于养殖。

小双岛（Xiǎoshuāng Dǎo）

北纬 23°51.9′，东经 117°30.2′。位于漳州市云霄县海域，距大陆最近点 80 米。原与双屿统称双屿，因面积小于双屿，第二次全国海域地名普查时命今名。岸线长 376 米，面积 0.010 1 平方千米。基岩岛，岛体由花岗岩构成。该岛西侧通过围堤与大陆相连，西北侧为养殖围塘。

云霄大屿（Yúnxiāo Dàyǔ）

北纬 23°51.5′，东经 117°30.1′。位于漳州市云霄县海域，距大陆最近点

120 米。岛屿面积较大而得名大屿，因省内重名，且位于云霄县，第二次全国海域地名普查时更为今名。《福建省海岛志》（1994）、《全国海岛资源综合调查报告》（1996）、《云霄县志》（1999）、《全国海岛名称与代码》（2008）中均称大屿。岸线长 214 米，面积 2 936 平方米，高约 20 米。基岩岛，岛体由花岗岩构成。

拖尾岛（Tuōwěi Dǎo）

北纬 23°51.1′，东经 117°29.9′。位于漳州市云霄县海域，距大陆最近点 80 米。因位于拖尾湾北部岬角，第二次全国海域地名普查时命今名。基岩岛。岸线长 202 米，面积 2 356 平方米。植被以草丛和灌木为主。

裂口石岛（Lièkǒushí Dǎo）

北纬 23°49.3′，东经 117°28.6′。位于漳州市云霄县海域，距大陆最近点 60 米。该岛似岩石崩裂开口，第二次全国海域地名普查时命今名。基岩岛。面积约 50 平方米。无植被。

藕节石岛（Ǒujiéshí Dǎo）

北纬 23°49.2′，东经 117°28.5′。位于漳州市云霄县海域，距大陆最近点 70 米。因该岛形如藕节，第二次全国海域地名普查时命今名。基岩岛。面积约 40 平方米。无植被。

崎仔山（Qízǎi Shān）

北纬 23°47.6′，东经 117°28.0′。位于漳州市云霄县海域，距大陆最近点 330 米。又名峙仔屿。《海图》（1986）标注为峙仔屿。《福建省海岛志》（1994）、《全国海岛资源综合调查报告》（1996）、《全国海岛名称与代码》（2008）中称崎仔山。岸线长 205 米，面积 1 786 平方米。基岩岛，岛体由花岗岩构成。

白头石岛（Báitóushí Dǎo）

北纬 23°47.5′，东经 117°28.0′。位于漳州市云霄县海域，距大陆最近点 250 米。因岛体顶部白色，第二次全国海域地名普查时命今名。基岩岛。面积约 150 平方米。无植被。

桁尾角岛 (Héngwěijiǎo Dǎo)

北纬23°45.5′，东经117°26.4′。位于漳州市云霄县海域，距大陆最近点70米。因位于桁尾角海域，第二次全国海域地名普查时命今名。基岩岛。面积约80平方米。无植被。

林进屿 (Línjìn Yǔ)

北纬24°11.3′，东经118°01.4′。位于漳州市漳浦县海域，距大陆最近点1.4千米。《中国海域地名志》（1989）载："明嘉靖年间举子林进（真名林震）在岛上攻读中状元，后人遂以林进为屿名。"《福建省海域地名志》（1991）、《福建省海岛志》（1994）、《全国海岛资源综合调查报告》（1996）、《漳浦县志》（1998）、《漳州市志》（1999）中均称林进屿。基岩岛。岸线长1.14千米，面积0.076 5平方千米，最高点高程72.7米。岩性为灰黑、灰绿色玄武岩。植被覆盖率70%，以草丛和灌木为主。岛上建有环岛旅游道路、1座交通码头、1座航标灯塔。位于漳州滨海火山国家地质公园内，是全国第一批11个国家级地质公园之一。2005年被《中国国家地理》评选为"中国最美十大海岛"之一。

屈原公屿 (Qūyuángōng Yǔ)

北纬24°11.0′，东经117°55.8′。位于漳州市漳浦县海域，距大陆最近点710米。曾名洪如屿、鸿儒屿。《中国海域地名志》（1989）载："明代，佛昙人民为纪念屈原，每逢端午节，龙舟到此祭奠，故名。"《福建省海域地名志》（1991）、《福建省海岛志》（1994）中记载屈原公屿"又名洪如屿、鸿儒屿。明起，佛昙人民为纪念屈原，每逢端午节划龙船到此祭奠，故名"。《全国海岛资源综合调查报告》（1996）、《漳浦县志》（1998）、《漳州市志》（1999）中均称屈原公屿。岸线长335米，面积4 428平方米，最高点高程12米。基岩岛，岛体由玄武岩构成。已筑堤连接大陆。岛上建有忠烈亭、屈原像，山顶有泉水洞。

小嵩岛 (Xiǎosōng Dǎo)

北纬24°10.7′，东经117°56.5′。位于漳州市漳浦县海域，距大陆最近点540米。与岱嵩岛相邻，面积次之，故名小嵩岛，又名小桑岛。《中国海域地名志》（1989）、《福建省海域地名志》（1991）、《福建省海岛志》（1994）、《全国海岛资源综合调查报告》（1996）、《漳浦县志》（1998）、《漳州市志》（1999）中均称小嵩岛。岸线长519米，面积0.017 2平方千米，最高点高程31米。基岩岛，岛体由玄武岩构成。表土为红壤，土质肥沃。植被覆盖率80%。已被围垦在养殖塘围堰内。

岱嵩岛 (Dàisōng Dǎo)

北纬24°10.4′，东经117°57.5′。位于漳州市漳浦县海域，距大陆最近点480米。因岛上岱嵩庙而得名。曾名大桑，又称大桑岛。清康熙《漳浦县志》中称大桑，“今误称大桑为大嵩，小桑为小嵩”。《中国海域地名志》（1989）、《福建省海域地名志》（1991）、《福建省海岛志》（1994）、《全国海岛资源综合调查报告》（1996）、《漳浦县志》（1998）、《漳州市志》（1999）中均称岱嵩岛。基岩岛。岸线长2.67千米，面积0.360 2平方千米，最高点海拔27.3米。地势北高南低，南北长700米，东西宽300米。土壤由玄武岩风化而成。植被以木麻黄林为主。

有居民海岛。岛上有岱嵩村，隶属漳浦县。2011年户籍人口3 673人，常住人口4 020人。岛上建有计生服务站、医疗所、村办公楼、岱嵩小学。1986年由佛昙电厂架设跨海线路输电至岛上，1987年开发深层井水建自来水厂，2000年自东坂至岱嵩建一条跨海公路。在岛北端山顶上建有1座岱嵩庙（嵩山宫妈祖庙），始建于南宋绍熙年间（1191 — 1194年），传渔民为了保护渔船出海安全，渔业好收成，特从莆田湄洲岛奉祀妈祖祖庙香火来岛上建造妈祖庙。清光绪年间重修。1983年重建，正殿上有两匾，分别刻“白水飞熊”“波恬相柳”。

南碇岛 (Nándìng Dǎo)

北纬24°08.1′，东经118°02.3′。位于漳州市漳浦县海域，距大陆最近点6.03千米。形如船碇，一东一南，此岛处于南部，故名。《中国海域地名志》（1989）、《福建省海域地名志》（1991）、《福建省海岛志》（1994）、《全国海岛资源综合调查报告》（1996）、《漳浦县志》（1998）、《漳州市志》（1999）中均称南碇岛。岸线长676米，面积0.023 6平方千米，最高点高程51.5米。地势四周低，中间隆起。火山岛，岛体由灰黑、灰绿色玄武岩构成。植被以草丛为主。

该岛顶部建有航标灯桩 1 座。2005 年，南碇岛被《中国国家地理》评选为“中国最美十大海岛”之一，位于漳州滨海火山国家地质公园内。2008 年漳浦县人民政府设立南碇岛县级海岛特别保护区。

葫芦屿 (Húlu Yǔ)

北纬 24°07.2′，东经 117°55.0′。位于漳州市漳浦县海域，距大陆最近点 120 米。以形似葫芦得名。《福建省海域地名志》(1991)、《漳浦县志》(1998)、《漳州市志》(1999) 中均称葫芦屿。岸线长 392 米，面积 9 373 平方米。基岩岛，岛体由玄武岩构成。植被以灌木和草丛为主。

船帆礁 (Chuánfān Jiāo)

北纬 24°06.2′，东经 117°54.3′。位于漳州市漳浦县海域，距大陆最近点 100 米。以形似船帆得名。《福建省海域地名志》(1991) 中称船帆礁。基岩岛。岸线长 63 米，面积 313 平方米。无植被。

黄石岛 (Huángshí Dǎo)

北纬 23°06.0′，东经 117°54.2′。位于漳州市漳浦县海域，距大陆最近点 3.85 千米。因表面基岩呈黄色，第二次全国海域地名普查时命今名。基岩岛。面积约 170 平方米。植被以草丛和灌木为主。

碎石滩岛 (Suìshítān Dǎo)

北纬 24°05.7′，东经 117°54.1′。位于漳州市漳浦县海域，距大陆最近点 130 米。因炸岛，岛上乱石纵横，且面积较小，第二次全国海域地名普查时命今名。基岩岛。岸线长 258 米，面积 4 532 平方米。无植被。

鲎尾礁 (Hòuwěi Jiāo)

北纬 24°01.7′，东经 117°53.7′。位于漳州市漳浦县海域，距大陆最近点 130 米。因该岛呈长条形似鲎尾，故名。《福建省海域地名志》(1991) 中称鲎尾礁。基岩岛。岸线长 63 米，面积 313 平方米。无植被。

护将石岛 (Hùjiāngshí Dǎo)

北纬 24°01.2′，东经 117°52.9′。位于漳州市漳浦县海域，距大陆最近点 1.07 千米。因邻近将军屿，犹如贴身侍卫守护着将军一样，第二次全国海域地名普查时命今名。基岩岛。岸线长 237 米，面积 3 693 平方米。无植被。

将军屿（Jiāngjūn Yǔ）

北纬 24°01.1′，东经 117°53.0′。位于漳州市漳浦县海域，距大陆最近点 1.1 千米。《中国海域地名志》（1989）称将军屿："唐仪凤年间，将军陈元光曾于其上训练水师，故名。"《福建省海域地名志》（1991）、《福建省海岛志》（1994）、《全国海岛资源综合调查报告》（1996）、《漳浦县志》（1998）、《漳州市志》（1999）中均称将军屿。岸线长 425 米，面积 4 207 平方米，最高点高程 16 米。基岩岛，岛体由火山岩构成。无植被。建有航标灯桩 2 座。

黑岩角（Hēiyán Jiǎo）

北纬 23°59.9′，东经 117°49.4′。位于漳州市漳浦县海域，距大陆最近点 160 米。岬角岩石呈黑色，故名。《福建省海域地名志》（1991）中称黑岩角。基岩岛。岸线长 169 米，面积 1 996 平方米。无植被。

半流礁（Bànliú Jiāo）

北纬 23°59.5′，东经 117°48.2′，位于漳州市漳浦县海域。距大陆最近点 200 米。退潮后礁盘有一半在海水中，故名。当地群众惯称半流礁。基岩岛。面积约 20 平方米。无植被。

双担礁（Shuāngdàn Jiāo）

北纬 23°58.7′，东经 117°44.7′，位于漳州市漳浦县海域，距大陆最近点 2.57 千米。水面露出两块礁石，故名。《福建省海域地名志》（1991）、《漳浦县志》（1998）、《漳州市志》（1999）中均称双担礁。基岩岛。面积约 50 平方米。无植被。

平盘屿（Píngpán Yǔ）

北纬 23°57.5′，东经 117°49.2′。位于漳州市漳浦县海域，距大陆最近点 2.1 千米。属外劈列岛。因形如平盘而得名。《中国海域地名志》（1989）、《福建省海域地名志》（1991）、《漳浦县志》（1998）、《漳州市志》（1999）中均称平盘屿。岸线长 152 米，面积 1 580 平方米，最高点高程 5.1 米。基岩岛，岛体由变质岩构成。西南 — 东北走向。无植被。

蜡石屿（Làshí Yǔ）

北纬23°57.5′，东经117°48.7′。位于漳州市漳浦县海域，距大陆最近点1.3千米。属外劈列岛。又名裂屿。《中国海域地名志》（1989）载“因形如蜡烛，故名，又称裂屿”。《福建省海域地名志》（1991）中称蜡石屿，“又名裂屿。基岩表面如蜡色，故名”。《福建省海岛志》（1994）、《全国海岛资源综合调查报告》（1996）、《漳州市志》（1999）中均称蜡石屿。岸线长254米，面积3 200平方米，最高点高程19.4米。基岩岛，岛体由变质岩构成。东北—西南走向。无植被。

浮礁（Fú Jiāo）

北纬23°56.7′，东经117°48.2′。位于漳州市漳浦县海域，距大陆最近点1.71千米。该岛如浮萍浮在水面，故名。《福建省海域地名志》（1991）、《福建省海岛志》（1994）、《全国海岛资源综合调查报告》（1996）、《漳浦县志》（1998）中均称浮礁。呈长条形，南北走向。岸线长263米，面积1 718平方米，高约3米。基岩岛，岛体由花岗岩构成，地表平缓。无植被。

草礁（Cǎo Jiāo）

北纬23°56.6′，东经117°48.3′。位于漳州市漳浦县海域，距大陆最近点1.82千米。因表层原先长满青草，故名。又名草礁群礁。《福建省海域地名志》（1991）、《漳州市志》（1999）中称为草礁群礁。《中国海域地名志》（1989）、《福建省海岛志》（1994）、《全国海岛资源综合调查报告》（1996）、《漳浦县志》（1998）中称草礁。岸线长457米，面积7 630平方米，最高点高程17.6米。基岩岛，岛体由花岗岩构成，地表岩石裸露，无植被。岛上建有1座测风塔。

鸡刀石礁（Jīdāoshí Jiāo）

北纬23°56.5′，东经117°48.0′。位于漳州市漳浦县海域，距大陆最近点1.99千米。因形似鸡，表面光滑如磨刀石而得名。《福建省海域地名志》（1991）、《福建省海岛志》（1994）、《全国海岛资源综合调查报告》（1996）中均称鸡刀石礁。基岩岛。面积约20平方米。无植被。

草礁南岛（Cǎojiāo Nándǎo）

北纬 23°56.4′，东经 117°48.4′。位于漳州市漳浦县海域，距大陆最近点 2.22 千米。因位于草礁南部，第二次全国海域地名普查时命今名。基岩岛。岸线长 166 米，面积 1 923 平方米。无植被。

小尖山礁（Xiǎojiānshān Jiāo）

北纬 23°56.4′，东经 117°48.4′。位于漳州市漳浦县海域，距大陆最近点 2.25 千米。该岛顶部尖细，面积小，故名。《福建省海域地名志》（1991）、《福建省海岛志》（1994）、《全国海岛资源综合调查报告》（1996）中均称小尖山礁。基岩岛。岸线长 392 米，面积 5 814 平方米，最高点高程 6 米。地表岩石裸露，无植被。

小山礁（Xiǎoshān Jiāo）

北纬 23°56.4′，东经 117°48.1′。位于漳州市漳浦县海域。距大陆最近点 2.12 千米。该岛形似海面浮现的小山丘，故名。《福建省海域地名志》（1991）中称小山礁。基岩岛。岸线长 372 米，面积 6 522 平方米。地表多石少土，植被以草丛为主。

大尖山礁（Dàjiānshān Jiāo）

北纬 23°56.4′，东经 117°48.5′。位于漳州市漳浦县海域，距大陆最近点 2.38 千米。该岛顶部尖细，面积较大，故名。《中国海域地名志》（1989）、《福建省海域地名志》（1991）、《福建省海岛志》（1994）、《全国海岛资源综合调查报告》（1996）中均称大尖山礁。岸线长 366 米，面积 7 251 平方米。基岩岛，岛体由花岗岩构成。地表岩石裸露，局部洼地有薄土层，植被以草丛为主。岛上建有 1 座导航灯桩。

豆腐小岛（Dòufu Xiǎodǎo）

北纬 23°56.2′，东经 117°46.3′。位于漳州市漳浦县海域，距大陆最近点 230 米。因形似一块块豆腐，且面积较小，第二次全国海域地名普查时命今名。基岩岛。面积约 50 平方米。无植被。

平礁 (Píng Jiāo)

北纬 23°56.2′，东经 117°46.3′。位于漳州市漳浦县海域，距大陆最近点 240 米。礁面平坦，故名。《漳州市志》（1999）中称平礁。基岩岛。面积约 20 平方米。无植被。岛上建有房屋和蓄水池。

小垂钓岛 (Xiǎochuídiào Dǎo)

北纬 23°55.0′，东经 117°47.0′。位于漳州市漳浦县海域，距大陆最近点 830 米。常有钓鱼爱好者在岛上垂钓，且面积较小，第二次全国海域地名普查时命今名。基岩岛。岸线长 63 米，面积 313 平方米。无植被。

东礁西岛 (Dōngjiāo Xīdǎo)

北纬 23°54.9′，东经 117°46.9′。位于漳州市漳浦县海域，距大陆最近点 660 米。第二次全国海域地名普查时命今名。基岩岛。岸线长 115 米，面积 983 平方米。无植被。

黄牛礁 (Huángniú Jiāo)

北纬 23°53.2′，东经 117°33.5′。位于漳州市漳浦县海域，距大陆最近点 2.25 千米。因岛形似黄牛而得名。《福建省海域地名志》（1991）、《福建省海岛志》（1994）、《全国海岛资源综合调查报告》（1996）、《漳州市志》（1999）中均称黄牛礁。岸线长 106 米，面积 676 平方米。基岩岛，岛体由花岗岩构成，地表岩石裸露，无植被。

小霜岛 (Xiǎoshuāng Dǎo)

北纬 23°52.2′，东经 117°31.8′。位于漳州市漳浦县海域，距大陆最近点 2.8 千米。与大霜岛邻近，面积次之而得名。《中国海域地名志》（1989）、《福建省海域地名志》（1991）、《福建省海岛志》（1994）、《全国海岛资源综合调查报告》（1996）、《漳州市志》（1999）中均称小霜岛。岸线长 584 米，面积 0.010 4 平方千米，最高点高程 13.2 米。基岩岛，岛体由花岗岩构成。地势西高东低。

水屿 (Shuǐ Yǔ)

北纬 23°51.4′，东经 117°32.6′。位于漳州市漳浦县海域。距大陆最近点 4.2

千米。该岛由同一底盘数块岩石构成，随着潮水升落，各石之间潮水滚滚，故名。《中国海域地名志》（1989）、《福建省海域地名志》（1991）、《福建省海岛志》（1994）、《全国海岛资源综合调查报告》（1996）、《漳州市志》（1999）中均称水屿。岸线长 258 米，面积 1 685 平方米，最高点高程 8.8 米。基岩岛，岛体由花岗岩构成。植被以灌木和草丛为主。

北大霜岛（Běidàshuāng Dǎo）

北纬 23°51.3′，东经 117°32.4′，位于漳州市漳浦县海域，距大陆最近点 4.05 千米。因位于大霜岛北部，第二次全国海域地名普查时命今名。基岩岛。面积约 20 平方米。无植被。

黑龟岛（Hēiguī Dǎo）

北纬 23°51.2′，东经 117°32.5′。位于漳州市漳浦县海域，距大陆最近点 4.14 千米。因岛形似抬头的海龟，且呈黑色，第二次全国海域地名普查时命今名。基岩岛。面积约 20 平方米。无植被。

大霜岛（DàShuāng Dǎo）

北纬 23°51.2′，东经 117°32.3′。位于漳州市漳浦县海域，距大陆最近点 3.63 千米。因海上雾气大，春夏两季岛上经常披着一层如霜的小水珠，面积较大，故名。《中国海域地名志》（1989）、《福建省海域地名志》（1991）、《福建省海岛志》（1994）、《全国海岛资源综合调查报告》（1996）、《漳浦县志》（1998）、《漳州市志》（1999）中均称大霜岛。岸线长 2.15 千米，面积 0.185 8 平方千米，最高点高程 38 米。基岩岛，岛体由花岗闪长岩构成。地势北高南低。表层土壤厚，土质肥沃。岛中部建有管理房屋及养殖场。

东大霜岛（Dōngdàshuāng Dǎo）

北纬 23°51.1′，东经 117°32.5′。位于漳州市漳浦县海域，距大陆最近点 4.19 千米。因位于大霜岛东南方，第二次全国海域地名普查时命今名。基岩岛。岸线长 17 米，面积 23 平方米。无植被。

小黑霜岛（Xiǎohēishuāng Dǎo）

北纬 23°51.1′，东经 117°32.5′。位于漳州市漳浦县海域，距大陆最近点 4.26

千米。位于大霜岛东南，礁石表面呈黑色，面积小，第二次全国海域地名普查时命今名。基岩岛。面积约 20 平方米。无植被。

西赤屿 (Xīchì Yǔ)

北纬 23°49.5′，东经 117°43.9′。位于漳州市漳浦县漳浦海域，距大陆最近点 9.05 千米。属菜屿列岛。在东赤屿西面，与东赤屿相对，故名。《中国海域地名志》（1989）、《福建省海域地名志》（1991）、《福建省海岛志》（1994）、《全国海岛资源综合调查报告》（1996）、《漳浦县志》（1998）、《漳州市志》（1999）中均称西赤屿。岸线长 462 米，面积 0.012 9 平方千米，最高点高程 23.3 米。基岩岛，岛体由花岗岩构成。植被以灌木和草丛为主。岛上建有 1 座航标灯桩。

鸭母屿 (Yāmǔ Yǔ)

北纬 23°49.4′，东经 117°38.0′，位于漳州市漳浦县漳浦海域，距大陆最近点 760 米。岛顶有石形如母鸭，以方言而得名。《中国海域地名志》（1989）、《福建省海域地名志》（1991）、《福建省海岛志》（1994）、《全国海岛资源综合调查报告》（1996）、《漳浦县志》（1998）、《漳州市志》（1999）中均称鸭母屿。岸线长 133 米，面积 1 283 平方米，最高点高程 14.8 米。基岩岛，由花岗岩构成。无植被。

东赤北岛 (Dōngchì Běidǎo)

北纬 23°49.2′，东经 117°44.3′。位于漳州市漳浦县海域，距大陆最近点 9.53 千米。因位于东赤屿北部，第二次全国海域地名普查时命今名。基岩岛。岸线长 298 米，面积 4 218 平方米，最高点高程 15.4 米。无植被。

东赤屿 (Dōngchì Yǔ)

北纬 23°49.1′，东经 117°44.3′。位于漳州市漳浦县海域，距大陆最近点 9.65 千米。属菜屿列岛。该处有两个赤色岩石，此屿位东，故名。《中国海域地名志》（1989）、《福建省海域地名志》（1991）、《福建省海岛志》（1994）、《全国海岛资源综合调查报告》（1996）、《漳州市志》（1999）中均称东赤屿。岸线长 109 米，面积 921 平方米，高约 6 米。基岩岛，由花岗岩构成，地表基岩裸露。无植被。岛顶建有测风塔。

小东赤岛 (Xiǎodōngchì Dǎo)

北纬 23°49.1′，东经 117°44.3′。位于漳州市漳浦县海域，距大陆最近点 9.71 千米。因位于东赤屿南部，面积较小，第二次全国海域地名普查时命今名。基岩岛。面积约 40 平方米，无植被。

东赤南岛 (Dōngchì Nándǎo)

北纬 23°49.1′，东经 117°44.4′。位于漳州市漳浦县海域，距大陆最近点 9.74 千米。因位于东赤屿南部，第二次全国海域地名普查时命今名。基岩岛。岸线长 248 米，面积 2 558 平方米，植被以草丛为主。

小鸽沙岛 (Xiǎogēshā Dǎo)

北纬 23°48.6′，东经 117°40.0′。位于漳州市漳浦县海域，距大陆最近点 2.78 千米。属菜屿列岛。因紧邻鸽沙屿，面积次之，第二次全国海域地名普查时命今名。基岩岛。岸线长 85 米，面积 313 平方米。无植被。

鸽沙屿 (Gēshā Yǔ)

北纬 23°48.5′，东经 117°39.9′。位于漳州市漳浦县海域，距大陆最近点 2.66 千米。属菜屿列岛。岛体酷似一只鸽子立在沙洲岛北，故名。《中国海域地名志》（1989）、《福建省海域地名志》（1991）、《福建省海岛志》（1994）、《全国海岛资源综合调查报告》（1996）、《漳浦县志》（1998）、《漳州市志》（1999）中均称鸽沙屿。岸线长 359 米，面积 4 019 平方米，最高点高程 6.5 米。基岩岛，岛体由花岗岩构成，顶部平。基岩裸露，无植被。属漳浦县菜屿列岛县级自然保护区。

杏平礁 (Xìngpíng Jiāo)

北纬 23°47.8′，东经 117°38.6′。位于漳州市漳浦县海域，距大陆最近点 40 米。因位于杏平村前，故名。《福建省海域地名志》（1991）中称杏平礁。基岩岛。岸线长 531 米，面积 5 153 平方米。该岛因修建码头与大陆相连。

沙洲岛 (Shāzhōu Dǎo)

北纬 23°47.8′，东经 117°40.0′。位于漳州市漳浦县海域，距大陆最近点 2.17 千米。属菜屿列岛。因岛上有一片沙洲，故名。《中国海域地名志》（1989）、《福建省海域地名志》（1991）、《福建省海岛志》（1994）、《全国海岛资源综合调查报告》（1996）、《漳浦县志》（1998）、《漳州市志》（1999）中均称沙洲岛。岸线长5.15千米，面积0.585 1平方千米，最高点高程76.1米。基岩岛，岛体由花岗岩构成。山顶基岩裸露，土质差。植被以人工种植木麻黄为主。岛上建有明朝妈祖庙。码头1座，岛北部有导航灯桩1座。位于漳浦县菜屿列岛县级自然保护区内。

鼠屿 (Shǔ Yǔ)

北纬23°47.8′，东经117°35.8′。位于漳州市漳浦县海域，距大陆最近点630米。该岛状如鼠，故名。《中国海域地名志》（1989）、《福建省海域地名志》（1991）、《福建省海岛志》（1994）、《全国海岛资源综合调查报告》（1996）、《漳浦县志》（1998）、《漳州市志》（1999）中均称鼠屿。岸线长317米，面积6 516平方米，最高点高程20.1米。基岩岛，岛体由花岗岩构成。2011年岛上常住人口6人。建有房屋和养殖设施。风力发电，用水靠岛外运输。

马祖印礁 (Mǎzǔyìn Jiāo)

北纬23°47.7′，东经117°39.9′。位于漳州市漳浦县海域，距大陆最近点2.09千米。属菜屿列岛。处于湄洲岛妈祖祖庙前，形如印章，故名。《中国海域地名志》（1989）、《福建省海域地名志》（1991）、《漳州市志》（1999）中均称马祖印礁。岸线长261米，面积5 006平方米。基岩岛，岛体由花岗岩构成。无植被。位于漳浦县菜屿列岛县级自然保护区内。

水牛岛 (Shuǐniú Dǎo)

北纬23°47.7′，东经117°38.6′。位于漳州市漳浦县海域，距大陆最近点50米。因形似一头卧着的水牛，第二次全国海域地名普查时命今名。基岩岛。岸线长63米，面积313平方米，无植被。

白龟岛 (Báiguī Dǎo)

北纬23°47.6′，东经117°39.9′。位于漳州市漳浦县海域，距大陆最近点2.19千米。属菜屿列岛。因形似抬头的海龟，且岩石表面呈白色，第二次全国海域地名普查时命今名。基岩岛。岸线长74米，面积407平方米。无植被。

北竖人岛 (Běishùrén Dǎo)

北纬 23°47.5′，东经 117°40.7′。位于漳州市漳浦县海域，距大陆最近点 3.59 千米。属菜屿列岛。因位于竖人礁北部，第二次全国海域地名普查时命今名。基岩岛。岸线长 63 米，面积 313 平方米。无植被。

菜屿 (Cài Yǔ)

北纬 23°47.5′，东经 117°43.4′。位于漳州市漳浦县海域，距大陆最近点 7.69 千米。为菜屿列岛主岛。因产紫菜优质，故名。《中国海域地名志》（1989）、《福建省海域地名志》（1991）、《福建省海岛志》（1994）、《全国海岛资源综合调查报告》（1996）、《漳浦县志》（1998）、《漳州市志》（1999）中均称菜屿。岸线长 2.97 千米，面积 0.248 9 平方千米。最高点海拔 61.7 米。形如脚板，地势东高西低。基岩岛，岛体由花岗岩构成。岛上建有码头 1 座，有渔民居住，主要从事养殖。风力发电。位于漳浦县菜屿列岛县级自然保护区内，岛中部设置海岛特别保护区碑。

小巴流岛 (Xiǎobāliú Dǎo)

北纬 23°47.5′，东经 117°41.3′。位于漳州市漳浦县海域，距大陆最近点 4.63 千米。属菜屿列岛。与巴流岛相邻，面积较小，故名。《中国海域地名志》（1989）、《福建省海域地名志》（1991）、《福建省海岛志》（1994）、《全国海岛资源综合调查报告》（1996）、《漳浦县志》（1998）、《漳州市志》（1999）中均称小巴流岛。岸线长 438 米，面积 9 799 平方米，最高点高程 19.1 米。基岩岛，岛体由花岗岩构成。地表多基岩出露，有薄土层，植被以草丛为主。位于漳浦县菜屿列岛县级自然保护区内。

竖人礁 (Shùrén Jiāo)

北纬 23°47.5′，东经 117°40.7′。位于漳州市漳浦县海域，距大陆最近点 3.56 千米。属菜屿列岛。因形似倒立的人，故名。《中国海域地名志》（1989）、《福建省海域地名志》（1991）、《福建省海岛志》（1994）、《全国海岛资源综合调查报告》（1996）中均称竖人礁。岸线长 140 米，面积 839 平方米。呈南北走向。基岩岛，岛体由花岗岩构成。地表岩石裸露。无植被。

小沙洲岛（Xiǎoshāzhōu Dǎo）

北纬23°47.4′，东经117°40.0′。位于漳州市漳浦县海域，距大陆最近点2.39千米。位于沙洲岛旁，面积小，第二次全国海域地名普查时命今名。基岩岛。面积约200平方米。无植被。

小狮球礁（Xiǎoshīqiú Jiāo）

北纬23°47.4′，东经117°43.8′。位于漳州市漳浦县海域，距大陆最近点8.87千米。属菜屿列岛。因处狮嘴外，面积小，故名。《福建省海域地名志》（1991）、《漳浦县志》（1998）、《漳州市志》（1999）中均称小狮球礁。基岩岛。岸线长63米，面积313平方米。无植被。位于漳浦县菜屿列岛县级自然保护区内。

南竖人岛（Nánshùrén Dǎo）

北纬23°47.4′，东经117°40.8′。位于漳州市漳浦县海域，距大陆最近点3.7千米。属菜屿列岛。因位于竖人礁南部，第二次全国海域地名普查时命今名。基岩岛。岸线长113米，面积972平方米，无植被。

内南屿（Nèinán Yǔ）

北纬23°47.4′，东经117°38.3′。位于漳州市漳浦县海域，距大陆最近点50米。位于杏仔村南，两岛相邻，此岛位于向陆一侧，故名。《福建省海域地名志》（1991）、《漳浦县志》（1998）、《漳州市志》（1999）中均称内南屿。岸线长63米，面积313平方米。基岩岛，岛体由花岗岩构成。无植被。

外南屿（Wàinán Yǔ）

北纬23°47.3′，东经117°38.4′。位于漳州市漳浦县域，距大陆最近点120米。位于杏仔村南，两岛相邻，此岛位于向海一侧，故名。《福建省海域地名志》（1991）、《福建省海岛志》（1994）、《漳州市志》（1999）中均称外南屿。岸线长247米，面积3 148平方米。基岩岛，岛体由花岗岩构成。无植被。

北柿仔岛（Běishìzǎi Dǎo）

北纬23°47.3′，东经117°40.3′。位于漳州市漳浦县海域，距大陆最近点2.92千米。属菜屿列岛。因位于柿仔礁北部，第二次全国海域地名普查时命今名。基岩岛。岸线长331米，面积4 784平方米，无植被。

巴流石岛 (Bāliúshí Dǎo)

北纬23°47.3′，东经117°41.5′。位于漳州市漳浦县海域，距大陆最近点4.94千米。属菜屿列岛。因位于巴流岛北部，形如一个狮头，谐音得名，第二次全国海域地名普查时命今名。基岩岛。岸线长154米，面积1 514平方米。无植被。

柿仔礁 (Shìzǎi Jiāo)

北纬23°47.3′，东经117°40.3′。位于漳州市漳浦县海域，距大陆最近点2.95千米。属菜屿列岛。该岛形似小柿子，故名。《中国海域地名志》（1989）、《福建省海域地名志》（1991）、《福建省海岛志》（1994）、《全国海岛资源综合调查报告》（1996）、《全国海岛名称与代码》（2008）中均称柿仔礁。岸线长277米，面积3 304平方米，最高点高程5米。基岩岛，岛体由花岗岩构成，地表多石少土。无植被。

小城礁 (Xiǎochéng Jiāo)

北纬23°47.3′，东经117°40.9′。位于漳州市漳浦县海域，距大陆最近点3.93千米。属菜屿列岛。小城礁为当地群众惯称。《福建省海域地名志》（1991）、《福建省海岛志》（1994）、《全国海岛资源综合调查报告》（1996）中均称小城礁。岸线长509米，面积8 199平方米，最高点高程8米。南北走向。基岩岛，岛体由花岗岩构成，地表多石少土。植被以草丛为主。

小菜屿 (Xiǎocài Yǔ)

北纬23°47.2′，东经117°43.7′。位于漳州市漳浦县海域，距大陆最近点8.53千米。属菜屿列岛。与菜屿相邻，面积次之，故名。《中国海域地名志》（1989）、《福建省海域地名志》（1991）、《福建省海岛志》（1994）、《全国海岛资源综合调查报告》（1996）、《漳浦县志》（1998）、《漳州市志》（1999）中均称小菜屿。岸线长1.28千米，面积0.060 1平方千米，最高点高程22.1米。岛长450米，呈东北—西南走向。基岩岛，岛体由花岗岩构成。表层多红壤，植被以灌木和草丛为主。位于漳浦县菜屿列岛县级自然保护区内。

南柿仔岛 (Nánshìzǎi Dǎo)

北纬23°47.2′，东经117°40.3′。位于漳州市漳浦县海域，距大陆最近点3.01

千米。属菜屿列岛。因位于柿仔礁南部，第二次全国海域地名普查时命今名。基岩岛。岸线长 221 米，面积 1 660 平方米。无植被。

东巴流岛 (Dōngbāliú Dǎo)

北纬 23°47.2′，东经 117°41.8′。位于漳州市漳浦县海域，距大陆最近点 5.45 千米。属菜屿列岛。因位于巴流岛东边，第二次全国海域地名普查时命今名。基岩岛。岸线长 162 米，面积 1 732 平方米。无植被。

巴流岛 (Bāliú Dǎo)

北纬 23°47.2′，东经 117°41.6′。位于漳州市漳浦县海域，距大陆最近点 4.85 千米。属菜屿列岛。因位于浮头湾与台湾海峡交汇处，如一座闸门把住进出的潮水，以方言谐音得今名。《中国海域地名志》（1989）、《福建省海域地名志》（1991）、《福建省海岛志》（1994）、《全国海岛资源综合调查报告》（1996）、《漳浦县志》（1998）、《漳州市志》（1999）中均称巴流岛。岸线长 2.02 千米，面积 0.202 4 平方千米，最高点高程 94.9 米，为菜屿列岛最高点。呈龟状，西北 — 东南走向。基岩岛，岛体由花岗岩构成。位于漳浦县菜屿列岛县级自然保护区内。

蛇头岛 (Shétóu Dǎo)

北纬 23°47.1′，东经 117°43.9′。位于漳州市漳浦县海域，距大陆最近点 9.03 千米。因形似蛇头，第二次全国海域地名普查时命今名。基岩岛。面积约 60 平方米。无植被。

圣杯屿 (Shèngbēi Yǔ)

北纬 23°47.1′，东经 117°38.6′。位于漳州市漳浦县海域，距大陆最近点 720 米。该岛形如占卜用的圣杯，故名。《中国海域地名志》（1989）、《福建省海域地名志》（1991）、《福建省海岛志》（1994）、《全国海岛资源综合调查报告》（1996）、《漳浦县志》（1998）、《漳州市志》（1999）中均称圣杯屿。岸线长 279 米，面积 5 556 平方米，最高点高程 14.7 米。东南 — 西北走向。基岩岛，岛体由花岗岩构成。地表土层薄，植被以草丛和灌木为主。岛上建有简易码头 1 座，导航灯柱 1 座。

斧头柄礁 (Fǔtóubǐng Jiāo)

北纬 23°47.1′，东经 117°35.6′。位于漳州市漳浦县海域，距大陆最近点 30 米。该岛形似斧头柄，故名。《福建省海域地名志》（1991）中称斧头柄礁。基岩岛。面积约 20 平方米。无植被。

内鹰屿 (Nèiyīng Yǔ)

北纬 23°47.1′，东经 117°43.9′。位于漳州市漳浦县海域，距大陆最近点 9.06 千米。属菜屿列岛。相邻两个岛屿形似鹰，此岛距菜屿相对较近，故名。《中国海域地名志》（1989）、《福建省海域地名志》（1991）、《福建省海岛志》（1994）、《全国海岛资源综合调查报告》（1996）、《漳浦县志》（1998）、《漳州市志》（1999）中均称内鹰屿。岸线长 604 米，面积 0.013 5 平方千米，最高点高程 24.1 米。呈东北 — 西南走向。基岩岛，岛体由花岗岩构成，植被以草丛为主。位于漳浦县菜屿列岛县级自然保护区内。

小内鹰岛 (Xiǎonèiyīng Dǎo)

北纬 23°47.1′，东经 117°43.8′。位于漳州市漳浦县海域，距大陆最近点 8.95 千米。因位于内鹰屿西边，面积较小，第二次全国海域地名普查时命今名。基岩岛。岸线长 140 米，面积 1 071 平方米。无植被。

内圣杯岛 (Nèishèngbēi Dǎo)

北纬 23°47.0′，东经 117°38.7′。位于漳州市漳浦县海域，距大陆最近点 850 米。因位于圣杯屿与南圣杯岛之间，第二次全国海域地名普查时命今名。基岩岛。岸线长 162 米，面积 1 584 平方米。植被以草丛为主。

南圣杯岛 (Nánshèngbēi Dǎo)

北纬 23°47.0′，东经 117°38.7′。位于漳州市漳浦县海域，距大陆最近点 890 米。因位于圣杯屿南部，第二次全国海域地名普查时命今名。基岩岛。岸线长 178 米，面积 1 543 平方米。植被以草丛为主。

弓鞋礁 (Gōngxié Jiāo)

北纬 23°47.0′，东经 117°41.3′。位于漳州市漳浦县海域，距大陆最近点 4.75 千米。属菜屿列岛。因该岛形似女人的弓鞋，故名。《福建省海域地名志》（1991）

中称弓鞋礁。基岩岛。岸线长 63 米，面积 313 平方米，无植被。

苔狗门礁 (Táigǒumén Jiāo)

北纬 23°47.0′，东经 117°40.2′。位于漳州市漳浦县海域，距大陆最近点 2.93 千米。属菜屿列岛。苔狗门礁为当地群众惯称。《福建省海域地名志》（1991）、《福建省海岛志》（1994）、《全国海岛资源综合调查报告》（1996）中均称苔狗门礁。岸线长 359 米，面积 5 555 平方米，最高点高程 12 米。略呈扇形。基岩岛，岛体由花岗岩构成。植被以草丛为主。

内刹礁 (Nèichà Jiāo)

北纬 23°47.0′，东经 117°41.8′。位于漳州市漳浦县海域，距大陆最近点 5.53 千米。位于巴流岛南，礁石多，此岛靠内，以方言而名。《福建省海域地名志》（1991）中称内刹礁。基岩岛。岸线长 110 米，面积 841 平方米。无植被。

外鹰屿 (Wàiyīng Yǔ)

北纬 23°47.0′，东经 117°44.1′。位于漳州市漳浦县海域，距大陆最近点 9.31 千米。属菜屿列岛。位于内鹰屿东南，故名。《中国海域地名志》（1989）、《福建省海域地名志》（1991）、《福建省海岛志》（1994）、《全国海岛资源综合调查报告》（1996）、《漳浦县志》（1998）、《漳州市志》（1999）中均称外鹰屿。岸线长 407 米，面积 5 882 平方米，最高点高程 23.7 米。基岩岛，岛体由花岗岩构成。植被以草丛为主。岛上建有导航灯桩 1 座。位于漳浦县菜屿列岛县级自然保护区内。

北小岛 (Běi Xiǎodǎo)

北纬 23°46.9′，东经 117°42.5′。位于漳州市漳浦县海域，距大陆最近点 6.87 千米。第二次全国海域地名普查时命今名。基岩岛。岸线长 63 米，面积 313 平方米。无植被。

双石小岛 (Shuāngshí Xiǎodǎo)

北纬 23°46.9′，东经 117°42.2′。位于漳州市漳浦县海域，距大陆最近点 6.33 千米。岛上两块裸露的岩石突出，且岛体面积较小，第二次全国海域地名普查时命今名。基岩岛。岸线长 134 米，面积 1 299 平方米。无植被。

内龟礁（Nèiguī Jiāo）

北纬 23°46.8′，东经 117°41.4′。位于漳州市漳浦县海域，距大陆最近点 4.97 千米。岛形似龟。《中国海域地名志》（1989）、《福建省海域地名志》（1991）、《福建省海岛志》（1994）、《全国海岛资源综合调查报告》（1996）中均称内龟礁。岸线长 259 米，面积 3 435 平方米。南北走向。基岩岛，由花岗岩构成，无植被。

刺猬岛（Cìwei Dǎo）

北纬 23°46.8′，东经 117°43.0′。位于漳州市漳浦县海域，距大陆最近点 7.73 千米。因形似一只刺猬，第二次全国海域地名普查时命今名。基岩岛。岸线长 63 米，面积 313 平方米。无植被。

青草屿（Qīngcǎo Yǔ）

北纬 23°46.7′，东经 117°40.1′。位于漳州市漳浦县海域，距大陆最近点 2.95 千米。属菜屿列岛。因岛上长满海苔，远望如青草，故名。《中国海域地名志》（1989）、《福建省海域地名志》（1991）、《福建省海岛志》（1994）、《全国海岛资源综合调查报告》（1996）、《漳浦县志》（1998）、《漳州市志》（1999）中均称青草屿。略呈长方形，长轴为西北 — 东南走向。岸线长 484 米，面积 0.012 8 平方千米，最高点高程 17.8 米。基岩岛，岛体由花岗岩构成。地势中间高，四周低平。植被以草丛为主。岛上建有导航灯桩 1 座。位于漳浦县菜屿列岛县级自然保护区内。

露头小岛（Lùtóu Xiǎodǎo）

北纬 23°46.7′，东经 117°41.1′。位于漳州市漳浦县海域，距大陆最近点 4.61 千米。因该岛犹如人昂首露出海面，且面积较小，第二次全国海域地名普查时命今名。基岩岛。面积约 280 平方米。无植被。

漳浦虾礁（Zhāngpǔ Xiājiāo）

北纬 23°46.7′，东经 117°41.9′。位于漳州市漳浦县海域，距大陆最近点 5.85 千米。因该岛形似龙虾而得名虾礁，因省内重名，且位于漳浦县，第二次全国海域地名普查时更为今名。基岩岛。面积约 30 平方米。无植被。

小虾岛 (Xiǎoxiā Dǎo)

北纬 23°46.7′，东经 117°42.0′。位于漳州市漳浦县巴流岛南部海域，距大陆最近点 6.05 千米。因邻近漳浦虾礁，面积次之，且外形如小龙虾，第二次全国海域地名普查时命今名。基岩岛。面积约 20 平方米。无植被。

丰屿 (Fēng Yǔ)

北纬 23°46.5′，东经 117°34.5′。位于漳州市漳浦县海域，距大陆最近点 1.31 千米。因岛形如鸭蛋，丰满美观而得名。《中国海域地名志》（1989）、《福建省海域地名志》（1991）、《全国海岛资源综合调查报告》（1996）、《漳浦县志》（1998）、《漳州市志》（1999）中均称丰屿。基岩岛。岸线长 562 米，面积 0.021 7 平方千米，最高点高程 20.4 米。南北走向。

木偶岛 (Mù'ǒu Dǎo)

北纬 23°46.4′，东经 117°43.2′。位于漳州市漳浦县海域，距大陆最近点 8.14 千米。因岛形似一个木偶人，第二次全国海域地名普查时命今名。基岩岛。岸线长 422 米，面积 0.011 1 平方千米。无植被。

河马岛 (Hémǎ Dǎo)

北纬 23°46.4′，东经 117°42.5′。位于漳州市漳浦县海域，距大陆最近点 6.99 千米。因该岛形似一头河马，第二次全国海域地名普查时命今名。基岩岛。岸线长 102 米，面积 829 平方米。无植被。

壁仔屿 (Bìzǎi Yǔ)

北纬 23°46.3′，东经 117°34.4′。位于漳州市漳浦县海域，距大陆最近点 1.3 千米。因岛岸陡峭似壁，故名。《中国海域地名志》（1989）、《福建省海域地名志》（1991）、《福建省海岛志》（1994）、《全国海岛资源综合调查报告》（1996）、《漳浦县志》（1998）、《漳州市志》（1999）中均称壁仔屿。岸线长 288 米，面积 6 307 平方米，最高点海拔 12.8 米。呈蛋形，东南 — 西北走向。基岩岛，岛体由动力变质岩及混合岩构成。植被以草丛和灌木为主。岛最高处建有航标灯桩。

红屿南岛 (Hóngyǔ Nándǎo)

北纬 23°46.3′，东经 117°42.8′。位于漳州市漳浦县海域，距大陆最近点 7.52 千米。属菜屿列岛。第二次全国海域地名普查时命今名。基岩岛。岸线长 966 米，面积 0.042 5 平方千米。植被以草丛为主。

内竖人礁 (Nèishùrén Jiāo)

北纬 23°45.5′，东经 117°36.8′。位于漳州市漳浦县海域，距大陆最近点 190 米。岛上有一内一外两块岩石，形如倒立的人一样，故名。《福建省海域地名志》（1991）中称内竖人礁。基岩岛。岸线长 63 米，面积 313 平方米。无植被。

中大礁 (Zhōngdà Jiāo)

北纬 23°45.5′，东经 117°36.9′。位于漳州市漳浦县海域，距大陆最近点 250 米。该岛原是一块大盘礁，故名。《福建省海域地名志》（1991）中称中大礁。基岩岛。岸线长 131 米，面积 1 059 平方米。无植被。

加令石礁 (Jiālìngshí Jiāo)

北纬 23°44.8′，东经 117°36.5′。位于漳州市漳浦县海域，距大陆最近点 30 米。因岛形似八哥（俗称加令），故名。《福建省海域地名志》（1991）、《漳浦县志》（1998）中均称加令石礁。基岩岛。岸线长 63 米，面积 313 平方米。无植被。

大场尾礁 (Dàchǎngwěi Jiāo)

北纬 23°44.6′，东经 117°36.3′。位于漳州市漳浦县海域，距大陆最近点 10 米。《福建省海域地名志》（1991）中称大场尾礁。基岩岛。岸线长 220 米，面积 3 080 平方米，最高点高程 10 米。无植被。

小刀劈石岛 (Xiǎodāopīshí Dǎo)

北纬 23°44.4′，东经 117°35.8′。位于漳州市漳浦县海域，距大陆最近点 200 米。该岛面积较小，表面岩石纹路如利刀砍劈所致，第二次全国海域地名普查时命今名。基岩岛。岸线长 194 米，面积 2 102 平方米。无植被。

过沟礁 (Guògōu Jiāo)

北纬 23°43.2′，东经 117°35.5′。位于漳州市漳浦县海域，距大陆最近点 80 米。

过一条小沟即可登上陆地，故名。《福建省海域地名志》（1991）、《漳浦县志》（1998）中称过沟礁。基岩岛。岸线长 63 米，面积 313 平方米。无植被。

莲花礁 (Liánhuā Jiāo)

北纬 23°43.1′，东经 117°35.2′。位于漳州市漳浦县海域，距大陆最近点 40 米。因该岛形似开放的莲花，故名。《福建省海域地名志》（1991）、《漳浦县志》（1998）中均称莲花礁。基岩岛。岸线长 63 米，面积 313 平方米。无植被。

陡乾礁 (Dǒuqián Jiāo)

北纬 23°40.6′，东经 117°17.2′。位于漳州市诏安县海域，距大陆最近点 730 米。因礁石陡立，以方言而名。《福建省海域地名志》（1991）中称陡乾礁。面积约 20 平方米。基岩岛，岛体由花岗岩构成。无植被。

马踏石岛 (Mǎtàshí Dǎo)

北纬 23°39.9′，东经 117°16.0′。位于漳州市诏安县海域，距大陆最近点 60 米。因形似骑马的踏脚石，第二次全国海域地名普查时命今名。基岩岛。面积约 7 平方米。无植被。

小马鞍岛 (Xiǎomǎ'ān Dǎo)

北纬 23°39.9′，东经 117°16.0′。位于漳州市诏安县海域，距大陆最近点 70 米。因形似马鞍，面积小，第二次全国海域地名普查时命今名。基岩岛。面积约 1 平方米。无植被。

石斧岛 (Shífǔ Dǎo)

北纬 23°39.9′，东经 117°14.4′，位于漳州市诏安县海域，距大陆最近点 1.27 千米。因形似石斧，第二次全国海域地名普查时命今名。基岩岛。面积约 10 平方米。无植被。

西头山岛 (Xītóushān Dǎo)

北纬 23°39.6′，东经 117°14.6′。位于漳州市诏安县梅岭镇西，距大陆最近点 470 米。曾名沔洲。又名狮头山岛、狮头仔岛。《中国海域地名志》（1989）中称狮头山岛，“原名沔洲，因方言沔、猛谐音同，取威猛之师意，得沔洲。因形似卧狮，改狮头山岛”。《诏安县志》（1999）中称狮头仔岛。《福建省海岛志》（1994）、《全国海岛资源综合调查报告》（1996）、《全国海岛名称与代码》（2008）中称西头山岛。岸线长 3.04 千米，面积 0.414 7 平方千米，最高点高程 44.8 米。基岩岛，岛体由花岗岩构成。山顶岩石裸露，低丘为红壤，地势东北高，西南低。岛上有狮头自然村，隶属诏安县，2011 年户籍人口 168 人。居民用电靠大陆闽南电网，办有简易小学。通过养殖围堤与大陆相连。

垒石岛 (Lěishí Dǎo)

北纬 23°39.0′，东经 117°13.5′。位于漳州市诏安县海域，距大陆最近点 440 米。因该岛形似块石堆叠，第二次全国海域地名普查时命今名。基岩岛。面积约 160 平方米。无植被。

大乌礁 (Dàwū Jiāo)

北纬 23°39.0′，东经 117°16.2′。位于漳州市诏安县海域，距大陆最近点 90 米。该岛以色泽得名。《福建省海域地名志》（1991）、《福建省海域地名图》（1991）、《诏安县志》（1999）中均称大乌礁。基岩岛。面积约 30 平方米。植被以草丛为主。

诏安大屿 (Zhào'ān Dàyǔ)

北纬 23°38.9′，东经 117°13.5′。位于漳州市诏安县海域，距大陆最近点 470 米。附近礁石密布，因面积大，得名大屿。因省内重名，且位于诏安县，第二次全国海域地名普查时更为今名。《中国海域地名志》（1989）、《福建省海域地名志》（1991）、《福建省海域地名图》（1991）、《诏安县志》（1999）中均称大屿。岸线长 106 米，面积 474 平方米，最高点高程 4 米。基岩岛，岛体由花岗岩构成。植被以草丛为主。部分岛礁已被围填在养殖塘内，通过养殖围堤与踏浪石岛相连。

踏浪石岛 (Tàlàngshí Dǎo)

北纬 23°38.9′，东经 117°13.5′。位于漳州市诏安县海域，距大陆最近点 380 米。因形似鞋踏浪于海面上，第二次全国海域地名普查时命今名。基岩岛。岸线长 63 米，面积 313 平方米。因养殖围堤建造，部分岛礁已被围填在养殖围堤内。通过养殖围堤与诏安大屿相连。

围内石岛 (Wéinèishí Dǎo)

北纬 23°38.9′，东经 117°13.5′。位于漳州市诏安县海域，距大陆最近点 290 米。因位于两个养殖围塘之间，第二次全国海域地名普查时命今名。基岩岛。面积约 20 平方米。无植被。

墓屿 (Mù Yǔ)

北纬 23°38.8′。东经 117°13.4′。位于漳州市诏安县海域，距大陆最近点 120 米。该岛形似墓，故名。《中国海域地名志》（1989）、《福建省海域地名志》（1991）、《福建省海岛志》（1994）、《全国海岛资源综合调查报告》（1996）、《诏安县志》（1999）中均称墓屿。岸线长 363 米，面积 5 506 平方米。基岩岛，由花岗岩构成。

鲎尾屿 (Hòuwěi Yǔ)

北纬 23°38.7′，东经 117°13.4′。位于漳州市诏安县海域，距大陆最近点 190 米。该岛形似鲎尾，故名。《福建省海域地名志》（1991）、《福建省海岛志》（1994）、《诏安县志》（1999）、《全国海岛名称与代码》（2008）中称鲎尾屿。岸线长 221 米，面积 1 200 平方米。基岩岛，岛体由花岗岩构成。

神童山岛 (Shéntóngshān Dǎo)

北纬 23°38.6′，东经 117°16.6′。位于漳州市诏安县海域，距大陆最近点 90 米。因岛体形如幼童，第二次全国海域地名普查时命今名。基岩岛。岸线长 409 米，面积 4 862 平方米。岛山顶建有凉亭 1 座，有登山步路至凉亭。岛南侧已通过海堤与大陆相连，西南侧建有码头。

平乾礁 (Píngqián Jiāo)

北纬 23°38.4′，东经 117°16.9′。位于漳州市诏安县海域，距大陆最近点 160 米。该岛顶端平坦，以方言而名。《中国海域地名志》（1989）、《福建省海域地名志》（1991）和《诏安县志》（1999）中均称平乾礁。岛呈圆形。面积约 30 平方米。基岩岛，由花岗岩构成。无植被。

双蛋礁 (Shuāngdàn Jiāo)

北纬 23°37.2′，东经 117°15.3′。位于漳州市诏安县海域，距大陆最近点 70 米。

因该岛由两块似蛋的花岗岩构成，故名。《福建省海域地名志》（1991）、《诏安县志》（1999）中均称双蛋礁。面积约230平方米。基岩岛，岛体由花岗岩构成。无植被。

头礁（Tóu Jiāo）

北纬23°37.1′，东经117°11.7′。位于漳州市诏安县海域，距大陆最近点250米。四周多礁，其面积最大，故名。《中国海域地名志》（1989）、《福建省海域地名志》（1991）和《诏安县志》（1999）中均称头礁。岸线长87米，面积358平方米，最高点高程3.5米。基岩岛，由花岗岩构成。岛呈长方形，无植被。

城洲岛（Chéngzhōu Dǎo）

北纬23°35.9′，东经117°17.4′。位于漳州市诏安县海域，距大陆最近点2.99千米。因梅岭乡有悬钟古城，遥相眺望，故名。又称城州岛。相传每当山洪暴发，蛇随溪漂流到诏安湾，栖此聚衍，又名蛇洲。《福建省海岛志》（1994）中称城州岛。《中国海域地名志》（1989）、《福建省海域地名志》（1991）、《全国海岛资源综合调查报告》（1996）、《诏安县志》（1999）、《全国海岛名称与代码》（2008）中均称城洲岛。岸线长4.03千米，面积0.696 8平方千米，最高点高程93.7米。基岩岛，由混合岩构成。岩石裸露，山地为红壤土，低洼处为沙泥土。植被覆盖良好，以草丛、相思树和木麻黄为主。2007年，城洲岛被列为福建省首批10个无居民海岛生态保护示范点之一。2008年，诏安县人民政府设立诏安城洲岛海洋特别保护区，全岛及周边1千米海域实行封闭管理，在岛上设立岛碑、建设管理房等。岛西南端建有1座导航灯桩。

鸟仔礁北岛（Niǎozǎijiāo Běidǎo）

北纬23°35.8′，东经117°17.7′。位于漳州市诏安县海域，距大陆最近点4.04千米。因位于鸟仔礁北面，第二次全国海域地名普查时命今名。基岩岛。面积约10平方米。无植被。

鸟仔礁（Niǎozǎi Jiāo）

北纬23°35.7′，东经117°17.6′，位于漳州市诏安县海域，距大陆最近点

4.09 千米。该岛形似小鸟，故名。《中国海域地名志》（1989）、《福建省海域地名志》（1991）、《福建省海域地名图》（1991）、《诏安县志》（1999）中均称鸟仔礁。基岩岛。岸线长 63 米，面积 313 平方米，最高点高程 1.4 米。无植被。

五屿 (Wǔ Yǔ)

北纬 23°46.6′，东经 117°31.0′。位于漳州市东山县海域，距大陆最近点 4.9 千米。原名青草屿。《东山县城乡地名全录》（2007）中称五屿："生长有茂密青草，故名青草屿，后改今名，五屿名称含义不详。"《中国海域地名志》（1989）、《福建省海域地名志》（1991）、《福建省海域地名图》（1991）、《福建省海岛志》（1994）、《全国海岛资源综合调查报告》（1996）、《全国海岛名称与代码》（2008）中均称五屿。岸线长 258 米，面积 4 461 平方米，海拔 7.6 米。基岩岛，由变质岩构成。植被以草丛和灌木为主。东南角通过海堤与小彭屿相连。

乌岩屿 (Wūyán Yǔ)

北纬 23°46.5′，东经 117°31.0′。位于漳州市东山县海域，距大陆最近点 4.91 千米。该岛岩石呈黑色，故名。《中国海域地名志》（1989）、《福建省海域地名志》（1991）、《福建省海域地名图》（1991）、《福建省海岛志》（1994）、《全国海岛资源综合调查报告》（1996）、《全国海岛名称与代码》（2008）中均称乌岩屿。《东山县城乡地名全录》（2007）中记载为乌岩。岸线长 235 米，面积 4 193 平方米，高约 7 米。基岩岛，岛体由变质岩构成。地表基岩裸露，植被以草丛和灌木为主。

车轮礁 (Chēlún Jiāo)

北纬 23°46.5′，东经 117°30.6′。位于漳州市东山县海域，距大陆最近点 4.51 千米。该岛形似竖立的车轮，故名。《福建省海域地名志》（1991）中称车轮礁。岸线长 17 米，面积 23 平方米。基岩岛，岛体由变质岩构成。地表基岩裸露，无植被。

七星岩 (Qīxīng Yán)

北纬 23°46.4′，东经 117°30.7′，位于漳州市东山县海域，距大陆最近点

4.69 千米。该岛由七块较大的岩石构成，远处瞭望，似天上七星，故名。《福建省海域地名志》（1991）中称七星岩。面积约 80 平方米。基岩岛，由变质岩构成。地表基岩裸露，无植被。

小彭屿 (Xiǎopéng Yǔ)

北纬 23°46.4′，东经 117°31.1′。位于漳州市东山县海域，距大陆最近点 5.15 千米。该岛顶部较平坦，其形状和大坪屿相似，且面积比大坪屿小，故名。《中国海域地名志》（1989）、《福建省海域地名志》（1991）、《福建省海域地名图》（1991）、《福建省海岛志》（1994）、《全国海岛资源综合调查报告》（1996）、《东山县城乡地名全录》（2007）、《全国海岛名称与代码》（2008）中均称小彭屿。岸线长 896 米，面积 0.034 4 平方千米，高约 21 米。基岩岛，岛体由变质岩构成。地形较平缓。植被以草丛和灌木为主。岛上有 1 个鲍鱼养殖场，通过海堤与五屿相连。

尾涡屿 (Wěiwō Yǔ)

北纬 23°46.4′，东经 117°30.5′。位于漳州市东山县海域，距大陆最近点 4.11 千米。《东山县城乡地名全录》（2007）载："该屿是附近五个岛屿当中最尾的一个，即是最西边的一个岛屿，故称'尾涡屿'。"《中国海域地名志》（1989）、《福建省海域地名志》（1991）、《福建省海域地名图》（1991）、《福建省海岛志》（1994）、《全国海岛资源综合调查报告》（1996）、《全国海岛名称与代码》（2008）中均称尾涡屿。岸线长 1.26 千米，面积 0.055 4 平方千米，高约 35 米。基岩岛，岛体由变质岩构成。植被以草丛和灌木为主。岛上南北有渔民自用简易小码头。用水靠东山岛载入，电由自备小型发电机供电。

后登屿 (Hòudēng Yǔ)

北纬 23°46.4′，东经 117°30.8′。位于漳州市东山县海域，距大陆最近点 4.84 千米。又名白点。《东山县城乡地名全录》（2007）载："该屿上有一块巨石，呈白色点状，故名为'白点'，取海图注记'后登屿'为标准名称。"《福建省海域地名志》（1991）、《福建省海域地名图》（1991）、《福建省海岛志》（1994）、《全国海岛资源综合调查报告》（1996）、《全国海岛名称与代码》

（2008）中均称后登屿。岸线长 692 米，面积 0.031 2 平方千米。基岩岛，岛体由变质岩构成。植被以草丛为主。

黄石小岛 (Huángshí Xiǎodǎo)

北纬 23°46.2′，东经 117°29.6′。位于漳州市东山县海域，距大陆最近点 3.85 千米。因岩石为黄色，面积较小，第二次全国海域地名普查时命今名。面积约 20 平方米。基岩岛，岛体由变质岩构成。无植被。

蒲姜屿 (Pújiāng Yǔ)

北纬 23°46.0′，东经 117°31.3′。位于漳州市东山县北海域，距大陆最近点 5.86 千米。因该岛以前有大片蒲姜（一种槿木），故名。《中国海域地名志》（1989）、《福建省海域地名志》（1991）、《福建省海域地名图》（1991）、《福建省海岛志》（1994）、《全国海岛资源综合调查报告》（1996）、《东山县城乡地名全录》（2007）、《全国海岛名称与代码》（2008）中均称蒲姜屿。岸线长 407 米，面积 0.011 7 平方千米，高约 20 米。基岩岛，岛体由变质岩构成。植被以蒲姜为主。岛上有简易码头。

鼎盖屿 (Dǐnggài Yǔ)

北纬 23°45.8′，东经 117°30.8′。位于漳州市东山县海域，距大陆最近点 5.52 千米。因该岛状如倒覆的鼎盖，故名。《中国海域地名志》（1989）、《福建省海域地名志》（1991）、《福建省海域地名图》（1991）、《福建省海岛志》（1994）、《全国海岛资源综合调查报告》（1996）、《东山县城乡地名全录》（2007）、《全国海岛名称与代码》（2008）中均称鼎盖屿。岸线长 411 米，面积 4 109 平方米，高约 8 米。基岩岛，岛体由变质岩构成。植被以草丛为主。岛上建有码头、楼房和导航灯标。

狮卧岛 (Shīwò Dǎo)

北纬 23°45.7′，东经 117°29.1′。位于漳州市东山县海域，距大陆最近点 3.85 千米。因从西南往东北方向看，该岛形似一头卧于海面的雄狮，第二次全国海域地名普查时命今名。面积约 100 平方米。基岩岛，岛体由变质岩构成。无植被。

马鞍屿 (Mǎ'ān Yǔ)

北纬23°45.7′，东经117°31.9′。位于漳州市东山县海域，距大陆最近点5.56千米。又名马鞍山。因该岛两端突起，中间凹进，状如马鞍形，故名。《中国海域地名志》（1989）、《福建省海域地名志》（1991）、《福建省海域地名图》（1991）、《全国海岛资源综合调查报告》（1996）、《东山县城乡地名全录》（2007）、《全国海岛名称与代码》（2008）中均称马鞍屿。《福建省海岛志》（1994）中记载为马鞍山。岸线长1.4千米，面积0.038 4平方千米。基岩岛，岛体由变质岩构成。植被以草丛为主。岛上有2个鲍鱼养殖场，养殖用电由自备柴油机供电。岛南段有1座航标灯桩。

刺蒲礁 (Cìpú Jiāo)

北纬23°45.6′，东经117°25.6′。位于漳州市东山县海域，距大陆最近点540米。因礁石状如一盆刺蒲花，故名。《福建省海域地名志》（1991）中称刺蒲礁。岸线长45米，面积47平方米。基岩岛，岛体由变质岩构成，无植被。

顶黑礁 (Dǐnghēi Jiāo)

北纬23°45.5′，东经117°28.7′。位于漳州市东山县海域，距大陆最近点3.43千米。曾名黑礁。《福建省海域地名志》（1991）中称顶黑礁，"礁石上产黑褐色藻类，故名黑礁，因重名，1985年改今名"。面积约230平方米。基岩岛，由变质岩构成。无植被。

下黑礁 (Xiàhēi Jiāo)

北纬23°45.5′，东经117°28.7′。位于漳州市东山县海域，距大陆最近点3.39千米。位于顶黑礁南，以南为下，故名。《福建省海域地名志》（1991）中称下黑礁。岸线长135米，面积301平方米。基岩岛，岛体由变质岩构成。无植被。

大坪屿岩 (Dàpíngyǔ Yán)

北纬23°45.2′，东经117°33.3′。位于漳州市东山县海域，距大陆最近点3.65千米。邻近大坪屿，相对而名。《福建省海域地名志》（1991）中称为大坪屿岩。面积约20平方米。基岩岛，岛体由变质岩构成。无植被。

大坪屿（Dàpíng Yǔ）

北纬 23°45.2′，东经 117°33.6′。位于漳州市东山县海域，距大陆最近点 3.07 千米。该岛因地形平坦而得名。《中国海域地名志》（1989）、《福建省海域地名志》（1991）、《福建省海域地名图》（1991）、《福建省海岛志》（1994）、《全国海岛资源综合调查报告》（1996）、《全国海岛名称与代码》（2008）中均称大坪屿。岸线长 1.55 千米，面积 0.122 7 平方千米，高约 48 米。基岩岛，岛体由变质岩构成。岛上有导航航标。位于东山珊瑚省级自然保护区内。

鱼首岛（Yúshǒu Dǎo）

北纬 23°45.2′，东经 117°33.3′。位于漳州市东山县海域，距大陆最近点 3.6 千米。因该岛形似鱼头，第二次全国海域地名普查时命今名。面积约 150 平方米。基岩岛，岛体由变质岩构成。无植被。岛上有 1 座柱形方碑。

五角岛（Wǔjiǎo Dǎo）

北纬 23°45.0′，东经 117°31.4′。位于漳州市东山县海域，距大陆最近点 6.35 千米。因从顶部看形似一个五角星，第二次全国海域地名普查时命今名。岸线长 188 米，面积 2 185 平方米。基岩岛，岛体由变质岩构成。无植被。

刀砍石岛（Dāokǎnshí Dǎo）

北纬 23°45.0′，东经 117°31.2′。位于漳州市东山县海域，距大陆最近点 6.72 千米。因岛上自然裂纹平滑，犹如刀砍的一样，第二次全国海域地名普查时命今名。岸线长 144 米，面积 338 平方米。基岩岛，岛体由变质岩构成。无植被。

小赤屿（Xiǎochì Yǔ）

北纬 23°45.0′，东经 117°31.1′。位于漳州市东山县海域，距大陆最近点 6.73 千米。《福建省海域地名志》（1991）中记载：表层覆盖赤土，因与东沈村“赤屿”重名，面积次之，更为今名。《中国海域地名志》（1989）、《福建省海域地名图》（1991）、《福建省海岛志》（1994）、《全国海岛资源综合调查报告》（1996）、《东山县城乡地名全录》（2007）、《全国海岛名称与代码》（2008）中均称小赤屿。岸线长 272 米，面积 3 197 平方米，高约 19 米。基岩岛，岛体由变质岩构成。该岛已与对面岛堤连。

扁圆岛（Biǎnyuán Dǎo）

北纬 23°44.9′，东经 117°31.2′。位于漳州市东山县海域，距大陆最近点 6.66 千米。因岛体呈圆形扁平状，第二次全国海域地名普查时命今名。基岩岛。面积约 170 平方米。无植被。

对面岛（Duìmiàn Dǎo）

北纬 23°44.9′，东经 117°31.5′。位于漳州市东山县海域，距大陆最近点 5.9 千米。《中国海域地名志》（1989）、《福建省海域地名志》（1991）、《福建省海域地名图》（1991）、《福建省海岛志》（1994）、《全国海岛资源综合调查报告》（1996）、《东山县城乡地名全录》（2007）、《全国海岛名称与代码》（2008）中均称对面岛。岸线长 1.94 千米，面积 0.083 1 平方千米，高约 26 米。基岩岛，岛体由花岗岩构成。地势东西高且宽阔，中间狭小且平缓。岛东侧有 1 个修船厂，南侧有 1 个鲍鱼养殖场，北侧有 1 个养殖围塘，养殖用电由自备柴油机供电。西侧有堤与小赤屿相连。

虎屿岛（Hǔyǔ Dǎo）

北纬 23°44.9′，东经 117°33.9′。位于漳州市东山县海域，距大陆最近点 2.17 千米。《福建省海域地名志》（1991）中记载“形似虎头，故名，别名虎屿头”。《中国海域地名志》（1989）、《福建省海域地名图》（1991）、《福建省海岛志》（1994）、《全国海岛资源综合调查报告》（1996）、《全国海岛名称与代码》（2008）中均称虎屿岛。岸线长 2.36 千米，面积 0.145 6 平方千米，高约 52 米。基岩岛，岛体由花岗岩构成。岛中部建有十几座砖房，西部沙滩边建有“望潮祠”，西南部港湾旁有水井 1 口。南面海域水深 23～27 米，是天然避风港。1974 年国务院公布为国际轮船停泊港，列为世界第 10 号抛锚避风地，是福建省深水港之一。该岛位于东山珊瑚省级自然保护区内。

鸡笼礁（Jīlóng Jiāo）

北纬 23°44.8′，东经 117°31.5′。位于漳州市东山县海域，距大陆最近点 6.17 千米。该岛因形似鸡笼得名。《福建省海域地名志》（1991）中称鸡笼礁。面积约 170 平方米。基岩岛，岛体由花岗岩构成。无植被。

露头岛 (Lùtóu Dǎo)

北纬 23°44.8′，东经 117°31.4′。位于漳州市东山县海域，距大陆最近点 6.3 千米。因岛体由露出海面的几块岩石构成，第二次全国海域地名普查时命今名。面积 23 平方米。基岩岛，岛体由花岗岩构成。无植被。

金龟屿 (Jīnguī Yǔ)

北纬 23°44.8′，东经 117°31.4′。位于漳州市东山县海域，距大陆最近点 6.18 千米。该岛出水部分呈圆锥形，犹如一只乌龟，故名。又名金龟岩。《中国海域地名志》（1989）、《福建省海域地名志》（1991）、《福建省海域地名图》（1991）中称金龟屿。《东山县城乡地名全录》（2007）中称金龟岩。面积约 270 平方米。基岩岛，岛体由花岗岩构成。无植被。

金龟南岛 (Jīnguī Nándǎo)

北纬 23°44.8′，东经 117°31.4′。位于漳州市东山县海域，距大陆最近点 6.17 千米。因位于金龟屿南侧，第二次全国海域地名普查时命今名。基岩岛。面积约 40 平方米。无植被。

有水岩屿 (Yǒushuǐyán Yǔ)

北纬 23°44.5′，东经 117°33.9′。位于漳州市东山县海域，距大陆最近点 1.86 千米。因该岛岩隙间有一泉，常年不干涸，故名。《中国海域地名志》（1989）、《福建省海域地名志》（1991）、《福建省海域地名图》（1991）、《福建省海岛志》（1994）、《全国海岛资源综合调查报告》（1996）、《全国海岛名称与代码》（2008）中均称有水岩屿。岸线长 1.27 千米，面积 0.073 9 平方千米，高约 35 米。基岩岛，岛体由花岗岩构成。位于东山珊瑚省级自然保护区内。

鸡心岛 (Jīxīn Dǎo)

北纬 23°43.6′，东经 117°33.5′。位于漳州市东山县海域，距大陆最近点 2.42 千米。因该岛远望如鸡心，故名。又称鸡心。《福建省海岛志》（1994）中称鸡心。《东山县城乡地名全录》（2007）、《全国海岛名称与代码》（2008）中称鸡心岛。岸线长 138 米，面积 1 183 平方米，高约 6 米。基岩岛，岛体由花岗岩构成。无植被。位于东山珊瑚省级自然保护区内。

鸡啼麟礁 (Jītílín Jiāo)

北纬 23°43.6′，东经 117°33.5′，位于漳州市东山县海域，距大陆最近点 2.39 千米。该岛形似公鸡打鸣时的鸡冠，故名。《福建省海域地名志》（1991）中称鸡啼麟礁。面积约 20 平方米。基岩岛，岛体由花岗岩构成。无植被。位于东山珊瑚省级自然保护区内。

树尾屿 (Shùwěi Yǔ)

北纬 23°43.5′，东经 117°33.6′。位于漳州市东山县海域，距大陆最近点 2.19 千米。《东山县城乡地名全录》（2007）称树尾屿："当地群众认为'塔屿'犹如一棵平榻的树，树头在'文峰塔'一侧，树尾在东北侧，而'树尾屿'刚好在塔屿东南端，故名。"《中国海域地名志》（1989）、《福建省海域地名志》（1991）、《福建省海域地名图》（1991）、《福建省海岛志》（1994）、《全国海岛资源综合调查报告》（1996）、《全国海岛名称与代码》（2008）中均称树尾屿。岸线长 281 米，面积 2 435 平方米，最高点高程 12.3 米。基岩岛，岛体由花岗岩构成。无植被。岛上有一简易石头房和 1 座废弃灯桩。位于东山珊瑚省级自然保护区内。

圆墩岛 (Yuándūn Dǎo)

北纬 23°43.4′，东经 117°30.0′。位于漳州市东山县海域，距大陆最近点 7.31 千米。因岛体为圆球状大礁石，第二次全国海域地名普查时命今名。基岩岛。岸线长 34 米，面积 91 平方米。无植被。

铁砧礁 (Tiězhēn Jiāo)

北纬 23°43.4′，东经 117°31.5′。位于漳州市东山县海域，距大陆最近点 5.88 千米。该岛形似铁砧，故名。《福建省海域地名志》（1991）中称铁砧礁。岸线长 63 米，面积 313 平方米。基岩岛。岛体由花岗岩构成。无植被。位于东山珊瑚省级自然保护区内。

鳄鱼石岛 (Èyúshí Dǎo)

北纬 23°43.3′，东经 117°30.1′。位于漳州市东山县海域，距大陆最近点 7.56 千米。因轮廓形似鳄鱼，且礁石颜色和纹路像鳄鱼皮，第二次全国海域地名普查时命今名。基岩岛。面积约 20 平方米。无植被。

横断石岛 (Héngduànshí Dǎo)

北纬 23°42.9′，东经 117°30.6′。位于漳州市东山县海域，距大陆最近点 7.54 千米。因此岛岩石中部自然横向断裂，第二次全国海域地名普查时命今名。基岩岛。面积约 50 平方米。无植被。

不流屿 (Bùliú Yǔ)

北纬 23°42.7′，东经 117°31.2′。位于漳州市东山县海域，距大陆最近点 6.36 千米。因南来的潮流至此受阻不畅，故名。《中国海域地名志》（1989）、《福建省海域地名志》（1991）、《福建省海域地名图》（1991）、《福建省海岛志》（1994）、《全国海岛资源综合调查报告》（1996）、《东山县城乡地名全录》（2007）、《全国海岛名称与代码》（2008）中均称不流屿。岸线长 860 米，面积 0.046 3 平方千米，高约 41 米。基岩岛，岛体由花岗岩构成。植被以草丛和灌木为主。位于东山珊瑚省级自然保护区内。

头屿 (Tóu Yǔ)

北纬 23°42.6′，东经 117°29.9′。位于漳州市东山县海域，距大陆最近点 8.12 千米。以距离东山岛由远及近排序得名。《中国海域地名志》（1989）、《福建省海域地名志》（1991）、《福建省海域地名图》（1991）、《福建省海岛志》（1994）、《全国海岛资源综合调查报告》（1996）、《东山县城乡地名全录》（2007）、《全国海岛名称与代码》（2008）中均称头屿。岸线长 405 米，面积 9 131 平方米，高约 18 米。基岩岛，岛体由花岗岩构成。植被以草丛为主。岛上建有 1 个鲍鱼养殖场。用电靠小型风力发电设备。位于东山珊瑚省级自然保护区内。

二屿 (Èr Yǔ)

北纬 23°42.5′，东经 117°29.6′。位于漳州市东山县海域，距大陆最近点 7.84 千米。以距离东山岛由远及近排序得名。《东山县城乡地名全录》（2007）中记载：因该屿外观呈圆堆状，当地群众就称其为“圆屿”。《中国海域地名志》（1989）、《福建省海域地名志》（1991）、《福建省海域地名图》（1991）、

《福建省海岛志》（1994）、《全国海岛资源综合调查报告》（1996）、《全国海岛名称与代码》（2008）中均称二屿。岸线长 208 米，面积 3 026 平方米，高约 14 米。基岩岛，岛体由花岗岩构成。植被以草丛为主。位于东山珊瑚省级自然保护区内。

大白屿（Dàbái Yǔ）

北纬 23°42.5′，东经 117°20.5′。位于漳州市东山县海域，距大陆最近点 5.58 千米。原名白屿。《东山县城乡地名全录》（2007）载："该屿岩石颜色较白，同时鸬鹚鸟常在其栖息大便，使整个岛屿呈白色，当地群众称'白屿'；因与西埔镇铜陵'白屿'重名，该屿面积较大，故定标准名称为'大白屿'。"《中国海域地名志》（1989）、《福建省海域地名志》（1991）、《福建省海域地名图》（1991）、《福建省海岛志》（1994）、《全国海岛资源综合调查报告》（1996）、《全国海岛名称与代码》（2008）中均称大白屿。岸线长 17 米，面积 23 平方米，高约 12 米。基岩岛，岛体由花岗岩构成。植被以草丛为主。岛上建有 1 座简易小码头，山顶有导航灯柱。

铜锣礁（Tóngluó Jiāo）

北纬 23°42.5′，东经 117°29.8′。位于漳州市东山县海域，距大陆最近点 8.15 千米。礁石四周形似倒覆的铜锣，故名。《福建省海域地名志》（1991）中称铜锣礁。岸线长 177 米，面积 2 273 平方米。基岩岛，岛体由花岗岩构成。无植被。位于东山珊瑚省级自然保护区内。

圆滑岛（Yuánhuá Dǎo）

北纬 23°42.3′，东经 117°29.5′。位于漳州市东山县海域，距大陆最近点 7.94 千米。因岩石表面光滑浑圆，第二次全国海域地名普查时命今名。基岩岛。面积约 20 平方米。无植被。

乌龟岛（Wūguī Dǎo）

北纬 23°42.3′，东经 117°29.3′。位于漳州市东山县海域，距大陆最近点 7.73 千米。因该岛形似乌龟，第二次全国海域地名普查时命今名。基岩岛。面积约 80 平方米。无植被。

南赤岛 (Nánchì Dǎo)

北纬 23°42.3′，东经 117°29.3′。位于漳州市东山县海域，距大陆最近点 7.77 千米。第二次全国海域地名普查时命今名。基岩岛。岸线长 247 米，面积 3 272 平方米。无植被。岛西侧有鲍鱼养殖场。用电从东山岛引入。位于东山珊瑚省级自然保护区内。

白石岛 (Báishí Dǎo)

北纬 23°42.3′，东经 117°29.4′。位于漳州市东山县海域，距大陆最近点 7.97 千米。因该岛由多块白色大岩石构成，第二次全国海域地名普查时命今名。基岩岛。岸线长 95 米，面积 632 平方米。无植被。

熊掌石岛 (Xióngzhǎngshí Dǎo)

北纬 23°42.3′，东经 117°29.4′。位于漳州市东山县海域，距大陆最近点 7.9 千米。该岛形似熊掌，第二次全国海域地名普查时命今名。基岩岛。面积约 80 平方米。无植被。

鸵鸟岛 (Tuóniǎo Dǎo)

北纬 23°42.2′，东经 117°29.3′。位于漳州市东山县海域，距大陆最近点 7.88 千米。该岛形似鸵鸟，第二次全国海域地名普查时命今名。基岩岛。岸线长 120 米，面积 792 平方米。无植被。

东山岛 (Dōngshān Dǎo)

北纬 23°41.2′，东经 117°25.2′。位于漳州市东南海域，距大陆最近点 310 米。隶属东山县。又名陵岛，因形似蝴蝶亦称蝶岛。《东山县志》（1994）中记载“明初始称铜山”。《诏安县志》（1999）载：“铜山所城，原为民间牧薮，土名东山”。《铜山所志》载：“铜山者，明防倭之水寨也，环海为区，屹立于五都之东，始称东山。”《福建省海域地名志》（1991）、《福建省海域地名图》（1991）、《福建省海岛志》（1994）、《全国海岛资源综合调查报告》（1996）、《漳州市志》（1999）、《中国海岛》（2000）中均称东山岛。

福建省第二大岛，全国第六大海岛。基岩岛。岸线长 162.69 千米，面积 173.405 5 平方千米。全境属丘陵地带，有山丘 413 座，最高点苏峰山海拔 274 米。

地势东北高西南低，西北多丘陵，东部、东南多为海积平原，沿海分布连片风沙地，沙滩分布于东南岸线。南亚热带海洋性季风气候，年均气温 20.8℃，年均降雨量 1 113.9 毫米，7 — 9 月为台风季节。植被属闽粤沿海丘陵平原亚热带雨林区、闽南博平岭东南湿热带雨林小区。有高等植物 352 种，隶属 114 科 321 属。岛上植被主体构成为人工次生植被及自然植被，防风林是人工植被的主体，次生植被林结构单一。东山海域位于闽南粤东渔场中心，是亚热带海洋生态系统典型区，生物资源丰富，有东山珊瑚省级自然保护区。

该岛为东山县人民政府所在海岛，设有 7 个镇级人民政府、61 个行政村和 16 个居委会，2011 年户籍人口 21.57 万。主要产业是渔业、水产加工业、玻璃制造业和旅游业。为国家一类开放口岸、福建最大的对台小额贸易港口之一。通过八尺门海堤与大陆相连，水电均由大陆输入，岛上公共服务设施齐全。建有环岛公路。景观丰富，自然景观有国家 4A 级“风动石”景区、马銮湾景区，人文景观有古城墙、关帝庙、文峰塔、天后宫与明代武英殿大学士黄道周遗址等。

双礁（Shuāng Jiāo）

北纬 23°40.9′，东经 117°20.7′。位于漳州市东山县海域，距大陆最近点 6.55 千米。该岛由两块礁石构成，故名。《福建省海域地名志》（1991）中称双礁。面积约 20 平方米。基岩岛，岛体由花岗岩构成，无植被。

鸡心屿（Jīxīn Yǔ）

北纬 23°39.4′，东经 117°29.7′。位于漳州市东山县海域，距大陆最近点 11.41 千米。该屿从南面远望，状似鸡心，故名。《中国海域地名志》（1989）、《福建省海域地名志》（1991）、《福建省海域地名图》（1991）、《福建省海岛志》（1994）、《全国海岛资源综合调查报告》（1996）、《东山县城乡地名全录》（2007）、《全国海岛名称与代码》（2008）中均称鸡心屿。岸线长 480 米，面积 4 923 平方米，高约 22 米。基岩岛，岛体由变质岩构成。植被以草丛和灌木为主。岛上建有导航灯桩。位于东山珊瑚省级自然保护区内。

和尚礁（Héshang Jiāo）

北纬 23°36.8′，东经 117°19.8′。位于漳州市东山县海域，距大陆最近点 5.61

千米。礁表面光滑，似和尚头，故名。《福建省海域地名图》（1991）中称和尚礁。面积约 20 平方米。基岩岛，岛体由变质岩构成。无植被。

和尚礁边岛 (Héshangjiāobiān Dǎo)

北纬 23°36.8′，东经 117°19.8′。位于漳州市东山县海域，距大陆最近点 5.61 千米。因位于和尚礁旁边，第二次全国海域地名普查时命今名。基岩岛。面积约 10 平方米。无植被。

白石崎礁 (Báishíqí Jiāo)

北纬 23°36.7′，东经 117°18.8′。位于漳州市东山县海域，距大陆最近点 4.12 千米。因礁顶崎岖不平，且为白色，故名。《福建省海域地名图》（1991）中称白石崎礁。面积约 3 平方米。基岩岛，由变质岩构成。无植被。

后屿头 (Hòuyǔtóu)

北纬 23°36.6′，东经 117°20.8′。位于漳州市东山县海域，距大陆最近点 7.16 千米。因位于岐下村后面（北），故名。又名独立角。《福建省海域地名志》（1991）、《福建省海岛志》（1994）中均称后屿头（独立角）。岸线长 564 米，面积 0.014 8 平方千米，高约 21 米。基岩岛，岛体由变质岩构成。岛上建有鲍鱼养殖场，南侧修有简易码头。西南和东南分别通过堤与大陆相连，围成养殖池塘。养殖用电从东山岛引入。

西屿 (Xī Yǔ)

北纬 23°36.5′，东经 117°19.1′。位于漳州市东山县海域，距大陆最近点 4.12 千米。《东山县城乡地名全录》（2007）载：“因该屿位于东山岛南偏西的海面上，故称‘西屿’。”《中国海域地名志》（1989）、《福建省海域地名志》（1991）、《福建省海域地名图》（1991）、《福建省海岛志》（1994）、《全国海岛资源综合调查报告》（1996）、《全国海岛名称与代码》（2008）中均称西屿。岸线长 6.73 千米，面积 1.185 5 平方千米，高约 108 米。基岩岛，岛体由变质岩构成。地表土层较厚，植被较茂密。岛中南部有码头 1 座，长 70 米，宽 10 米。建有管理人员住房。有 5 个鲍鱼养殖场、3 个养殖鱼塘，建有海堤，堤内养殖对虾。用水靠水井供水，用电由自备柴油发电机供电。该岛为农牧引进检疫隔离区，已引进国内外优良品种近百种。

黄石崎岛（Huángshíqí Dǎo）

北纬23°36.5′，东经117°19.4′。位于漳州市东山县海域，距大陆最近点5.25千米。因该岛由一小片崎岖的黄色岩石构成，第二次全国海域地名普查时命今名。基岩岛。面积约10平方米。无植被。

红石北岛（Hóngshí Běidǎo）

北纬23°36.2′，东经117°18.8′。位于漳州市东山县海域，距大陆最近点4.75千米。因位于银顶红石岛北侧，第二次全国海域地名普查时命今名。基岩岛。面积约40平方米。无植被。

银顶红石岛（Yíndǐng Hóngshí Dǎo）

北纬23°36.2′，东经117°18.8′。位于漳州市东山县海域，距大陆最近点4.74千米。因由顶部白色、下部红色的岩石构成，第二次全国海域地名普查时命今名。基岩岛。岸线长95米，面积241平方米。无植被。

屿下（Yǔxià）

北纬23°35.8′，东经117°20.0′。位于漳州市东山县海域，距大陆最近点6.83千米。《福建省海域地名志》（1991）、《福建省海岛志》（1994）、《东山县城乡地名全录》（2007）中均称屿下。岸线长190米，面积2 701平方米，高约14米。基岩岛，岛体由变质岩构成。该岛南北两端分别修筑养殖围堤与陆地相连，围堤内为养殖塘。

象屿（Xiàng Yǔ）

北纬23°35.8′，东经117°28.1′。位于漳州市东山县海域，距大陆最近点17.85千米。该岛西北端有穿山之洞，洞左侧外壁恰似象鼻直通海底，使该岛酷似一头象在喝水，故名。《中国海域地名志》（1989）、《福建省海域地名志》（1991）、《福建省海域地名图》（1991）、《福建省海岛志》（1994）、《全国海岛资源综合调查报告》（1996）、《东山县城乡地名全录》（2007）、《全国海岛名称与代码》（2008）中均称象屿。岸线长1.46千米，面积0.112 8平方千米，高约100米。基岩岛，由变质岩构成。植被以草丛和灌木为主。

狮屿 (Shī Yǔ)

北纬23°34.7′，东经117°27.4′。位于漳州市东山县海域，距大陆最近点18.62千米。该岛北段酷似狮头，南段似狮身，从西南海面远望，状如一头卧狮，故名。《中国海域地名志》（1989）、《福建省海域地名志》（1991）、《福建省海域地名图》（1991）、《福建省海岛志》（1994）、《全国海岛资源综合调查报告》（1996）、《东山县城乡地名全录》（2007）、《全国海岛名称与代码》（2008）中均称狮屿。岸线长1.87千米，面积0.135 8平方千米，高约52米。基岩岛，岛体由花岗岩构成。西南部山顶建有1座导航灯桩。

狮尾屿 (Shīwěi Yǔ)

北纬23°34.5′，东经117°27.3′。位于漳州市东山县海域，距大陆最近点19.04千米。该岛位于狮屿南边，通过礁石错落和狮屿连在一起，犹如狮的尾巴，故名。《中国海域地名志》（1989）、《福建省海域地名志》（1991）、《福建省海域地名图》（1991）、《福建省海岛志》（1994）、《全国海岛资源综合调查报告》（1996）、《东山县城乡地名全录》（2007）、《全国海岛名称与代码》（2008）中均称狮尾屿。岸线长266米，面积4 539平方米，高约20米。基岩岛，岛体由变质岩构成。无植被。

龙屿 (Lóng Yǔ)

北纬23°33.9′，东经117°25.1′。位于漳州市东山县海域，距大陆最近点15.95千米。该岛山脊呈东北—西南走向，东北段似龙头状，西南段似龙尾状，外观像一条卧龙浮于水面，故名。《中国海域地名志》（1989）、《福建省海域地名志》（1991）、《福建省海域地名图》（1991）、《福建省海岛志》（1994）、《全国海岛资源综合调查报告》（1996）、《东山县城乡地名全录》（2007）、《全国海岛名称与代码》（2008）中均称龙屿。岸线长2.19千米，面积0.167 2平方千米，高约74米。基岩岛，岛体由变质岩构成。地表发育红壤土。岛南部山顶有1座导航灯桩。

四进洲 (Sìjìn Zhōu)

北纬24°29.0′，东经117°52.3′。位于漳州市龙海市海域，距大陆最近点

110 米。《龙海县地形图》（1988）中称四进洲。沙泥岛。岸线长 2.08 千米，面积 0.162 9 平方千米，最高点高程 2.5 米。岛周边筑堤，堤内开垦养殖。

浒茂洲 (Hǔmào Zhōu)

北纬 24°27.9′，东经 117°52.1′。隶属漳州市龙海市，地处九龙江入海口，距大陆最近点 100 米。又名紫泥、紫泥岛。《福建省海域地名志》（1991）和《龙海县志》（1993）中称浒茂洲；《福建省海岛志》（1994）中称紫泥岛："因紫泥浮洲后，当时河边土呈紫褐色，故名为紫泥，紫泥岛由乌礁和浒茂两洲构成。"《全国海岛资源综合调查报告》（1996）和《全国海岛名称与代码》（2008）中称紫泥岛。

冲积岛。岸线长 36.2 千米，面积 28.745 9 平方千米，高约 5 米。是九龙江口由海积、冲积交互堆积而成的河口岛，是漳州平原延伸的一部分，地势平坦。港道交错，水系成网。土层深厚，土地肥沃。植被茂密，主要有红树林、竹林、灌丛等。

该岛为紫泥镇人民政府所在海岛，1992 年建立。2011 年有常住人口 33 158 人。岛上有城内、溪霞、金定等 8 个行政村，2 个农场，其中一个为军垦农场，主要作物有水稻、香蕉、柑橘、荔枝等。岛上交通方便，村村通公路。通过大桥可往乌礁洲、龙海市市区、角美镇等。沈海高速从中部穿过，在岛上设有出入口。东侧滩涂为龙海九龙江口红树林自然保护区（省级）甘文片区，建于 2006 年，保护区总面积 420.2 公顷。

乌礁洲 (Wūjiāo Zhōu)

北纬 24°26.6′，东经 117°50.6′。隶属漳州市龙海市。距大陆最近点 270 米。《福建省海域地名志》（1991）、《龙海县志》（1993）、《福建省海岛志》（1994）、《全国海岛资源综合调查报告》（1996）、《全国海岛名称与代码》（2008）中均称乌礁洲。冲积岛。岸线长 24.47 千米，面积 13.174 5 平方千米，高约 5 米。岛呈不规则长条形，近东西走向。该岛是由海积、冲积交互堆积而成的河口岛，地势平坦。有居民海岛，岛上有紫泥村、锦田村、溪墘村、西良村、南书村、世甲村和下楼村 7 个行政村。2011 年户籍人口 26 682 人。通过锦江大桥可通往龙海市市区，西北侧建有大桥通往浒茂洲。

玉枕洲 (Yùzhěn Zhōu)

北纬 24°25.2′，东经 117°52.9′。隶属漳州市龙海市，距大陆最近点 250 米。因形似玉枕，故名。曾名漏仔洲。《福建海域地名图》（1991）、《龙海县志》（1993）、《福建省海岛志》（1994）、《全国海岛资源综合调查报告》（1996）、《全国海岛名称与代码》（2008）中均称玉枕洲。岸线长 14.87 千米，面积 5.480 3 平方千米，最高点高程 4.2 米。呈长条形，近东南 — 西北走向。冲积岛，由砾石、砂、黏土构成。地势低平。

有居民海岛，岛上有玉枕洲村。2011 年有常住人口 5 077 人。村落聚集在岛的西部。以水产养殖业为主。建有陆岛交通码头。岛西侧建有一造船厂，东部为围垦养殖区。由大陆供水、供电。

内大礁北岛 (Nèidàjiāo Běidǎo)

北纬 24°25.0′，东经 117°58.2′。位于漳州市龙海市海域，距大陆最近点 1.78 千米。因位于内大礁北部，面积较小，第二次全国海域地名普查时命今名。基岩岛。岸线长 38 米，面积 113 平方米。无植被。

内大礁 (Nèidà Jiāo)

北纬 24°25.0′，东经 117°58.2′。位于漳州市龙海市海域，距大陆最近点 1.75 千米。位于九龙江口内，较附近的岛大，故名。《福建省海域地名志》（1991）和《龙海县志》（1993）中称内大礁。基岩岛。岸线长 50 米，面积 201 平方米。无植被。

鸡冠礁 (Jīguān Jiāo)

北纬 24°24.6′，东经 117°58.7′。位于漳州市龙海市海域，距大陆最近点 850 米。该岛形似鸡冠，故名。《福建省海域地名志》（1991）和《龙海县志》（1993）中均称鸡冠礁。基岩岛。面积约 90 平方米。无植被。

海门岛 (Hǎimén Dǎo)

北纬 24°24.6′，东经 117°57.5′。隶属漳州市龙海市，距大陆最近点 400 米。因位于江海交汇处，与大陆高山村对峙，形成一道天然屏障，故名。另有一说，该岛为河口区与厦门进出门户而得名。《中国海域地名志》（1989）、《福建省海域地名志》（1991）、《龙海县志》（1993）、《福建省海岛志》（1994）、《全国海岛资源综合调查报告》（1996）、《全国海岛名称与代码》（2008）中均称海门岛。基岩岛。岸线长 11.63 千米，面积 3.581 6 平方千米，高约 79.8 米。岛形如梭，呈东西走向。长 3 千米，宽 1 千米。岛体由火山岩构成。东、南、北三面环山，西面多滩涂，中间有 1.07 平方千米的冲积平原。表土以红壤为主。

有居民海岛，有海平村、海山村 2 个行政村。2011 年有常住人口 5 325 人。耕地以种植水稻、甘薯、甘蔗等为主。有小学、卫生所等。岛上水电来源于大陆。与大陆往来便利，每天有通往石码、浮宫和厦门的班船。厦漳跨海大桥从岛中部穿过。

大涂洲 (Dàtú Zhōu)

北纬 24°24.2′，东经 117°54.7′。位于漳州市龙海市海域，距大陆最近点 760 米。因滩涂面积较大，故名。《福建省海域地名志》（1991）、《龙海县志》（1993）、《福建省海岛志》（1994）、《全国海岛资源综合调查报告》（1996）、《全国海岛名称与代码》（2008）中均称大涂洲。岸线长 3.34 千米，面积 0.498 4 平方千米，最高点高程 2.5 米。近东西走向，为九龙江河口冲积岛，由松散冲积物、砾石、砂、黏土构成。地势低平。岛上设有大涂农场。周围海域红树林长势较好，岛东部滩涂为龙海九龙江口红树林自然保护区大涂洲片区。

点翠北岛 (Diǎncuì Běidǎo)

北纬 24°22.1′，东经 118°03.4′。位于漳州市龙海市海域，距大陆最近点 140 米。因该岛位于点翠岛北侧，第二次全国海域地名普查时命今名。基岩岛。面积约 80 平方米。无植被。

点翠北小岛 (Diǎncuì Běixiǎo Dǎo)

北纬 24°22.1′，东经 118°03.4′。位于漳州市龙海市海域，距大陆最近点 120 米。因该岛位于点翠北岛旁，面积较小，第二次全国海域地名普查时命今名。基岩岛。面积约 20 平方米。无植被。

点翠岛（Diǎncuì Dǎo）

北纬 24°22.1′，东经 118°03.3′。位于漳州市龙海市海域，距大陆最近点 90 米。草丛与灌木点缀在岛顶堆石间，第二次全国海域地名普查时命今名。基岩岛。面积约 80 平方米。植被以草丛和灌木为主。

点翠西岛（Diǎncuì Xīdǎo）

北纬 24°22.1′，东经 118°03.3′。位于漳州市龙海市海域，距大陆最近点 50 米。因该岛位于点翠岛西侧，第二次全国海域地名普查时命今名。基岩岛。面积约 70 平方米。无植被。

点翠南岛（Diǎncuì Nándǎo）

北纬 24°22.1′，东经 118°03.3′。位于漳州市龙海市海域，距大陆最近点 90 米。因该岛位于点翠岛南侧，第二次全国海域地名普查时命今名。基岩岛。面积约 80 平方米。植被以草丛为主。

小破灶屿（Xiǎopòzào Yǔ）

北纬 24°21.9′，东经 118°05.0′。位于漳州市龙海市海域，距大陆最近点 1 千米。该岛形如破灶，比破灶屿小，故名。《中国海域地名志》（1989）、《福建省海域地名志》（1991）、《龙海县志》（1993）、《福建省海岛志》（1994）、《全国海岛资源综合调查报告》（1996）中均称小破灶屿。岸线长 611 米，面积 0.014 9 平方千米，最高点高程 24.1 米。基岩岛，岛体由流纹质凝灰熔岩、流纹岩、凝灰岩夹粉砂岩构成。海岸为陡峭的基岩岸。

破灶屿（Pòzào Yǔ）

北纬 24°21.9′，东经 118°04.7′。位于漳州市龙海市海域，距大陆最近点 1.31 千米。该岛形如炉灶，故名。《中国海域地名志》（1989）、《福建省海域地名志》（1991）、《龙海县志》（1993）、《福建省海岛志》（1994）、《全国海岛资源综合调查报告》（1996）中均称破灶屿。岸线长 1.54 千米，面积 0.063 7 平方千米，最高点高程 35 米。基岩岛，岛体由流纹质凝灰熔岩、流纹岩、凝灰岩夹粉砂岩构成。呈椭圆形，长轴为东北 — 西南走向，植被以草丛和乔木为主。海岸为陡峭的基岩岸。岛上设有水产养殖场。建有码头、楼房。

七洋礁 (Qīyáng Jiāo)

北纬 24°21.7′，东经 118°04.9′。位于漳州市龙海市海域，距大陆最近点 980 米。岛形状长，满潮时可见 7 个明显礁头纵列成群，故名。《福建省海域地名志》（1991）和《龙海县志》（1993）中称七洋礁。基岩岛。面积约 30 平方米。无植被。

猫江屿 (Māojiāng Yǔ)

北纬 24°21.4′，东经 118°04.0′。位于漳州市龙海市海域，距大陆最近点 160 米。该岛形似小公猫，以闽南方言而名。《厦门市地形图》（1988）中称猫江屿。基岩岛。岸线长 182 米，面积 2 397 平方米。植被以草丛和灌木为主。

龟礁 (Guī Jiāo)

北纬 24°20.2′，东经 118°07.4′。位于漳州市龙海市海域，距大陆最近点 870 米。该岛形似龟，故名。《福建省海域地名志》（1991）和《龙海县志》（1993）中称龟礁。基岩岛。岸线长 63 米，面积 313 平方米，高约 3 米。礁面平坦，俯视呈圆形。无植被。岛顶建有 1 座导航灯桩。

浯屿 (Wú Yǔ)

北纬 24°19.9′，东经 118°08.7′。位于漳州市龙海市港尾镇东北，距大陆最近点 1.95 千米。《中国海域地名志》（1989）、《福建省海域地名志》（1991）、《龙海县志》（1993）、《福建省海岛志》（1994）、《全国海岛资源综合调查报告》（1996）、《全国海岛名称与代码》（2008）中均称浯屿。岸线长 7.94 千米，面积 1.125 9 平方千米，最高点高程 68.9 米。其形如蝶，南北走向。基岩岛，由变质岩构成。岛中部地势平缓，北有烟尘山，南有猪头山。

有居民海岛，岛上有浯屿村，隶属龙海市。2011 年有常住人口 6 300 人。岛上居民以渔业为主，由大陆通过海底电缆供电。在岛西部海域建有浯屿一级渔港和陆岛交通码头。有到厦门和岛美村的班船。岛上有明末清初郑成功挖的“虎井”，庙宇有天妃宫，在供奉天妃的神龛上悬挂着清康熙皇帝所赐御匾。岛东侧和南侧分别建有导航灯柱。

浯垵（Wú'ǎn）

北纬 24°19.8′，东经 118°07.8′。位于漳州市龙海市海域，距大陆最近点 1.02 千米。位于浯屿西侧，山脊形似马鞍，鞍与垵谐音，故名。又名浯垵屿、浯安岛。《中国海域地名志》（1989）和《龙海县志》（1993）中称浯垵屿。《福建省海域地名志》（1991）和《福建省海岛志》（1994）中称浯垵。《全国海岛资源综合调查报告》（1996）和《全国海岛名称与代码》（2008）中称浯安岛。岸线长 1.97 千米，面积 0.128 5 平方千米，最高点高程 56.7 米。基岩岛，岛体由动力变质岩及混合岩构成。岛形如酒瓶，西北面宽而高，东南面低而窄。岛东南部建有 2 座小码头及凉亭、旅游广场、炮台、三清道人塑像等，山顶建有房屋。岛西北部建有导航灯柱。

狗螺礁（Gǒuluó Jiāo）

北纬 24°19.6′，东经 118°09.0′。位于漳州市龙海市海域，距大陆最近点 2.76 千米。因浪击礁石产生似狗嚎哭声，以闽南方言而名。《福建省海域地名志》（1991）和《龙海县志》（1993）中称狗螺礁。基岩岛。面积约 240 平方米。无植被。

青礁屿（Qīngjiāo Yǔ）

北纬 24°19.6′，东经 118°07.4′。位于漳州市龙海市海域，距大陆最近点 730 米。因岛上榕树长青而得名。又名青礁。《中国海域地名志》（1989）中称青礁。《福建省海域地名志》（1991）和《龙海县志》（1993）中称青礁屿。岸线长 251 米，面积 4 221 平方米，最高点高程 16 米。基岩岛，岛体由动力变质岩及混合岩构成。平面近圆形，地表岩石裸露，植被以灌木为主。建有 1 座导航灯桩。

土埋礁（Tǔmái Jiāo）

北纬 24°19.6′，东经 118°08.2′。位于漳州市龙海市海域，距大陆最近点 1.79 千米。岛上淤泥土糜甚多，闽南方言“糜”与“埋”谐音，故名。《中国海域地名志》（1989）、《福建省海域地名志》（1991）、《龙海县志》（1993）、《福建省海岛志》（1994）、《全国海岛资源综合调查报告》（1996）、《全国海岛名称与代码》（2008）中均称土埋礁。岸线长 229 米，面积 3 173 平方米，最高点高程 7.6 米。基岩岛，岛体由动力变质岩及混合岩构成。近半圆形，植被以草丛为主。建有 1 座导航灯桩。

大礁（Dà Jiāo）

北纬 24°19.3′，东经 118°08.5′。位于漳州市龙海市海域，距大陆最近点 1.67 千米。因邻小礁，面积大之，故名。《福建省海域地名志》（1991）、《龙海县志》（1993）、《福建省海岛志》（1994）、《全国海岛资源综合调查报告》（1996）、《全国海岛名称与代码》（2008）中均称大礁。岸线长 232 米，面积 3 815 平方米，最高点高程 12.3 米。该岛呈椭圆形，东北 — 西南走向，顶部圆浑。基岩岛，岛体由动力变质岩及混合岩构成。基岩裸露，无植被。

小礁（Xiǎo Jiāo）

北纬 24°19.2′，东经 118°08.4′。位于漳州市龙海市海域，距大陆最近点 1.55 千米。因靠近大礁，该岛面积较小，故名。《福建省海域地名志》（1991）和《龙海县志》（1993）中称小礁。基岩岛。面积约 50 平方米。无植被。建有 1 座导航灯桩。

犬眠岛（Quǎnmián Dǎo）

北纬 24°19.0′，东经 118°07.1′，位于漳州市龙海市海域，距大陆最近点 220 米。因形似睡卧的犬，第二次全国海域地名普查时命今名。基岩岛。岸线长 92 米，面积 463 平方米。无植被。

后石岛（Hòushí Dǎo）

北纬 24°19.0′，东经 118°07.0′。位于漳州市龙海市海域，距大陆最近点 200 米。因位于漳州后石电厂北侧海域附近，第二次全国海域地名普查时命今名。基岩岛。岸线长 162 米，面积 521 平方米。无植被。

后石南岛（Hòushí Nándǎo）

北纬 24°18.9′，东经 118°07.0′。位于漳州市龙海市海域，距大陆最近点 150 米。因位于后石岛南侧，第二次全国海域地名普查时命今名。基岩岛。面积约 140 平方米。无植被。

大屿脚礁（Dàyǔjiǎo Jiāo）

北纬 24°13.6′，东经 118°02.7′。位于漳州市龙海市海域，地处漳州国家地质公园风景区之牛头山古火山口风景区内，距大陆最近点 220 米。《福建省海域地名志》（1991）、《龙海县志》（1993）、《福建省海岛志》（1994）、《全国海岛资源综合调查报告》（1996）、《全国海岛名称与代码》（2008）中均称大屿脚礁。基岩岛。岸线长 124 米，面积 1 096 平方米，高约 2 米。无植被。

小屿脚岛（Xiǎoyǔjiǎo Dǎo）

北纬 24°13.5′，东经 118°02.6′，位于漳州市龙海市海域，地处漳州国家地质公园风景区之牛头山古火山口风景区内，距大陆最近点 210 米。因位于大屿脚礁旁，面积较小，第二次全国海域地名普查时命今名。基岩岛。岸线长 63 米，面积 313 平方米。无植被。

百柱石岛（Bǎizhùshí Dǎo）

北纬 24°13.2′，东经 118°02.5′。位于漳州市龙海市海域，地处漳州国家地质公园风景区之牛头山古火山口风景区内，距大陆最近点 60 米。因岛体由许多整齐划一的玄武岩石柱构成，第二次全国海域地名普查时命今名。面积约 300 平方米。基岩岛。无植被。

云淡门岛（Yúndànmén Dǎo）

北纬 26°46.0′，东经 119°35.6′。位于宁德市蕉城区八都镇东南 4.56 千米，距大陆最近点 220 米。相传朝云暮霁笼罩两岸林梢，虹联如门，故名。又名云淡门。《中国海洋岛屿简况》（1980）中称云淡门。《福建省海域地名志》（1991）、《福建省海岛志》（1994）、《宁德地区志》（1998）、《全国海岛名称与代码》（2008）中称云淡门岛。岸线长 14.07 千米，面积 4.646 3 平方千米，最高点高程 223 米。基岩岛，岛体由花岗岩构成。

有居民海岛。岛上有云淡村和下汐村，隶属宁德市蕉城区。2011 年户籍人口 4 220 人，常住人口 4 180 人。明嘉靖年间戚继光曾率部在此歼灭倭寇。1934 年曾建云淡区和隆江、隆春苏维埃政府。岛上有渔业码头、居民房、教堂、小学等建筑物。居民饮用水来自自打水井，电力来自樟湾供电所。岛上以农为主，有耕地，并围垦海涂。建有助航标志。

鸟屿（Niǎo Yǔ）

北纬 26°43.4′，东经 119°38.7′。位于宁德市蕉城区漳湾镇东 3.91 千米，距大陆最近点 760 米。因昔日多海鸟栖息，故名。《中国海洋岛屿简况》（1980）、《福建省海域地名志》（1991）、《福建省海岛志》（1994）、《宁德地区志》（1998）、《全国海岛名称与代码》（2008）中均称鸟屿。岸线长 7.51 千米，面积 1.119 7 平方千米，最高点高程 61.4 米。基岩岛，岛体由花岗岩构成。长有马尾松、毛竹、灌木、草类等。地形中间高，两端低。多岩岸，间有堤岸，岸线曲折。年均气温 19.3℃，年降水量 1 635 毫米。

有居民海岛，隶属宁德市蕉城区。2011 年户籍人口 421 人，常住人口 1 600 人。居民饮用水来自井水，电力来自陆域下塘村。岛上有居民房、小学、供销站等建筑物。岛上以农为主，有耕地。岛周边有较多围垦养殖。

官沪岛（Guānhù Dǎo）

北纬 26°42.6′，东经 119°38.9′。位于宁德市蕉城区漳湾镇东 4.75 千米，距大陆最近点 1.52 千米。曾名官扈，又名官沪。《中国海洋岛屿简况》（1980）中称官沪。《福建省海域地名志》（1991）中称官沪岛："古名官扈，后改为今名。"《福建省海岛志》（1994）、《宁德地区志》（1998）、《全国海岛名称与代码》（2008）中称官沪岛。岸线长 5.88 千米，面积 0.774 9 平方千米，最高点高程 63.4 米。基岩岛，岛体由花岗岩构成。土层较薄，植被少，以乔木、灌木为主。

有居民海岛，隶属宁德市蕉城区。2011 年户籍人口 226 人，常住人口 1 100 人。岛上有居民房、码头等建筑物。居民饮用水来自井水，电力来自陆域下塘村。岛上以农为主，有耕地。岛周有滩涂围垦。岛西北侧均为池塘养殖。

小灶屿岛（Xiǎozàoyǔ Dǎo）

北纬 26°41.2′，东经 119°44.3′。位于宁德市蕉城区三都岛东北 730 米。紧邻灶屿，面积比灶屿小，第二次全国海域地名普查时命今名。基岩岛。面积约 6 平方米。无植被。

白匏岛 (Báipáo Dǎo)

北纬 26°41.2′，东经 119°46.7′。位于宁德市蕉城区三都岛东北 1.87 千米，距大陆最近点 790 米。又名白匏山。因形似匏瓜，故名。《中国海洋岛屿简况》（1980）中称白匏山。《中国海域地名志》（1989）、《福建省海域地名志》（1991）、《福建省海岛志》（1994）、《宁德地区志》（1998）、《全国海岛名称与代码》（2008）中称白匏岛。岸线长 5.21 千米，面积 1.095 6 平方千米，最高点高程 168.9 米。基岩岛，岛体由花岗岩构成。植被以马尾松、灌木、杂草为主。基岩陡岸，曲折多湾澳。

有居民海岛，隶属宁德市蕉城区。2011 年户籍人口 385 人，常住人口 355 人。岛上有居民房、小学等建筑物。居民饮用水来自水井，电源来自宁德市霞浦县长腰岛。以渔业为主，兼营农业。岛上有耕地。建有一个百吨级货运码头。岛东北、西南角有灯桩。

灶屿 (Zào Yǔ)

北纬 26°41.2′，东经 119°44.3′。位于宁德市蕉城区三都岛东北 800 米。因形状似灶，故名。《中国海洋岛屿简况》（1980）、《福建省海域地名志》（1991）、《福建省海岛志》（1994）、《全国海岛名称与代码》（2008）中均称灶屿。岸线长 356 米，面积 7 268 平方米，最高点高程 19.2 米。基岩岛，岛体由火山岩构成。植被以灌木为主。海岸为基岩岸滩，西侧为沙滩。

鸡笼屿 (Jīlóng Yǔ)

北纬 26°40.4′，东经 119°42.0′。位于宁德市蕉城区三都岛北部海域，距大陆最近点 3.65 千米。因形似鸡笼，故名。《中国海洋岛屿简况》（1980）、《福建省海域地名志》（1991）、《福建省海岛志》（1994）、《全国海岛名称与代码》（2008）中均称鸡笼屿。岸线长 543 米，面积 0.022 2 平方千米，最高点高程 51 米。基岩岛，岛体由花岗岩构成。地形北高南低，海岸多为陡峭的基岩岸滩。植被以乔木为主。

三都岛 (Sāndū Dǎo)

北纬 26°39.5′，东经 119°41.7′。位于宁德市蕉城区东 12.99 千米，距大陆最近点1.86千米，明朝建制时列为第三都（古时基层组织），故名。《中国海域地名志》（1989）、《福建省海域地名志》（1991）、《福建省海岛志》（1994）、《中国海岛资源综合调查图集》（1995）、《全国海岛资源综合调查报告》（1996）、《中国海岛》（2000）、《全国海岛名称与代码》（2008）中均称三都岛。基岩岛。岸线长37.41千米，面积26.752 2平方千米，最高点高程460.6米。山头多岩石裸露。岛上植被茂密，以马尾松、灌木、芒萁、仙茅为主。

该岛为三都镇人民政府所在海岛，隶属宁德市蕉城区。2011年户籍人口9 740人，常住人口13 000人。早在唐朝之前，三都岛就已开发。清康熙二十三年（1684年）辟为海关，设税务关口，下辖9个口岸；清光绪二十三年（1897年）正式开放为对外通商口岸，13个国家在此设子公司，建码头、油库、洋行和教堂等。中华人民共和国成立后，三都岛曾设人民公社，现为镇建制。岛上以农业为主。渔业生产主要有近海捕捞和滩涂养殖。岛东北有盐场。岛上有水库、水井。铺设海底电缆，设气象台、信号台、码头、仓库、堆场、医院、电影院、银行及中小学等。有公路通各村及码头。

竹屿山 (Zhúyǔ Shān)

北纬26°39.3′，东经119°36.9′。位于宁德市蕉城区后湾东岸东8.67千米，距大陆最近点680米。因昔日多竹而得名。又名竹岐山。《中国海洋岛屿简况》（1980）和《中国海域地名图集》（1991）中称竹屿山。《福建省海域地名志》（1991）、《福建省海岛志》（1994）、《全国海岛名称与代码》（2008）中均称竹岐山。岸线长407米，面积9 253平方米，最高点高程13.9米。基岩岛，岛体由花岗岩构成。岛上基岩裸露，顶部有沙土，长有乔木、灌木。地形中间高两端低，海岸为基岩岸滩，周围分布滩涂。

黄湾屿 (Huángwān Yǔ)

北纬26°39.2′，东经119°39.1′。位于宁德市蕉城区三都岛西350米。又名黄湾。因村而名。《中国海洋岛屿简况》（1980）中称黄湾。《中国海域地名志》（1989）、《福建省海域地名志》（1991）、《福建省海岛志》（1994）、《全国海岛名称与代码》（2008）中均称黄湾屿。岸线长224米，面积3 499平方米，最高点高程 14.7 米。基岩岛，岛体由花岗岩构成。基岩裸露，间有沙土，植被以灌木为主。地形西高东低，海岸为基岩沙滩。

橄榄尖礁 (Gǎnlǎnjiān Jiāo)

北纬 26°38.3′，东经 119°38.7′。位于宁德市蕉城区橄榄屿东北 50 米。《福建省海域地名志》（1991）中称橄榄尖礁，“礁位橄榄屿的尖端，故名”。基岩岛。岸线长 45 米，面积 83 平方米。无植被。岛上建有 1 个助航标志。

橄榄屿 (Gǎnlǎn Yǔ)

北纬 26°38.2′，东经 119°38.6′。位于宁德市蕉城区三都岛西南 2.48 千米。因形如橄榄，故名。《中国海洋岛屿简况》（1980）、《中国海域地名志》（1989）、《福建省海岛志》（1994）、《宁德市志》（1995）、《全国海岛名称与代码》（2008）中均称橄榄屿。岸线长 1.46 千米，面积 0.109 3 平方千米，最高点高程 42.7 米。基岩岛，岛体由花岗岩构成，中部高四周低。岛上有育苗室和 1 个百吨级部队码头，东北角建有灯桩。该岛有海底电缆接陆地。

猴毛屿 (Hóumáo Yǔ)

北纬 26°38.1′，东经 119°47.0′。位于宁德市蕉城区三都岛东 11.49 千米，距大陆最近点 4.74 千米。因长荒草似猴毛，故名。又名猴毛岛。《中国海洋岛屿简况》（1980）、《中国海域地名志》（1989）、《福建省海域地名志》（1991）、《福建省海岛志》（1994）、《宁德市志》（1995）中均称猴毛屿。《全国海岛名称与代码》（2008）中称猴毛岛。岸线长 684 米，面积 0.019 5 平方千米，最高点高程 28.7 米。基岩岛，岛体由花岗岩构成，西高东低。岩岸陡峭，植被以草丛为主。

青山岛 (Qīngshān Dǎo)

北纬 26°37.2′，东经 119°47.0′。位于宁德市蕉城区三都岛东南 4.42 千米，距大陆最近点 1.19 千米。因岩石色泽得名。《中国海洋岛屿简况》（1980）、《中国海域地名志》（1989）、《福建省海域地名志》（1991）、《福建省海岛志》（1994）、《宁德市志》（1995）、《宁德地区志》（1998）、《全国海岛名称与代码》（2008）中均称青山岛。基岩岛。岸线长 19.78 千米，面积 9.533 1

平方千米，最高点高程 393.5 米。北部陡峻，南部较缓，北岸平直陡峭，南岸弯曲多滩澳。植被茂密，以乔木、灌木为主。周围水深多超过 20 米。

有居民海岛。岛上有虾荡尾村、孟澳村和七星村，隶属宁德市蕉城区。2011 年户籍人口 5 056 人，常住人口 5 098 人。岛上有居民房、学校、教堂、码头。有耕地。居民饮用水来自水井，用电来自城澳。

蕉城白礁 (Jiāochéng Báijiāo)

北纬 26°36.9′，东经 119°45.2′。位于宁德市蕉城区三都岛东南 8.87 千米，距大陆最近点 1.61 千米。《福建省海域地名志》（1991）中称白礁，“礁上常有海鸟栖息，堆积鸟粪，顶部呈白色，故名白礁”。因省内重名，位于蕉城区，第二次全国海域地名普查时更为今名。基岩岛，岛体全部由基岩构成，呈亮白色。面积约 10 平方米。无植被。

珓杯礁 (Jiàobēi Jiāo)

北纬 26°36.9′，东经 119°44.2′。位于宁德市蕉城区三都岛东南 7.39 千米，距大陆最近点 430 米。形似占卜珓杯，故名。又名珓杯仔礁。《福建省海域地名志》（1991）中称珓杯礁。《中国海域地名图集》（1991）标注为珓杯礁。面积约 30 平方米，最高点高程 3.9 米。基岩岛，岛体由花岗岩构成。无植被。

戏铃屿 (Xìlíng Yǔ)

北纬 26°36.8′，东经 119°44.0′。位于宁德市蕉城区三都岛东南 7.22 千米，距大陆最近点 130 米。因形如铜铃，故名。《中国海域地名志》（1989）、《中国海域地名图集》（1991）、《福建省海域地名志》（1991）、《宁德市志》（1995）中称戏铃屿。岸线长 104 米，面积 621 平方米，最高点高程 13 米。基岩岛，岛体由花岗岩构成。植被以灌木为主。

横梭屿 (Héngsuō Yǔ)

北纬 26°36.7′，东经 119°45.4′。位于宁德市蕉城区三都岛东南 9.32 千米，距大陆最近点 1.57 千米。《中国海洋岛屿简况》（1980）中称横梭屿。基岩岛。岸线长 198 米，面积 2 019 平方米。植被以灌木为主。

单屿 (Shàn Yǔ)

北纬 26°36.7′，东经 119°44.2′。位于宁德市蕉城区三都岛东南 7.62 千米，距大陆最近点 30 米。又名鲎公山、鲎母山、鲎母山岛、鲎公山岛。《中国海域地名志》（1989）、《福建省海域地名志》（1991）中称鲎公山、鲎母山。《宁德市志》（1995）中称鲎母山岛、鲎公山岛。《福建省海岛志》（1994）和《全国海岛名称与代码》（2008）中称单屿。岸线长 1.73 千米，面积 0.064 5 平方千米，最高点高程 36.5 米。基岩岛，岛体由花岗岩构成，岛上基岩裸露，表土稀薄，有植被覆盖。落潮时鲎母山与鲎公山相连。海岸为基岩岸滩，西南为滩涂。岛上建有海水养殖试验场数个。

小七星岛 (Xiǎoqīxīng Dǎo)

北纬 26°36.6′，东经 119°45.5′。位于宁德市蕉城区三都岛东南 9.62 千米，距大陆最近点 1.7 千米。因位于七星礁东南面，面积小，第二次全国海域地名普查时命今名。基岩岛。面积约 300 平方米。无植被。

七星礁 (Qīxīng Jiāo)

北纬 26°36.6′，东经 119°45.5′。位于宁德市蕉城区三都岛东南 9.58 千米，距大陆最近点 1.65 千米。位于七星村前，故名。《中国海域地名图集》（1991）中称七星礁。基岩岛。面积约 100 平方米。岛地形较平，无植被。

小炎岛 (Xiǎoyán Dǎo)

北纬 26°36.5′，东经 119°48.3′。位于宁德市蕉城区三都岛东南 14.12 千米，距大陆最近点 3.3 千米。第二次全国海域地名普查时命今名。基岩岛。岸线长 82 米，面积 490 平方米。无植被。

纱帽屿 (Shāmào Yǔ)

北纬 26°36.3′，东经 119°44.6′。位于宁德市蕉城区三都岛东南 8.47 千米，距大陆最近点 220 米。又名沙帽屿。因形如古时纱帽，故名。《中国海洋岛屿简况》（1980）中记载为沙帽屿。《中国海域地名志》（1989）、《中国海域地名图集》（1991）、《福建省海域地名志》（1991）、《福建省海岛志》（1994）、《宁德市志》（1995）、《全国海岛名称与代码》（2008）中均称纱帽屿。岸线长 229 米，面积 3 324 平方米，最高点高程 23.3 米。基岩岛，形椭圆，岛体由花岗岩构成。基岩裸露，植被以乔木为主。地形南高北低，顶部有高约 3 米的独立石。海岸为基岩岸滩。

斗帽岛 (Dǒumào Dǎo)

北纬 26°36.2′，东经 119°47.9′。位于宁德市蕉城区三都岛东南 13.5 千米，距大陆最近点 1.89 千米，隶属宁德市蕉城区。有七座山岗，呈北斗之状，斗之名得以生。海上观岛，中高边低呈帽形，因此又称斗帽。又传斗帽原名斗姥，斗姥娘娘乃北斗星群星之母，传说是海上捕捞航行的保护神，岛上曾祀奉斗姥娘娘，斗帽因之得名。《中国海洋岛屿简况》（1980）、《中国海域地名志》（1989）、《中国海域地名图集》（1991）、《福建省海域地名志》（1991）、《福建省海岛志》（1994）、《宁德市志》（1995）、《宁德地区志》（1998）、《全国海岛名称与代码》（2008）中均称斗帽岛。岸线长 4.24 千米，面积 0.613 9 平方千米，最高点高程 91.9 米。基岩岛，岛体由花岗岩构成，中部高，四周低。岩石陡岸，北侧为滩涂。植被以灌木为主。

为有居民海岛。岛上有 3 个自然村，2011 年户籍人口有 496 人，常住人口 397 人。有耕地。建有水产收购站、食盐仓库、简易码头。居民饮用水来自青山岛，由海底电缆供电。

鳖礁 (Biē Jiāo)

北纬 26°34.4′，东经 119°48.1′。位于宁德市蕉城区三都岛东南 15.19 千米，距大陆最近点 1.48 千米。该岛形如鳖，故名。《福建省海域地名志》（1991）和《中国海域地名图集》（1991）中称鳖礁。基岩岛。面积约 20 平方米，最高点高程 5.2 米。无植被。

饭甑礁 (Fànzèng Jiāo)

北纬 26°34.3′，东经 119°47.8′。位于宁德市蕉城区三都岛东南 14.93 千米，距大陆最近点 1.18 千米。形似饭甑（一种蒸食用具），故名。《福建省海域地名志》（1991）中称饭甑礁。基岩岛。面积约 4 平方米。无植被。

鸡公山 (Jīgōng Shān)

北纬 26°34.2′，东经 119°48.3′。位于宁德市蕉城区三都岛东南 8.54 千米，距大陆最近点 1.13 千米，隶属宁德市蕉城区。因形如公鸡，故名。又名鸡公山岛。《中国海洋岛屿简况》（1980）、《中国海域地名志》（1989）、《中国海域地名图集》（1991）、《福建省海域地名志》（1991）、《福建省海岛志》（1994）、《宁德市志》（1995）、《全国海岛名称与代码》（2008）中称鸡公山。《宁德地区志》（1998）中称鸡公山岛。岸线长 5.73 千米，面积 0.931 4 平方千米，最高点高程 179.8 米。基岩岛，岛体由花岗岩构成。沿岸多礁，附近水深 10 米以上。有松树。有居民海岛。有 1 个自然村，2011 年户籍人口 223 人，常住人口 220 人。岛上有耕地。有自来水，由海底电缆供电。

上墓湾礁 (Shàngmùwān Jiāo)

北纬 26°33.9′，东经 119°48.3′。位于宁德市蕉城区三都岛东南 16.02 千米，距大陆最近点 1.34 千米。《福建省海域地名志》（1991）中称上墓湾礁。基岩岛。面积约 6 平方米。岛上基岩裸露，无植被。

下墓湾礁 (Xiàmùwān Jiāo)

北纬 26°33.8′，东经 119°48.6′。位于宁德市蕉城区三都岛东南 16.48 千米，距大陆最近点 1.79 千米。《福建省海域地名志》（1991）中称下墓湾礁。基岩岛。面积约 5 平方米。岛上基岩裸露，无植被。

小北礁岛 (Xiǎoběijiāo Dǎo)

北纬 26°33.7′，东经 119°48.7′。位于宁德市蕉城区三都岛东南 16.73 千米，距大陆最近点 1.82 千米。因紧邻北礁岛，面积比北礁岛小，第二次全国海域地名普查时命今名。基岩岛。面积约 30 平方米。岛上基岩裸露，无植被。

北礁岛 (Běijiāo Dǎo)

北纬 26°33.7′，东经 119°48.7′。位于宁德市蕉城区三都岛东南 16.64 千米，距大陆最近点 1.65 千米。因南北两岛相邻，该岛居北，故名。又名北礁。《中国海洋岛屿简况》（1980）中称北礁。《福建省海域地名志》（1991）、《中国海域地名图集》（1991）、《福建省海岛志》（1994）、《宁德市志》（1995）、《全国海岛名称与代码》（2008）中均称北礁岛。岸线长 363 米，面积 3 722 平方米，最高点高程 16.5 米。基岩岛，岛体由花岗岩构成。岛上基岩裸露，无植被。地形中间高四周低，海岸为基岩岸滩。

南礁北岛（Nánjiāo Běidǎo）

北纬 26°33.5′，东经 119°48.7′。位于宁德市蕉城区三都岛东南 16.96 千米，距大陆最近点 1.68 千米。第二次全国海域地名普查时命今名。基岩岛。面积约 6 平方米。无植被。

浴象岛（Yùxiàng Dǎo）

北纬 26°58.9′，东经 120°14.4′。位于宁德市霞浦县牙城镇东南部海域，距大陆最近点 30 米。因形似沐浴的大象，第二次全国海域地名普查时命今名。岸线长 145 米，面积 1 177 平方米。基岩岛，表层岩石多裸露。植被以草丛为主。

犁壁鼻（Líbì Bí）

北纬 26°58.1′，东经 120°13.8′。位于宁德市霞浦县三沙镇北部海域，距大陆最近点 30 米。当地群众惯称犁壁鼻。面积约 40 平方米。基岩岛，表层岩石裸露。无植被。

蒸笼屿（Zhēnglóng Yǔ）

北纬 26°57.6′，东经 120°12.2′。位于宁德市霞浦县三沙镇北部海域，距大陆最近点 80 米。因岛形似蒸笼，故名。《中国海域地名志》（1989）、《福建省海域地名志》（1991）、《福建省海岛志》（1994）中均称蒸笼屿。岸线长 149 米，面积 1 379 平方米。基岩岛，岛体由花岗岩构成。海岸为较平直的基岩岸滩。2011 年岛上有常住人口 5 人，用水和用电均靠陆地引入。岛上建有登岛石阶。周边海域产鲻鱼、紫菜等，有大量围网捕捞设施。

尾屿（Wěi Yǔ）

北纬 26°56.9′，东经 120°15.1′。位于宁德市霞浦县三沙镇东部海域，距大陆最近点 1.21 千米。因位于烽火岛北向末端，故名。《中国海洋岛屿简况》（1980）、《中国海域地名志》（1989）、《福建省海域地名志》（1991）、《福建省海岛志》（1994）中均称尾屿。岸线长 721 米，面积 0.023 5 平方千米，最高点高程 24.9 米。基岩岛，岛体由火山岩构成。地形东北高西南低。岛岸陡峭，周围均为基岩岸滩。

小纵横岛 (Xiǎozònghéng Dǎo)

北纬 26°56.5′，东经 120°14.6′。位于宁德市霞浦县三沙镇东部海域，距大陆最近点 380 米。因该岛位于纵横屿北侧且面积较小，第二次全国海域地名普查时命今名。岸线长 164 米，面积 1 529 平方米，最高点高程 10 米。基岩岛，岛体由火山岩构成。地表多岩石裸露。植被以草丛为主。周围均为基岩岸滩，多贝类。岛南侧建有围堤与纵横屿相连。

纵横屿 (Zònghéng Yǔ)

北纬 26°56.5′，东经 120°14.6′。位于宁德市霞浦县三沙镇东部海域，距大陆最近点 190 米。因从花竹村东望成纵行，从烽火门北望成横形，故名。《中国海域地名志》(1989)、《福建省海域地名志》(1991)、《福建省海岛志》(1994)中均称纵横屿。岸线长 527 米，面积 0.012 8 平方千米，最高点高程 5 米。基岩岛，岛体由火山岩构成。岛呈椭圆形，东北 — 西南走向。岛顶部平坦。岛上乔木以相思树为主。周围均为基岩岸滩，多贝类。北侧建有围堤与小纵横岛相连。

割山屿 (Gēshān Yǔ)

北纬 26°56.4′，东经 120°15.0′。位于宁德市霞浦县古镇港东北口，距大陆最近点 530 米。因岛上芦苇经常割破皮肤，故名。又名割山。《中国海洋岛屿简况》(1980)中称割山。《中国海域地名志》(1989)、《福建省海域地名志》(1991)、《福建省海岛志》(1994)中称割山屿。岸线长 2.59 千米，面积 0.171 9 平方千米，最高点高程 72.2 米。基岩岛，岛体由火山岩构成。岛呈半月形，大致呈东西走向，西高东低。植被多芦苇和马尾松。周围均为基岩岸滩。海域有石斑鱼、大黄鱼、带鱼和虾等。岛东南部建有灯桩 1 座，并设有一临时测控点。

东西礁 (Dōngxī Jiāo)

北纬 26°56.4′，东经 120°14.5′。位于宁德市霞浦县三沙镇东部海域，距大陆最近点 70 米。因位于东西口门的中间而得名。《中国海域地名志》(1989)、《福建省海域地名志》(1991)、《福建省海岛志》(1994)中均称东西礁。

面积约 55 平方米。基岩岛，岛体由火山岩构成，基岩裸露。无植被。周围均为基岩岸滩。岛上建有灯塔。

火焰岛 (Huǒyàn Dǎo)

北纬 26°56.4′，东经 120°15.9′。位于宁德市霞浦县三沙镇东部海域，距大陆最近点 2.42 千米。因形似火焰，第二次全国海域地名普查时命今名。面积约 30 平方米。基岩岛，表层岩石裸露，无植被。

内礁 (Nèi Jiāo)

北纬 26°56.3′，东经 120°15.9′。位于宁德市霞浦县三沙镇东部海域，距大陆最近点 2.35 千米。与外礁比，靠近陆地，当地群众惯称内礁。面积约 165 平方米。基岩岛，表层岩石多裸露。长有零星草丛。岛上建有灯塔。

脚板岛 (Jiǎobǎn Dǎo)

北纬 26°56.3′，东经 120°15.9′。位于宁德市霞浦县三沙镇东部海域，距大陆最近点 2.4 千米。因形如脚底板，第二次全国海域地名普查时命今名。面积约 20 平方米。基岩岛，表层岩石裸露。无植被。

外礁 (Wài Jiāo)

北纬 26°56.3′，东经 120°16.0′。位于宁德市霞浦县三沙镇东部海域，距大陆最近点 2.51 千米。与内礁比，远离陆地，当地群众惯称外礁。基岩岛。岸线长 53 米，面积 220 平方米。岛顶平坦。植被以草丛和灌木为主。岛岸悬崖陡峭，周围均为基岩岸滩。

灰岩岛 (Huīyán Dǎo)

北纬 26°56.0′，东经 120°15.3′。位于宁德市霞浦县三沙镇东部海域。因岛体呈灰色，第二次全国海域地名普查时命今名。基岩岛。面积约 55 平方米。表层岩石裸露。无植被。

协澳南岛 (Xié'ào Nándǎo)

北纬 26°56.0′，东经 120°15.2′。位于宁德市霞浦县三沙镇东部海域，距大陆最近点 1.3 千米。因位于协澳港南侧，第二次全国海域地名普查时命今名。基岩岛。面积约 130 平方米。表层岩石裸露。无植被。

烽火岛 (Fēnghuǒ Dǎo)

北纬 26°55.7′，东经 120°15.0′。位于宁德市霞浦县三沙镇东侧 500 米，福宁湾东北端，隶属宁德市霞浦县。因明、清置巡检司和水师营，建有烽火台，故名。又名鸭仔山、峰火岛。《中国海洋岛屿简况》（1980）中称峰火岛。《中国海域地名志》（1989）、《福建省海域地名志》（1991）、《福建省海岛志》（1994）、《霞浦县志》（1999）中称烽火岛。岸线长 16.06 千米，面积 2.175 9 平方千米，最高点高程 155.2 米。基岩岛，岛体由火山岩构成。岛呈“工”字形，岸线曲折，地形西高东低。植被茂密。周围为基岩陡岸，有协澳港、澳仔澳、烽火澳、网仔澳、网仔澳港 5 个湾澳。周围海域石斑鱼资源甚丰。

有居民海岛。岛上有 1 个行政村烽火村，辖 2 个自然村。2011 年户籍人口 1 161 人，常住人口 1 117 人。居民通行闽南方言。岛上屋舍多依山面海，层列山坡。有小学和医疗站。礁尾、田澳有明代烽火台遗址。居民用水和用电均由大陆接入。有一陆岛交通码头，机帆船可乘潮进出。有渡船通小古镇。岛西北部建有灯桩 1 座、测风塔 1 座。岛上居民以渔业为主要产业，周围海域多为网箱养殖和吊养。

竹排岛 (Zhúpái Dǎo)

北纬 26°55.4′，东经 120°16.3′。位于宁德市霞浦县烽火岛东部海域 800 米，距大陆最近点 3.33 千米。因形似竹排而得名。又名竹排。《中国海洋岛屿简况》（1980）中称竹排。《中国海域地名志》（1989）、《福建省海域地名志》（1991）、《福建省海岛志》（1994）中称竹排岛。面积约 30 平方米。基岩岛，岛体由火山岩构成，表层岩石裸露。无植被。基岩岸滩，周边海域产石斑鱼。岛上建有灯塔。

中竹排岛 (Zhōngzhúpái Dǎo)

北纬 26°55.4′，东经 120°16.4′。位于宁德市霞浦县烽火岛东部海域，距大陆最近点 3.37 千米。原与竹排岛、南竹排岛统称竹排岛。因与周边海岛排列一起形如竹排，位置居中，第二次全国海域地名普查时命今名。面积约 55 平方米。基岩岛，岛体由火山岩构成，表层岩石裸露。无植被。基岩岸滩，周边海域产石斑鱼。

南竹排岛 (Nánzhúpái Dǎo)

北纬 26°55.4′，东经 120°16.4′。位于宁德市霞浦县烽火岛东部海域，距大陆最近点 3.43 千米。原与竹排岛、中竹排岛统称竹排岛。因与周边海岛排列一起形如竹排，位置居南，第二次全国海域地名普查时命今名。面积约 110 平方米。基岩岛，岛体由火山岩构成，表层岩石裸露。无植被。基岩岸滩，周边海域产石斑鱼。

中礁 (Zhōng Jiāo)

北纬 26°55.4′，东经 120°15.3′。位于宁德市霞浦县烽火岛南部海域，距大陆最近点 1.78 千米。因位于烽火岛南侧小澳的中部，当地群众惯称中礁。《福建省海域地名志》（1991）中称中礁。基岩岛。面积约 40 平方米。表层岩石裸露。无植被。

印礁 (Yìn Jiāo)

北纬 26°55.3′，东经 120°12.2′。位于宁德市霞浦县三沙镇南部海域，距大陆最近点 120 米。该岛形似印，故名。《福建省海域地名志》（1991）中称印礁。基岩岛。面积约 55 平方米。表层岩石裸露。无植被。

对面礁屿 (Duìmiànjiāo Yǔ)

北纬 26°55.2′，东经 120°12.1′。位于宁德市霞浦县三沙镇南部海域，距大陆最近点 210 米。因位于西澳村对面，故名。《中国海域地名志》（1989）、《福建省海域地名志》（1991）、《福建省海岛志》（1994）中均称为对面礁屿。岸线长 362 米，面积 3 064 平方米。基岩岛，岛体由火山岩构成，表层岩石裸露。无植被。周围为基岩岸滩，海域产鱼、虾和藻类。岛上建有灯塔。

圆礁屿 (Yuánjiāo Yǔ)

北纬 26°55.2′，东经 120°16.2′。位于宁德市霞浦县烽火岛东南部海域，距大陆最近点 3.18 千米。因形圆，故名。又名红洲。《中国海洋岛屿简况》（1980）中称红洲。《中国海域地名志》（1989）、《福建省海域地名志》（1991）、《福建省海岛志》（1994）中称圆礁屿。岸线长 82 米，面积 356 平方米，最高点高程 6.7 米。基岩岛，岛体由火山岩构成，表层岩石裸露。无植被。基岩海岸，周边海域产带鱼、虾等。岛上建有灯塔。

乌鸦窝头岛 (Wūyāwōtóu Dǎo)

北纬 26°55.1′，东经 120°15.4′。位于宁德市霞浦县烽火岛南部海域，距大陆最近点 1.96 千米。岛体形如乌鸦啄食窝头，当地群众惯称乌鸦窝头。《福建省海岛志》（1994）中称乌鸦窝头岛。岸线长 715 米，面积 0.015 2 平方千米，最高点高程 20 米。基岩岛，岛体由火山岩构成。岛形似花生，呈东北 — 西南走向。表层岩石多裸露，有少量草丛和灌木。基岩岸滩。

黄花礁 (Huánghuā Jiāo)

北纬 26°55.1′，东经 120°15.8′。位于宁德市霞浦县烽火岛东南部海域，距大陆最近点 2.65 千米。该岛形似黄花鱼，故名。又名红瓜礁。《中国海域地名志》（1989）、《福建省海域地名志》（1991）中称黄花礁。《福建省海岛志》（1994）中称红瓜礁。面积约 40 平方米。基岩岛，岛体由花岗岩构成，基岩海岸。表层岩石裸露。无植被。位于航道西侧，附近潮流急，为航行险恶区，曾发生触礁事故。岛上建有灯塔。

狮头岛 (Shītóu Dǎo)

北纬 26°55.0′，东经 120°15.1′。位于宁德市霞浦县烽火岛南部海域，距大陆最近点 1.52 千米。因形似狮头，故名。又名狮头。《中国海洋岛屿简况》（1980）中称狮头。《中国海域地名志》（1989）、《福建省海域地名志》（1991）、《福建省海岛志》（1994）中称狮头岛。岸线长 1.96 千米，面积 0.116 5 平方千米，最高点高程 65.2 米。基岩岛，岛体由火山岩构成。大致呈东西走向，东部高高隆起，西部低平。表层土壤瘠薄，植被以草丛和灌木为主。海岸多基岩陡坡，周边海域产石斑鱼。

鼠尾岛 (Shǔwěi Dǎo)

北纬 26°54.9′，东经 120°14.7′。位于宁德市霞浦县狮头岛西南部海域，距大陆最近点 1.47 千米。位于老鼠礁岛东部，相对老鼠礁岛而得名。《福建省海岛志》（1994）中称鼠尾岛。岸线长 417 米，面积 6 512 平方米。基岩岛，岛体由火山岩构成。岛形似月牙，大致呈东西走向。岛顶部平坦，海岸多基岩陡坡。

表层岩石多裸露，长有少量草丛和灌木。

老鼠礁岛 (Lǎoshǔjiāo Dǎo)

北纬 26°54.8′，东经 120°14.6′。位于宁德市霞浦县鼠尾岛西南部海域，距大陆最近点 1.42 千米。因形似老鼠，故名。又名老鼠礁。《中国海洋岛屿简况》(1980)中称老鼠礁。《中国海域地名志》(1989)、《福建省海域地名志》(1991)、《福建省海岛志》(1994)中均称老鼠礁岛。岸线长 496 米，面积 0.013 0 平方千米，最高点高程 39.9 米。基岩岛，岛体由火山岩构成。岛呈长方形，大致呈东北 — 西南走向，西高东低。表层岩石多裸露。植被以草丛和灌木为主。海岸多基岩陡坡，周围海域有石斑鱼及藻类。岛上建有灯塔。

小目岛 (Xiǎomù Dǎo)

北纬 26°54.7′，东经 120°09.1′。位于宁德市霞浦县三沙镇西南部海域，距大陆最近点 1.02 千米。形似眼睛，因面积小于大目岛，故名。《中国海洋岛屿简况》(1980)、《中国海域地名志》(1989)、《福建省海域地名志》(1991)、《福建省海岛志》(1994)中均称小目岛。岸线长 2.15 千米，面积 0.129 5 平方千米，最高点高程 82.3 米。基岩岛，岛体由火山岩构成。岛略呈长方形，东西走向，地形中间高两头低。

外麂礁 (Wàijǐ Jiāo)

北纬 26°54.7′，东经 120°13.4′。位于宁德市霞浦县三沙镇南部海域，距大陆最近点 110 米。又名外麂礁（2）。《中国海域地名志》(1989)和《福建省海域地名志》(1991)中称外麂礁。《福建省海岛志》(1994)中称外麂礁（2）。岸线长 276 米，面积 3 638 平方米，高约 4 米。基岩岛，岛体由花岗岩构成。岛形长，呈东西走向。表层岩石多裸露，长有零星草丛和灌木。周围多基岩岸滩。岛上建有灯塔。

牛仔礁岛 (Niúzǎijiāo Dǎo)

北纬 26°54.7′，东经 120°08.5′。位于宁德市霞浦县三沙镇西南部海域，距大陆最近点 1.33 千米。该岛形似牛，面积较小，故名。又名牛仔山。《中国海洋岛屿简况》(1980)中称牛仔山。《中国海域地名志》(1989)、《福建省海域地名志》（1991）、《福建省海岛志》（1994）中均称牛仔礁岛。岸线长261米，面积3 255平方米，最高点高程13.8米。基岩岛，岛体由火山岩构成。岛形椭圆，东南 — 西北走向。表层岩石多裸露。植被以草丛和灌木为主。岛岸悬崖陡峭。

目缘岛 (Mùyuán Dǎo)

北纬26°54.7′，东经120°09.0′。位于宁德市霞浦县三沙镇西南部海域，距大陆最近点1.37千米。原与小目岛统称小目岛。因位于小目岛边缘，第二次全国海域地名普查时命今名。基岩岛。岸线长37米，面积1 105平方米。表层岩石裸露。无植被。

炉仔岛 (Lúzǎi Dǎo)

北纬26°53.9′，东经120°12.4′。位于宁德市霞浦县三沙镇南部海域，距大陆最近点2.22千米。因形似香炉，面积较小，故名。《中国海域地名志》（1989）、《福建省海域地名志》（1991）、《福建省海岛志》（1994）中均称炉仔岛。岸线长150米，面积1 423平方米，最高点高程7米。基岩岛，岛体由花岗岩构成。表层岩石裸露。无植被。海岸为基岩岸滩，周边海域产鲳鱼和带鱼。

赤炉岛 (Chìlú Dǎo)

北纬26°53.9′，东经120°12.4′。位于宁德市霞浦县三沙镇南部海域，距大陆最近点2.3千米。因岛顶为赤色，且位于炉剑礁和炉仔岛之间，第二次全国海域地名普查时命今名。基岩岛。面积约30平方米。表层岩石裸露，无植被。

炉剑礁 (Lújiàn Jiāo)

北纬26°53.8′，东经120°12.3′。位于宁德市霞浦县三沙镇南部海域，距大陆最近点2.38千米。位于上炉岛东北侧，形如利剑，当地群众称其为炉剑礁。又名猪屎来头。《中国海洋岛屿简况》（1980）中称猪屎来头。《中国海域地名志》（1989）、《福建省海域地名志》（1991）、《福建省海岛志》（1994）中均称炉剑礁、猪屎来头。岸线长204米，面积2 157平方米。基岩岛，岛体由花岗岩构成，表层岩石裸露。无植被。海岸为基岩岸滩。

上炉岛（Shànglú Dǎo）

北纬 26°53.7′，东经 120°12.2′。位于宁德市霞浦县三沙镇南部海域，距大陆最近点 2.41 千米。位于下炉岛北面，当地以北为上，故名。又名上芦。《中国海洋岛屿简况》（1980）中称上芦。《中国海域地名志》（1989）、《福建省海域地名志》（1991）、《福建省海岛志》（1994）中均称上炉岛。岸线长 1.26 千米，面积 0.046 4 平方千米，最高点高程 34.2 米。基岩岛，岛体由花岗岩构成。岛呈烟斗形，呈东北 — 西南走向。表层多岩石，土层薄。植被以草丛和灌木为主。海岸为基岩岸滩，周边海域产鲳鱼和带鱼。

上炉南岛（Shànglú Nándǎo）

北纬 26°53.7′，东经 120°12.2′。位于宁德市霞浦县三沙镇南部海域，距大陆最近点 2.65 千米。原与上炉岛统称为上炉岛。因位于上炉岛南端，第二次全国海域地名普查时命今名。基岩岛。面积约 10 平方米。表层岩石裸露。无植被。

栖鸟石岛（Qīniǎoshí Dǎo）

北纬 26°53.6′，东经 120°12.1′。位于宁德市霞浦县三沙镇南部海域，距大陆最近点 2.89 千米。因岛上常有鸟栖息，第二次全国海域地名普查时命今名。基岩岛。面积约 20 平方米。表层岩石裸露。无植被。

大目岛（Dàmù Dǎo）

北纬 26°53.5′，东经 120°07.7′。位于宁德市霞浦县三沙镇西南部海域，距大陆最近点 1.11 千米。因该岛形如眼睛，又比小目岛大，故名。《中国海洋岛屿简况》（1980）、《中国海域地名志》（1989）、《福建省海域地名志》（1991）、《福建省海岛志》（1994）中均称大目岛。岸线长 2.42 千米，面积 0.221 8 平方千米，最高点高程 78.8 米。基岩岛，岛体由花岗岩构成。岛呈东北 — 西南走向，南北两端高中间低。植被以草丛和灌木为主。海岸为基岩岸滩。

下炉北岛（Xiàlú Běidǎo）

北纬 26°53.4′，东经 120°11.8′。位于宁德市霞浦县三沙镇南部海域，距大陆最近点 3.3 千米。因其位于下炉岛北端，第二次全国海域地名普查时命今名。基岩岛。面积约 10 平方米。表层岩石裸露。无植被。

北墩岛 (Běidūn Dǎo)

北纬 26°53.4′，东经 120°13.3′。位于宁德市霞浦县三沙镇南部海域，距大陆最近点 2.52 千米。位于北澳岛北面，墩形，故名。《中国海域地名志》（1989）、《福建省海域地名志》（1991）、《福建省海岛志》（1994）中均称北墩岛。岸线长 245 米，面积 4 264 平方米，最高点高程 13.6 米。基岩岛，岛体由花岗岩构成。岛上乔木以相思树为主。海岸为基岩岸滩，周边海域产大黄鱼、带鱼等。

南墩岛 (Nándūn Dǎo)

北纬 26°53.3′，东经 120°13.2′。位于宁德市霞浦县三沙镇南部海域，距大陆最近点 2.58 千米。岛呈墩形，在北墩岛南，故名。《中国海域地名志》（1989）和《福建省海域地名志》（1991）中称南墩岛。岸线长 258 米，面积 2 275 平方米，最高点高程 14.6 米。基岩岛，岛体由花岗岩构成。表层岩石裸露。无植被。海岸为基岩岸滩，周边海域产大黄鱼和带鱼等。

下炉岛 (Xiàlú Dǎo)

北纬 26°53.3′，东经 120°11.6′。位于宁德市霞浦县三沙镇南部海域，距大陆最近点 3.35 千米。因形似香炉，加方位词定名。又名下芦。《中国海洋岛屿简况》（1980）中称下芦。《中国海域地名志》（1989）、《福建省海域地名志》（1991）、《福建省海岛志》（1994）中均称下炉岛。岸线长 1.49 千米，面积 0.061 1 平方千米，最高点高程 40 米。基岩岛，岛体由花岗岩构成。岛呈梭形，呈东北 — 西南走向，中间高两端低。表层多岩石，土层薄。植被以草丛和灌木为主。海岸为基岩岸滩，周边海域产鲳鱼和带鱼。岛上建有 1 座灯塔。

鲤鱼礁 (Lǐyú Jiāo)

北纬 26°53.2′，东经 120°12.6′。位于宁德市霞浦县北澳岛西部海域，距大陆最近点 3.22 千米。因形似鲤鱼而得名。《福建省海岛志》（1994）中称鲤鱼礁。岸线长 175 米，面积 2 124 平方米，最高点高程 5 米。基岩岛，岛体由花岗岩构成。岛呈椭圆形，呈南北走向。表层岩石多裸露，长有零星草丛和灌木。海岸为基岩岸滩，周边海域产鲳鱼和带鱼。

鹿耳礁岛（Lù'ěrjiāo Dǎo）

北纬 26°53.1′，东经 120°12.6′。位于宁德市霞浦县北澳岛西部海域，距大陆最近点 3.29 千米。因形似鹿耳，故名。又名六耳礁。《中国海洋岛屿简况》（1980）中称六耳礁。《中国海域地名志》（1989）、《福建省海域地名志》（1991）、《福建省海岛志》（1994）中均称鹿耳礁岛。岸线长 146 米，面积 1 326 平方米。基岩岛，岛体由花岗岩构成。岛呈椭圆形，呈南北走向。表层岩石多裸露，少土壤，长有少量草丛和灌木。岛岸悬崖陡峭，均为基岩岸，周边海域产带鱼和大黄鱼等。

旁礁（Páng Jiāo）

北纬 26°53.1′，东经 120°12.7′。位于宁德市霞浦县北澳岛西部海域，距大陆最近点 3.3 千米。位于北澳岛旁，面积较小，当地群众称其为旁礁。《中国海域地名志》（1989）、《福建省海域地名志》（1991）、《福建省海岛志》（1994）中均称旁礁。基岩岛。面积约 20 平方米。表层岩石裸露。无植被。

北澳岛（Běi'ào Dǎo）

北纬 26°53.0′，东经 120°13.1′。位于宁德市霞浦县三沙镇南侧 2.4 千米。以岛上北澳村而得名。《中国海洋岛屿简况》（1980）、《中国海域地名志》（1989）、《福建省海域地名志》（1991）、《福建省海岛志》（1994）中均称北澳岛。岸线长 6.75 千米，面积 1.257 6 平方千米，最高点高程 139.6 米。基岩岛，岛体由花岗岩构成。岛上乔木以黑松为主。海岸多基岩岸滩，陡峭，岸线曲折。周边海域产鳗鱼、鲳鱼和带鱼等。

有居民海岛。岛北部有北澳村，隶属宁德市霞浦县。2011 年户籍人口 82 人，常住人口 120 人，通用闽南语。岛上居民以渔业为主，兼营农业。耕地面积约 0.09 平方千米，主种甘薯。岛上有水井，水源来自山涧溪水。

根竹仔岛（Gēnzhúzǎi Dǎo）

北纬 26°52.9′，东经 120°12.1′。位于宁德市霞浦县北澳岛西部海域，距大陆最近点 3.68 千米。因岛上昔日盛产竹得名。又名根竹仔。《中国海洋岛屿简况》（1980）中称根竹仔。《中国海域地名志》（1989）、《福建省海域地名志》

（1991）、《福建省海岛志》（1994）中均称根竹仔岛。岸线长 2.26 千米，面积 0.267 7 平方千米，最高点高程 108 米。基岩岛，岛体由花岗岩构成。地势中间高两端低。海岸为基岩岸滩，周边海域产带鱼和梭子蟹等。

虎头礁 (Hǔtóu Jiāo)

北纬 26°52.8′，东经 120°07.1′。位于宁德市霞浦县三沙镇西南部海域，距大陆最近点 1.25 千米。该岛形似虎头，故名。《中国海域地名志》（1989）、《福建省海域地名志》（1991）、《福建省海岛志》（1994）中均称虎头礁。基岩岛。面积约 20 平方米。表层岩石裸露。无植被。

鹿鼻礁 (Lùbí Jiāo)

北纬 26°52.6′，东经 120°12.9′。位于宁德市霞浦县北澳岛南部海域，距大陆最近点 4.09 千米。因该岛形似鹿鼻，故名。《福建省海岛志》（1994）中称鹿鼻礁。基岩岛。岸线长 126 米，面积 863 平方米。岛体岩石裸露。无植被。海岸陡峭，为基岩岸滩。

火烟山一岛 (Huǒyānshān Yīdǎo)

北纬 26°52.0′，东经 120°05.2′。位于宁德市霞浦县松港街道东部海域，距大陆最近点 1.21 千米。原与火烟山二岛、火烟山三岛、火烟山四岛、火烟山五岛和火烟山岛统称为火烟山岛。为火烟山岛附近诸多海岛之一，从北到南排序，该岛位于最北，故名。面积约 30 平方米。基岩岛，岛体由花岗岩构成，表层岩石裸露。无植被。海岸为基岩岸滩。

火烟山二岛 (Huǒyānshān Èrdǎo)

北纬 26°51.9′，东经 120°05.2′。位于宁德市霞浦县松港街道东部海域，距大陆最近点 1.21 千米。又名火烟山岛（1）。原与火烟山一岛、火烟山三岛、火烟山四岛、火烟山五岛和火烟山岛统称为火烟山岛。为火烟山岛附近诸多海岛之一，从北到南排序，该岛排第二，故名。《福建省海岛志》（1994）中称火烟山岛（1）。岸线长 681 米，面积 0.013 2 平方千米。基岩岛，岛体由花岗岩构成。植被以草丛和灌木为主。海岸为基岩岸滩。

火烟山三岛（Huǒyānshān Sāndǎo）

北纬 26°51.9′，东经 120°05.3′。位于宁德市霞浦县松港街道东部海域，距大陆最近点 1.33 千米。又名火烟山岛（2）。原与火烟山一岛、火烟山二岛、火烟山四岛、火烟山五岛和火烟山岛统称为火烟山岛。为火烟山岛附近诸多海岛之一，从北到南排序，该岛排第三，故名。《福建省海岛志》（1994）中称火烟山岛（2）。岸线长 583 米，面积 0.014 6 平方千米。基岩岛，岛体由花岗岩构成。植被以草丛和灌木为主。海岸为基岩岸滩。

火烟山四岛（Huǒyānshān Sìdǎo）

北纬 26°51.8′，东经 120°05.4′。位于宁德市霞浦县松港街道东部海域，距大陆最近点 1.4 千米。原与火烟山一岛、火烟山二岛、火烟山三岛、火烟山五岛和火烟山岛统称为火烟山岛。为火烟山岛附近诸多海岛之一，从北到南排序，该岛排第四，故名。岸线长 148 米，面积 1 570 平方米。基岩岛，岛体由花岗岩构成。植被以草丛和灌木为主。海岸为基岩岸滩。

火烟山岛（Huǒyānshān Dǎo）

北纬 26°51.8′，东经 120°05.5′。位于宁德市霞浦县松港街道东部海域，距大陆最近点 1.32 千米。原与火烟山一岛、火烟山二岛、火烟山三岛、火烟山四岛、火烟山五岛统称为火烟山岛。曾名火焰山，又名火烟山岛（3）。《福建省海域地名志》（1991）中称火烟山岛，“原名火焰山，谐音今名”。《中国海域地名志》（1989）中也称火烟山岛。《福建省海岛志》（1994）中称火烟山岛（3）。明嘉靖三十八年（1559 年）参将黎鹏举大破倭寇于此。岸线长 940 米，面积 0.048 7 平方千米，最高点高程 53.4 米。基岩岛，岛体由花岗岩构成。岛形椭圆，呈东西走向。植被以草丛和灌木为主。为基岩海岸，岸线平直。该岛夏秋之交受台风影响较大。

火烟山五岛（Huǒyānshān Wǔdǎo）

北纬 26°51.8′，东经 120°05.4′。位于宁德市霞浦县松港街道东部海域，距大陆最近点 1.49 千米。原与火烟山一岛、火烟山二岛、火烟山三岛、火烟山四岛和火烟山岛统称为火烟山岛。为火烟山岛附近诸多海岛之一，从北到南排序，该岛位于最南，故名。面积约 10 平方米。基岩岛，岛体由花岗岩构成，表层岩石裸露。无植被。海岸为基岩岸滩。

孤屿 (Gū Yǔ)

北纬 26°50.1′，东经 120°07.9′。位于宁德市霞浦县长春镇北部海域，距大陆最近点 3.94 千米。以孤立海中而得名。又名弧屿。《中国海域地名志》（1989）和《福建省海域地名志》（1991）中称孤屿。《福建省海岛志》（1994）中记载为弧屿。岸线长 816 米，面积 0.021 7 平方千米，最高点高程 34.1 米。基岩岛，岛体由火山岩构成。岛呈长方形，东西走向。海岸为基岩岸滩，多陡峭。周边海域产带鱼和虾等。

短表岛 (Duǎnbiǎo Dǎo)

北纬 26°49.9′，东经 120°07.3′。位于宁德市霞浦县长春镇北部海域，距大陆最近点 2.8 千米。因比长表岛面积小，故名。《中国海洋岛屿简况》（1980）、《中国海域地名志》（1989）、《福建省海域地名志》（1991）、《福建省海岛志》（1994）中均称短表岛。岸线长 4.39 千米，面积 0.359 8 平方千米，最高点高程 109.7 米。基岩岛，岛体由火山岩构成。岛呈长方形，东西走向。海岸为基岩岸滩，岸线平直。周边海域产带鱼和虾等。

短表西岛 (Duǎnbiǎo Xīdǎo)

北纬 26°49.7′，东经 120°06.7′。位于宁德市霞浦县长春镇北部海域，距大陆最近点 2.65 千米。该岛位于短表岛西侧，第二次全国海域地名普查时命今名。基岩岛。面积约 20 平方米。表层岩石裸露。无植被。

弯月岛 (Wānyuè Dǎo)

北纬 26°49.6′，东经 120°06.2′。位于宁德市霞浦县长春镇北部海域，距大陆最近点 1.81 千米。因形似弯月，第二次全国海域地名普查时命今名。基岩岛。面积约 10 平方米。表层岩石多裸露。岛上长有少量草丛。

佛堂岛 (Fótáng Dǎo)

北纬 26°49.6′，东经 120°06.4′。位于宁德市霞浦县长春镇北部海域，距大陆最近点 1.92 千米。昔日岛上建有佛堂，故名。又名佛当岛。《中国海洋岛屿简况》（1980）中称佛当岛。《中国海域地名志》（1989）、《福建省海域地名志》（1991）、《福建省海岛志》（1994）中均称佛堂岛。岸线长 1.87 千米，面积 0.158 9 平方千米，最高点高程 70 米。基岩岛，岛体由火山岩构成。岛呈长方形，东西走向。海岸为基岩岸滩，周边海域产带鱼和虾等。岛上建有 1 座教堂。西部建有 1 个水产品育苗场。

石笋岛 (Shísǔn Dǎo)

北纬 26°49.5′，东经 120°06.2′。位于宁德市霞浦县佛堂岛西部海域，距大陆最近点 1.86 千米。因岛形如竹笋插入海中，第二次全国海域地名普查时命今名。基岩岛。面积约 190 平方米。表层岩石多裸露。岛上长有少量草丛。为基岩海岸，悬崖陡峭。

绿头岛 (Lǜtóu Dǎo)

北纬 26°49.5′，东经 120°06.3′。位于宁德市霞浦县佛堂岛西部海域，距大陆最近点 1.88 千米。因该岛顶部绿色植被茂密，第二次全国海域地名普查时命今名。基岩岛。岸线长 121 米，面积 753 平方米。植被以草丛为主。

牛头岛 (Niútóu Dǎo)

北纬 26°49.5′，东经 120°05.4′。位于宁德市霞浦县长春镇北部海域，距大陆最近点 20 米。该岛有石似牛头，故名。又名牛头山。《中国海洋岛屿简况》（1980）中称牛头山。《中国海域地名志》（1989）、《福建省海域地名志》（1991）、《福建省海岛志》（1994）中均称牛头岛。岸线长 4.1 千米，面积 0.304 6 平方千米，最高点高程 85.1 米。基岩岛，岛体由火山岩构成。岛呈狭长方形，东西走向。为基岩海岸，周围多滩涂，海域产带鱼和虾等。

白鹭屿 (Báilù Yǔ)

北纬 26°49.3′，东经 120°05.4′。位于宁德市霞浦县长春镇北部海域，距大陆最近点 460 米。因常有白鹭在此栖息，故名。又名时超礁。《中国海洋岛屿简况》（1980）中称时超礁。《中国海域地名志》（1989）、《福建省海域地名志》（1991）、《福建省海岛志》（1994）中均称白鹭屿。岸线长 109 米，面积 895 平方米，最高点高程 11.2 米。基岩岛，岛体由火山岩构成。表层岩石多裸露，长有零星草丛。基岩海岸，周围滩涂环布，海域产带鱼和虾等。

尖帽岛 (Jiānmào Dǎo)

北纬 26°48.4′，东经 120°09.4′。位于宁德市霞浦县长春镇东北部海域，距大陆最近点 2.36 千米。因岛形似尖尖的帽子，第二次全国海域地名普查时命今名。基岩岛。面积约 20 平方米。表层岩石裸露。无植被。

羊屿 (Yáng Yǔ)

北纬 26°48.3′，东经 119°50.3′。位于宁德市霞浦县盐田畲族乡南部海域，距大陆最近点 130 米。该岛形如羊，故名。又名洋屿。《福建省海域地名志》(1991)中称洋屿。《中国海域地名志》（1989）和《福建省海岛志》（1994）中称羊屿。岸线长 223 米，面积 3 689 平方米，最高点高程 16.2 米。基岩岛，岛体由火山岩构成。岛呈椭圆形。两侧建有围堤。周围滩涂环布，产章鱼和蛤蛏等。

长表岛 (Chángbiǎo Dǎo)

北纬 26°48.0′，东经 120°08.9′。位于宁德市霞浦县长春镇东北部海域，距大陆最近点 110 米。处长门海域外，比短表岛长，故名。《中国海洋岛屿简况》（1980）、《中国海域地名志》（1989）、《福建省海域地名志》（1991）、《福建省海岛志》（1994）中均称长表岛。岸线长 7 千米，面积 1.067 平方千米，最高点高程 189.2 米。基岩岛，岛体由火山岩构成。略呈哑铃形，东西两端高中部低。乔木主要为松树。基岩海岸，多藻类。周边海域产带鱼和虾等。

圣诞帽岛 (Shèngdànmào Dǎo)

北纬 26°48.0′，东经 120°09.5′。位于宁德市霞浦县长春镇东北部海域，距大陆最近点 2.3 千米。因形似圣诞帽，第二次全国海域地名普查时命今名。基岩岛。面积约 30 平方米。表层基岩裸露。无植被。海岸为基岩岸，悬崖陡峭。

牛尾鼻岛 (Niúwěibí Dǎo)

北纬 26°47.9′，东经 120°07.0′。位于宁德市霞浦县长春镇东北部海域，距大陆最近点 10 米。因形似牛尾，故名。《中国海域地名志》（1989）、《福建省海域地名志》（1991）、《福建省海岛志》（1994）中均称牛尾鼻岛。岸线长 186 米，面积 1 819 平方米，最高点高程 18.8 米。基岩岛，岛体由花岗岩构成。

岛顶有少量土壤，生长草丛和灌木。海岸为基岩岸，悬崖陡峭。周边海域产带鱼、虾等。

铁屿 (Tiě Yǔ)

北纬 26°47.5′，东经 119°47.8′。位于宁德市霞浦县盐田畲族乡南部海域，距大陆最近点 310 米。因色泽似铁，故名。《中国海域地名志》（1989）、《福建省海域地名志》（1991）、《福建省海岛志》（1994）中均称铁屿。岸线长 418 米，面积 0.011 2 平方千米，最高点高程 19.6 米。基岩岛，岛体由火山岩构成。岛形椭圆，西高东低。植被以草丛和灌木为主。海岸为基岩岸，滩涂环布，产贝类和章鱼等。岛东西两侧通过海堤与大陆相连。

鱼屿 (Yú Yǔ)

北纬 26°47.2′，东经 120°09.6′。位于宁德市霞浦县长春镇东北部海域，距大陆最近点 2.69 千米。曾名下礁。《福建省海域地名志》（1991）载："原名下礁，因重名，以形似鱼改今名。"《中国海域地名志》（1989）和《福建省海岛志》（1994）中称鱼屿。岸线长 397 米，面积 6 870 平方米，最高点高程 15.8 米。基岩岛，岛体由火山岩构成。地形南高北低。表层岩石多裸露，岛顶生长少量草丛。海岸为基岩岸。

鸡冠鼻岛 (Jīguānbí Dǎo)

北纬 26°47.1′，东经 120°07.5′。位于宁德市霞浦县长春镇东北部海域，距大陆最近点 320 米。因形似鸡冠顶部，第二次全国海域地名普查时命今名。基岩岛。面积约 220 平方米。表层岩石多裸露，岛顶生长少量草丛。海岸为基岩岸，悬崖陡峭。

尺屿 (Chǐ Yǔ)

北纬 26°47.1′，东经 120°09.4′。位于宁德市霞浦县长春镇东北部海域，距大陆最近点 2.54 千米。曾名大礁，又名大礁岛、尺礁。《福建省海域地名志》（1991）中称尺屿，"原名大礁，因重名，以形似尺改今名"。《中国海洋岛屿简况》（1980）中称尺礁。《中国海域地名志》（1989）和《福建省海岛志》（1994）中称尺屿。岸线长 5.46 千米，面积 0.014 1 平方千米，最高点高程 35.3 米。

基岩岛，岛体由火山岩构成。地形南高北低。植被以草丛和灌木为主。海岸为基岩岸，周边海域产带鱼和虾等。

绿锥岛 (Lǜzhuī Dǎo)

北纬 26°47.1′，东经 120°07.5′。位于宁德市霞浦县长春镇东北部海域，距大陆最近点 370 米。因其形如尖锥，岛顶有绿色植被，第二次全国海域地名普查时命今名。基岩岛。岸线长 157 米，面积 991 平方米。表层岩石多裸露，岛顶生长少量草丛。海岸为基岩岸，悬崖陡峭。

和尚屿 (Héshang Yǔ)

北纬 26°47.1′，东经 120°07.4′。位于宁德市霞浦县长春镇东北部海域，距大陆最近点 190 米。因岩石裸露似和尚头，故名。《中国海洋岛屿简况》(1980)、《中国海域地名志》(1989)、《福建省海域地名志》(1991)、《福建省海岛志》(1994) 中均称和尚屿。岸线长 756 米，面积 0.032 4 平方千米，最高点高程 61.1 米。基岩岛，岛体由火山岩构成。植被以草丛、灌木和少量乔木为主。海岸为基岩岸，周边海域产带鱼和虾等。

大屿头岛 (Dàyǔtóu Dǎo)

北纬 26°47.0′，东经 119°47.4′。位于宁德市霞浦县三沙湾盐田港，距大陆最近点 110 米。因系盐田港中最大岛屿，故名。又名大屿头。《中国海洋岛屿简况》(1980) 中称大屿头。《中国海域地名志》(1989)、《福建省海域地名志》(1991)、《福建省海岛志》(1994) 中均称大屿头岛。岸线长 1.37 千米，面积 0.079 5 平方千米，最高点高程 45.9 米。基岩岛，岛体由火山岩构成。岛呈曲尺状，地形东高西低。表层岩石与黄褐土交错散布。周围滩涂环布，产贝类和章鱼等。

有居民海岛。岛上东南端有村落，隶属宁德市霞浦县。2011 年户籍人口 257 人，常住人口 198 人。居民以渔业为主，兼营农业。岛上建有变电站、码头、通信塔等基础设施。居民用水和用电均从大陆引入。

猫仔礁岛 (Māozǎijiāo Dǎo)

北纬 26°47.0′，东经 120°09.3′。位于宁德市霞浦县长春镇东北部海域，距大陆最近点 2.54 千米。因形似小猫，故名。《中国海域地名志》(1989) 和《福建省海域地名志》（1991）中称猫仔礁岛。面积约 10 平方米。基岩岛，岛体由火山岩构成。表层岩石裸露。无植被。海岸为基岩岸，周边海域产带鱼和虾等。

竹江岛 (Zhújiāng Dǎo)

北纬 26°46.6′，东经 119°57.3′。位于宁德市霞浦县沙江镇南部海域，距大陆最近点 890 米。以岛上产竹，四周临水而得名。又名竹江、筑屿、竹屿。《中国海洋岛屿简况》（1980）中称竹江。《中国海域地名志》（1989）、《福建省海域地名志》（1991）、《福建省海岛志》（1994）中均称竹江岛。《霞浦县志》（1991）中称筑屿、竹屿。岸线长 1.72 千米，面积 0.143 平方千米，最高点高程 47.3 米。基岩岛，岛体由花岗岩构成。岛呈三角形，地形东高西低。海岸为基岩、沙泥和人工海岸，周围滩涂环布，产乌鲶、牡蛎等。

有居民海岛。岛北岸有竹江村（行政村），隶属宁德市霞浦县。2011 年户籍人口 3 591 人，常住人口 2 665 人。南宋时张、郑、陈三姓相继迁此定居。明时屡遭寇兵干扰，清康熙间复梓。岛上建有小学、幼儿园、保健站、教堂和庙宇等设施，有虎头远眺、大门帆影等十景及繁英亭、学堂宫、锣鼓井、颂德碑、明抗倭城堡遗址等古迹。水电均从大陆引入，建有跨海引水工程和海底电缆。岛东北和西南均建有码头，可渡船通大陆。为霞浦县海产养殖基地之一。岛上居民从事捕捞、运输及海带、对虾、海蛎等养殖业，首创蛎竹植蛎，专著《蛎蜅考》传世。

屿尾岛 (Yǔwěi Dǎo)

北纬 26°46.2′，东经 120°08.5′。位于宁德市霞浦县长春镇东北部海域，距大陆最近点 2.37 千米。因与沙仔岛、老虎头岛呈东北 — 西南排列，处尾端，故名。又名屿尾。《中国海洋岛屿简况》（1980）中称屿尾。《中国海域地名志》（1989）、《福建省海域地名志》（1991）、《福建省海岛志》（1994）中均称屿尾岛。岸线长 2.77 千米，面积 0.166 平方千米，最高点高程 74.4 米。基岩岛，岛体由火山岩构成。岛近似梯形，地形南高北低。植被以草丛和灌木为主。海岸为基岩岸，周边海域产带鱼和贝类等。

尾外礁 (Wěiwài Jiāo)

北纬 26°46.2′，东经 120°08.7′。位于宁德市霞浦县长春镇东北部海域，距大陆最近点 2.77 千米。地处屿尾岛外，故名。《中国海域地名志》（1989）、《福建省海域地名志》（1991）、《福建省海岛志》（1994）中均称尾外礁。基岩岛。岸线长 166 米，面积 1 234 平方米。表层岩石裸露。无植被。

石鱼岛 (Shíyú Dǎo)

北纬 26°46.1′，东经 120°08.2′。位于宁德市霞浦县长春镇东北部海域，距大陆最近点 2.49 千米。因形似鱼，第二次全国海域地名普查时命今名。基岩岛。面积约 20 平方米。表层岩石裸露。无植被。

草冠岛 (Cǎoguàn Dǎo)

北纬 26°46.1′，东经 120°08.4′。位于宁德市霞浦县长春镇东北部海域，距大陆最近点 2.66 千米。因其顶部长有少量草丛，第二次全国海域地名普查时命今名。基岩岛。岸线长 93 米，面积 456 平方米。

仔边岛 (Zǎibiān Dǎo)

北纬 26°46.1′，东经 120°08.2′。位于宁德市霞浦县长春镇东北部海域，距大陆最近点 2.48 千米。因其位于沙仔岛旁，第二次全国海域地名普查时命今名。基岩岛。面积约 20 平方米。表层岩石裸露。无植被。

虾姑岛 (Xiāgū Dǎo)

北纬 26°46.1′，东经 120°08.2′。位于宁德市霞浦县长春镇东北部海域，距大陆最近点 2.48 千米。因岛形似虾姑（螳螂虾），第二次全国海域地名普查时命今名。基岩岛。面积约 20 平方米。表层岩石裸露。无植被。

岐鼻山角岛 (Qíbíshānjiǎo Dǎo)

北纬 26°46.0′，东经 119°55.4′。位于宁德市霞浦县沙江镇西南部海域，距大陆最近点 90 米。因其位于岐鼻山角附近海域，第二次全国海域地名普查时命今名。基岩岛。面积约 10 平方米。表层岩石裸露。无植被。

沙仔岛 (Shāzǎi Dǎo)

北纬 26°46.0′，东经 120°08.2′。位于宁德市霞浦县长春镇东北部海域，距大陆最近点 2.35 千米。因岛上有小片沙滩得名。《中国海域地名志》（1989）、《福建省海域地名志》（1991）、《福建省海岛志》（1994）中均称沙仔岛。岛呈不规则四边形。岸线长 747 米，面积 0.019 4 平方千米，最高点高程 36 米。基岩岛，岛体由火山岩构成。海岸为基岩岸，周边海域产带鱼和虾等。

木桩岛 (Mùzhuāng Dǎo)

北纬 26°45.9′，东经 120°08.1′。位于宁德市霞浦县长春镇东北部海域，距大陆最近点 2.34 千米。因形如木桩，第二次全国海域地名普查时命今名。基岩岛。岸线长 165 米，面积 1 583 平方米。表层岩石多裸露，生长少量草丛。

大中岛 (Dàzhōng Dǎo)

北纬 26°45.9′，东经 120°08.1′。位于宁德市霞浦县长春镇东北部海域，距大陆最近点 2.33 千米。因位于老虎头岛和沙仔岛中间，第二次全国海域地名普查时命今名。基岩岛。岸线长 209 米，面积 2 387 平方米。表层岩石多裸露，生长少量草丛。

大眉礁岛 (Dàméijiāo Dǎo)

北纬 26°45.9′，东经 120°06.3′。位于宁德市霞浦县长春镇东北部海域，距大陆最近点 90 米。以形似眉毛得名。又名小篦头。《中国海洋岛屿简况》（1980）中称小篦头。《中国海域地名志》（1989）、《福建省海域地名志》（1991）、《福建省海岛志》（1994）中均称大眉礁岛。岸线长 233 米，面积 2 817 平方米，最高点高程 8.8 米。基岩岛，岛体由火山岩构成。地形北高南低。表层岩石裸露。无植被。海岸为基岩岸。

小虎头岛 (Xiǎohǔtóu Dǎo)

北纬 26°45.8′，东经 120°08.0′。位于宁德市霞浦县长春镇东北部海域，距大陆最近点 2.35 千米。因该岛邻近老虎头岛，面积较小，第二次全国海域地名普查时命今名。基岩岛。岸线长 218 米，面积 2 773 平方米。植被以草丛和灌木为主。

石蕾岛 (Shílěi Dǎo)

北纬 26°45.8′，东经 120°08.1′。位于宁德市霞浦县长春镇东北部海域，距大陆最近点 2.46 千米。因该岛形似欲开的花蕾，第二次全国海域地名普查时命今名。基岩岛。面积约 30 平方米。表层岩石裸露。无植被。

老虎头岛 (Lǎohǔtóu Dǎo)

北纬 26°45.7′，东经 120°08.1′。位于宁德市霞浦县长春镇东北部海域，距大陆最近点 2.28 千米。该岛形似虎头，故名。又名老虎头。《中国海洋岛屿简况》（1980）中称老虎头。《中国海域地名志》（1989）、《福建省海域地名志》（1991）、《福建省海岛志》（1994）中均称老虎头岛。岸线长 1.54 千米，面积 0.067 6 平方千米，最高点高程 74.8 米。基岩岛，岛体由火山岩构成。地形东高西低。表层有部分沙土。海岸为基岩岸，周边海域产带鱼和虾等。

虎尾岛 (Hǔwěi Dǎo)

北纬 26°45.7′，东经 120°07.9′。位于宁德市霞浦县长春镇东北部海域，距大陆最近点 2.22 千米。因该岛位于老虎头岛附近，第二次全国海域地名普查时命今名。基岩岛。岸线长 215 米，面积 2 893 平方米。表层岩石裸露。无植被。

僧帽岛 (Sēngmào Dǎo)

北纬 26°45.7′，东经 120°08.1′。位于宁德市霞浦县长春镇东北部海域，距大陆最近点 2.47 千米。因该岛形似僧帽，第二次全国海域地名普查时命今名。基岩岛。面积约 20 平方米。表层岩石裸露。无植被。

寝狮岛 (Qǐnshī Dǎo)

北纬 26°45.7′，东经 120°07.8′。位于宁德市霞浦县长春镇东北部海域，距大陆最近点 2.08 千米。因形似躺卧的狮子，第二次全国海域地名普查时命今名。基岩岛。岸线长 668 米，面积 0.011 3 平方千米。表层岩石多裸露。岛上部生长草丛。

一线礁 (Yíxiàn Jiāo)

北纬 26°45.3′，东经 119°47.5′。位于宁德市霞浦县溪南镇西部海域，距大陆最近点 190 米。该岛由三礁构成，且连成一线，当地群众惯称一线礁。基岩岛。面积约 30 平方米。表层岩石裸露。无植被。

一线礁西岛（Yíxiànjiāo Xīdǎo）

北纬 26°45.3′，东经 119°47.4′。位于宁德市霞浦县溪南镇西部海域，距大陆最近点 310 米。因位于一线礁西侧，第二次全国海域地名普查时命今名。基岩岛。面积约 20 平方米。表层岩石裸露。无植被。

笔架西岛（Bǐjià Xīdǎo）

北纬 26°45.0′，东经 120°07.6′。位于宁德市霞浦县长春镇东北部海域，距大陆最近点 1.34 千米。原与笔架岛、东笔架岛统称为笔架岛。因位于笔架岛西侧，第二次全国海域地名普查时命今名。岸线长 114 米，面积 580 平方米。基岩岛，岛体由火山岩构成。岛上长有零星灌木和草丛。

笔架岛（Bǐjià Dǎo）

北纬 26°45.0′，东经 120°07.7′。位于宁德市霞浦县长春镇东北部海域，距大陆最近点 1.29 千米。又名笔架。因形似笔架，故名。《中国海洋岛屿简况》（1980）中称笔架。《中国海域地名志》（1989）、《福建省海域地名志》（1991）、《福建省海岛志》（1994）中均称笔架岛。岸线长 421 米，面积 5 834 平方米，最高点高程 37.7 米。基岩岛，岛体由火山岩构成。岛似三角形，呈东西走向，西高东低，岛岸悬崖陡峭。植被以灌木和草丛为主。

东笔架岛（Dōngbǐjià Dǎo）

北纬 26°45.0′，东经 120°07.7′。位于宁德市霞浦县长春镇东北部海域，距大陆最近点 1.3 千米。原与笔架岛、笔架西岛统称为笔架岛。因位于笔架岛东侧，第二次全国海域地名普查时命今名。岸线长 94 米，面积 508 平方米。基岩岛，岛体由火山岩构成。岛上长有零星灌木和草丛。

南笔架岛（Nánbǐjià Dǎo）

北纬 26°45.0′，东经 120°07.7′。位于宁德市霞浦县长春镇东北部海域，距大陆最近点 1.27 千米。因位于笔架岛南侧，第二次全国海域地名普查时命今名。岸线长 61 米，面积 225 平方米。基岩岛，岛体由火山岩构成。岩石裸露。无植被。

小岐（Xiǎo Qí）

北纬 26°44.9′，东经 119°56.0′。位于宁德市霞浦县沙江镇西南部海域，距大陆最近点 110 米。当地群众惯称小岐。基岩岛。岸线长 63 米，面积 313 平方米。该岛距大陆很近，向陆一侧为围垦养殖区，向海一侧为滩涂养殖，围垦区围堤将海岛与大陆相连。岛上有一临时测量标志点。

梨礁鼻岛 (Líjiāobí Dǎo)

北纬 26°44.8′，东经 120°07.0′。位于宁德市霞浦县长春镇东北部海域，距大陆最近点 1.12 千米。因突出于蛇山，似犁，故名。《中国海域地名志》(1989)、《福建省海域地名志》(1991)、《福建省海岛志》(1994) 中均称梨礁鼻岛。岸线长 143 米，面积 1 103 平方米，最高点高程 8.5 米。基岩岛，岛体由火山岩构成。呈椭圆形，有零星草丛。基岩海岸。周边海域产带鱼、虾等。

蛇山 (Shé Shān)

北纬 26°44.7′，东经 120°06.5′。位于宁德市霞浦县长春镇东北部海域，距大陆最近点 20 米。该岛形似蛇，故名。《中国海洋岛屿简况》(1980)、《中国海域地名志》(1989)、《福建省海域地名志》(1991)、《福建省海岛志》(1994) 中均称蛇山。岸线长 2.675 千米，面积 0.127 3 平方千米，最高点高程 72.2 米。基岩岛，岛体由火山岩构成。岛大致呈东西走向，地形西高东低。岛上植被中等发育。海岸为基岩岸滩和沙岸。

白砂墩岛 (Báishādūn Dǎo)

北纬 26°44.7′，东经 120°02.2′。位于宁德市霞浦县长春镇东北部海域，距大陆最近点 660 米。该岛形似墩，呈灰白色，故名。《中国海域地名志》(1989)、《福建省海域地名志》(1991)、《福建省海岛志》(1994) 中均称白砂墩岛。岸线长 119 米，面积 893 平方米，最高点高程 5.6 米。基岩岛，岛体由火山岩构成。岛上基岩裸露，有零星草丛，周边海域为米草滩。

小岐来岛 (Xiǎoqílái Dǎo)

北纬 26°44.6′，东经 120°07.4′。位于宁德市霞浦县长春镇东北部海域，距大陆最近点 600 米。位于印屿（又名岐来屿）旁且面积较小，第二次全国海域地名普查时命今名。面积约 110 平方米。基岩岛，岛体由火山岩构成。岩石裸露。无植被。

印屿（Yìn Yǔ）

北纬 26°44.5′，东经 120°07.5′。位于宁德市霞浦县长春镇东北部海域，距大陆最近点 480 米。因形似印，故名。又名岐来屿。《中国海洋岛屿简况》（1980）中称岐来屿。《中国海域地名志》（1989）、《福建省海域地名志》（1991）、《福建省海岛志》（1994）中均称印屿。岸线长 705 米，面积 0.025 5 平方千米，最高点高程 54.6 米。基岩岛，岛体由火山岩构成。略呈椭圆形，近东西走向，地形中间高，四周低。岛岸悬崖陡峭。

岐枝屿（Qízhī Yǔ）

北纬 26°44.5′，东经 120°07.5′。位于宁德市霞浦县长春镇东北部海域，距大陆最近点 470 米。与印屿间仅有一条狭窄水道，形如树枝，当地群众惯称岐枝屿。基岩岛。面积约 20 平方米。基岩裸露。无植被。

锥屿（Zhuī Yǔ）

北纬 26°44.2′，东经 119°55.9′。位于宁德市霞浦县溪南镇东部海域，距大陆最近点 510 米。曾名笊篱屿，又名印屿。《福建省海域地名志》（1991）中称锥屿："该岛名为锥屿，又名印屿，因形似笊篱，旧称笊篱屿，因重名，以形似圆锥而改今名。"《中国海洋岛屿简况》（1980）中称笊篱屿。《中国海域地名志》（1989）和《福建省海岛志》（1994）中称锥屿。岸线长 425 米，面积 0.010 8 平方千米，最高点高程 36.8 米。基岩岛，岛体由火山岩构成，岸壁陡峭。植被以乔木和灌木为主。

兜礁（Dōu Jiāo）

北纬 26°43.9′，东经 119°48.1′。位于宁德市霞浦县溪南镇西部海域，距大陆最近点 200 米。位于屿兜岛旁，面积较小，当地群众称兜礁。《中国海域地名志》（1989）和《福建省海域地名志》（1991）中称兜礁。基岩岛。面积约 10 平方米。基岩裸露。无植被。

屿兜岛（Yǔdōu Dǎo）

北纬 26°43.9′，东经 119°48.0′。位于宁德市霞浦县溪南镇东部海域，距大陆最近点 320 米。靠近屿兜村，故名。《中国海域地名志》（1989）、《福建省海域地名志》（1991）、《福建省海岛志》（1994）中均称屿兜岛。岸线长217米，面积2 315平方米，最高点高程14.6米。基岩岛，岛体由火山岩构成。岛略呈圆形，东西两侧有岩石滩。

鸭嘴扁岛 (Yāzuǐbiǎn Dǎo)

北纬26°43.7′，东经120°09.3′。位于宁德市霞浦县长春镇东北部海域，距大陆最近点40米。因形如鸭嘴，第二次全国海域地名普查时命今名。岸线长244米，面积1 499平方米，最高点高程10米。基岩岛，岛体由火山岩构成。呈长条形，基岩裸露。无植被。

牛姆屿 (Niúmǔ Yǔ)

北纬26°43.6′，东经120°01.1′。位于宁德市霞浦县长春镇西部海域，距大陆最近点460米。因形似牛，当地人称母牛为牛姆，故名。又名牛牳咀。《中国海洋岛屿简况》（1980）中称牛牳咀。《中国海域地名志》（1989）、《福建省海域地名志》（1991）、《福建省海岛志》（1994）中均称牛姆屿。岸线长375米，面积9 981平方米，最高点高程10米。基岩岛，岛体由火山岩构成。岛形略呈椭圆，地形东高西低。周边海域分布米草滩。岛向陆一侧为围垦养殖区，围垦区围堤将海岛与大陆相连。

斜纹岛 (Xiéwén Dǎo)

北纬26°43.6′，东经120°09.2′。位于宁德市霞浦县长春镇东北部海域，距大陆最近点10米。因岛体表面布满斜纹，第二次全国海域地名普查时命今名。岸线长185米，面积1 174平方米。基岩岛，岛体由火山岩构成。基岩裸露。无植被。

龙潭坑 (Lóngtánkēng)

北纬26°43.4′，东经119°48.5′。位于宁德市霞浦县溪南镇西部海域，距大陆最近点50米。以该岛附近名为龙潭坑的湾澳而得名。《福建省海岛志》（1994）中称龙潭坑。岸线长53米，面积220平方米。基岩岛，岛体由火山岩构成。岛形椭圆，为堤内岛。周边海域多淤泥。

文岐边岛 (Wénqíbiān Dǎo)

北纬 26°43.3′，东经 119°59.5′。位于宁德市霞浦县长春镇西部海域，距大陆最近点 1.52 千米。第二次全国海域地名普查时命今名。面积约 20 平方米。基岩岛，岛体由火山岩构成。岩石裸露。无植被。

文屿仔 (Wén Yǔzǎi)

北纬 26°43.0′，东经 120°00.0′。位于宁德市霞浦县长春镇西部海域，距大陆最近点 990 米。原名屿仔，因重名，1985 年改今名。《中国海洋岛屿简况》（1980）中称屿仔。《中国海域地名志》（1989）、《福建省海域地名志》（1991）、《福建省海岛志》（1994）中均称文屿仔。岸线长 304 米，面积 4 907 平方米，最高点高程 15.2 米。基岩岛，岛体由正长岩构成。略呈椭圆形，地形中间高四周低。岛上长有少量草丛。

岐屿东岛 (Qíyǔ Dōngdǎo)

北纬 26°42.7′，东经 120°08.8′。位于宁德市霞浦县长春镇东北部海域，距大陆最近点 320 米。原与岐屿、岐屿西岛统称岐屿。因其位于岐屿以东，第二次全国海域地名普查时命今名。面积约 110 平方米。基岩岛，岛体由火山岩构成。基岩裸露。无植被。

岐屿 (Qí Yǔ)

北纬 26°42.7′，东经 120°08.7′。位于宁德市霞浦县长春镇东北部海域，距大陆最近点 70 米。《福建省海域地名志》（1991）记载为岐屿，“岛上多岐石，故名”。《中国海洋岛屿简况》（1980）、《中国海域地名志》（1989）、《福建省海岛志》（1994）中均称岐屿。岸线长 2.23 千米，面积 0.106 7 平方千米，最高点高程 58.4 米。基岩岛，岛体由火山岩构成。岛似三角形，北高南低，山顶较平缓，岸壁陡峭。岛上植被主要为草丛，有少量灌木。落潮时北部有砂砾外伸连陆。周围水深 3～7 米。海域产带鱼、虾等。

岐屿西岛 (Qíyǔ Xīdǎo)

北纬 26°42.6′，东经 120°08.6′。位于宁德市霞浦县长春镇东北部海域，距大陆最近点 440 米。原与岐屿东岛、岐屿统称为岐屿。因其位于岐屿以西，第二次全国海域地名普查时命今名。面积约 30 平方米。基岩岛，岛体由火山岩构成。基岩裸露。无植被。

长尾屿 (Chángwěi Yǔ)

北纬 26°42.6′，东经 120°09.9′。位于宁德市霞浦县长春镇东北部海域，距大陆最近点 1.78 千米。曾名尾屿，又名架杯。《福建省海域地名志》（1991）中称长尾屿，“因位于斗屿、长中屿的尾端，原名尾屿，重名，1985 年改今名”。《中国海洋岛屿简况》（1980）中称架杯。《中国海域地名志》（1989）和《福建省海岛志》（1994）中称长尾屿。岸线长 1 千米，面积 0.034 6 平方千米，最高点高程 49.3 米。基岩岛，岛体由火山岩构成。略呈三角形，东西走向，地形中间高四周低。植被以草丛为主。该岛位于沿海交通要塞，有碍航行，岛中部高地建有灯桩。周边海域产带鱼、虾等。

象鼻岛 (Xiàngbí Dǎo)

北纬 26°42.5′，东经 119°55.2′。位于宁德市霞浦县溪南镇东部海域，距大陆最近点 1.72 千米。因形如象鼻，第二次全国海域地名普查时命今名。岸线长 53 米，面积 220 平方米。基岩岛，岛体由花岗岩构成。岛上长有少量灌木和草丛。

小蛙岛 (Xiǎowā Dǎo)

北纬 26°42.5′，东经 119°55.3′。位于宁德市霞浦县溪南镇东部海域，距大陆最近点 1.82 千米。因形如小青蛙，第二次全国海域地名普查时命今名。基岩岛。面积约 30 平方米。基岩裸露。无植被。

上门挡礁 (Shàngméndǎng Jiāo)

北纬 26°42.5′，东经 120°21.0′。位于宁德市霞浦县长春镇东部海域，北礵岛西北侧，距大陆最近点 19.6 千米，属四礵列岛。《中国海域地名志》（1989）、《福建省海域地名志》（1991）、《福建省海岛志》（1994）中均称上门挡礁。面积约 20 平方米。基岩岛，岛体由花岗岩构成。基岩裸露。无植被。

石尖锥岛 (Shíjiānzhuī Dǎo)

北纬 26°42.5′，东经 120°21.4′。位于宁德市霞浦县长春镇东部海域，北礵岛东北侧，距大陆最近点 20.34 千米，属四礵列岛。因形如尖锥，第二次全国海域地名普查时命今名。面积约 50 平方米。基岩岛，岛体由花岗岩构成。基岩裸露。岛上有零星草丛。

长中屿 (Chángzhōng Yǔ)

北纬 26°42.5′，东经 120°09.6′。位于宁德市霞浦县长春镇东部海域，距大陆最近点 1.5 千米。原名中屿，又名架杯。《福建省海域地名志》（1991）中称长中屿，“因地处东北 — 西南排列的三个岛屿中间，故原名中屿，1985 年因重名改今名”。《中国海洋岛屿简况》（1980）中称架杯。《中国海域地名志》（1989）和《福建省海岛志》（1994）中称长中屿。岸线长 593 米，面积 0.010 7 平方千米，最高点高程 30.8 米。基岩岛，岛体由火山岩构成。岛形椭圆，地形东北高西南低。植被以灌木和草丛为主。周围散布暗礁和砾石，有碍航行。周边海域产带鱼、虾等。

田澳坑澳岛 (Tián'àokēng'ào Dǎo)

北纬 26°42.5′，东经 120°21.4′。位于宁德市霞浦县长春镇东部海域，北礵岛东北侧，距大陆最近点 20.34 千米，属四礵列岛。原与北礵岛统称为北礵岛。因位于田澳坑澳，第二次全国海域地名普查时命今名。面积约 20 平方米。基岩岛，岛体由花岗岩构成。岸壁陡峭。无植被。

蛇鼻头礁 (Shébítóu Jiāo)

北纬 26°42.5′，东经 119°49.7′。位于宁德市霞浦县溪南镇南部海域，距大陆最近点 190 米。形似蛇头，故名。《中国海域地名志》（1989）和《福建省海域地名志》（1991）中称蛇鼻头礁。面积约 20 平方米。基岩岛，岛体由花岗岩构成。岩石裸露。岛上有零星草丛。

木屿 (Mù Yǔ)

北纬 26°42.4′，东经 119°55.0′。位于宁德市霞浦县溪南镇东部海域，距大陆最近点 1.36 千米。昔日岛上多树木，故名。《中国海洋岛屿简况》（1980）、《中国海域地名志》（1989）、《福建省海域地名志》（1991）、《福建省海岛志》（1994）中均称木屿。岸线长 1 835 米，面积 0.143 7 平方千米，最高点高程 79.5 米。基岩岛，岛体由花岗岩构成。岛形东北大西南小，地形北高南低，由东向西渐缓。

土壤肥沃，植被茂密。

大仔礁 (Dàzǎi Jiāo)

北纬 26°42.4′，东经 120°09.6′。位于宁德市霞浦县溪南镇东部海域，距大陆最近点 1.68 千米。又名架杯。《福建省海岛志》（1994）中称大仔礁。面积约 20 平方米。基岩岛，岛体由火山岩构成。岩石裸露。无植被。

小鸡公礁 (Xiǎojīgōng Jiāo)

北纬 26°42.4′，东经 120°20.8′。位于宁德市霞浦县长春镇东部海域，北礵岛西北侧，距大陆最近点 19.37 千米，属四礵列岛。形如公鸡，且面积小而得名。《福建省海域地名志》（1991）中称小鸡公礁。基岩岛。面积约 10 平方米。岩石裸露。无植被。

斗屿 (Dòu Yǔ)

北纬 26°42.3′，东经 120°09.5′。位于宁德市霞浦县长春镇东部海域，距大陆最近点 1.58 千米。曾名头屿。《福建省海域地名志》（1991）中称斗屿，“原名头屿，因重名，以形似斗，1985 年改今名”。《中国海域地名志》（1989）和《福建省海岛志》（1994）中称斗屿。岸线长 1 432 米，面积 0.077 3 平方千米，最高点高程 60.9 米。基岩岛，岛体由火山岩构成。略呈长方形，南高北低，岸壁陡峭。植被以灌木和草丛为主。周边海域产带鱼、虾等。岛西南顶部建有一测风塔。

塘楼 (Tánglóu)

北纬 26°42.3′，东经 119°50.3′。位于宁德市霞浦县溪南镇西南部海域，距大陆最近点 90 米。因其位于塘楼村附近，故名。岸线长 382 米，面积 0.011 2 平方千米。基岩岛，岛体由花岗岩构成。岛向陆一侧为围垦养殖区，向海一侧为滩涂养殖，围垦区围堤将海岛与大陆相连。

过门岛 (Guòmén Dǎo)

北纬 26°42.3′，东经 120°20.5′。位于宁德市霞浦县长春镇东部海域，距大陆最近点 18.74 千米，属四礵列岛。与北礵岛间隔像扇门，故名。《中国海域地名志》（1989）、《福建省海域地名志》（1991）、《福建省海岛志》（1994）中均称过门岛。岸线长 951 米，面积 0.032 2 平方千米，最高点高程 41.5 米。

基岩岛，岛体由火山岩构成。略呈三角形，南高北低。岸壁陡峭，岛上有少量草丛。

霞浦大仔礁 (Xiápǔ Dàzǎi Jiāo)

北纬 26°42.2′，东经 120°09.6′。位于宁德市霞浦县长春镇东部海域，距大陆最近点 1.82 千米。为斗屿旁面积较大的一块礁石，得名大仔礁。因省内重名，以其位于霞浦县，第二次全国海域地名普查时更为今名。《中国海域地名志》（1989）、《福建省海域地名志》（1991）、《福建省海岛志》（1994）中均称大仔礁。岸线长 91 米，面积 421 平方米。基岩岛，岛体由火山岩构成，岩石裸露。无植被。

平冈头仔礁 (Pínggāngtóuzǎi Jiāo)

北纬 26°42.2′，东经 120°09.4′。位于宁德市霞浦县长春镇东部海域，距大陆最近点 1.62 千米。礁石耸立，顶部较平，故名。《福建省海域地名志》（1991）中称平冈头仔礁。面积约 70 平方米。基岩岛，岛体由火山岩构成。岩石裸露，岛上有少量草丛及灌木。

北礵岛 (Běishuāng Dǎo)

北纬 26°42.2′，东经 120°21.2′。位于宁德市霞浦县长春镇东部海域，距大陆最近点 18.84 千米，属四礵列岛，隶属宁德市霞浦县。为四礵列岛主岛，居北，故名。又名北霜岛。《中国海洋岛屿简况》（1980）中称北霜岛。《中国海域地名志》（1989）、《福建省海域地名志》（1991）、《福建省海岛志》（1994）中均称北礵岛。岸线长 9 828 米，面积 1.788 平方千米，最高点高程 140 米。基岩岛，岛体由花岗岩构成。略呈长方形，南陡北缓。基岩海岸，曲折多湾澳。周围海域有黄花鱼、带鱼、鲳鱼、鳗鱼等，盛产石斑鱼、贻贝。

有居民海岛。岛上有北霜村，辖北沃、南沃和可门 3 个自然村。2011 年户籍人口 2 234 人，常住人口 735 人。居民聚居沿海山麓，以渔业为主，兼营农业。为霞浦县重要渔业生产基地。岛上大姆山顶有导航灯。建有海洋站、通信信号基站、船舶管理站、警务室及简易公路、码头等。居民用电靠海底电缆由大陆引入，有水库及水井，水源仅供饮用。

青屿尾岛 (Qīngyǔwěi Dǎo)

北纬 26°42.1′，东经 119°50.2′。位于宁德市霞浦县溪南镇西南部海域，距大陆最近点 280 米。因岛上草木茂盛，远观呈青色，故名。曾名棺材屿。又名青屿。《福建省海域地名志》（1991）中称青屿尾岛，“原名棺材屿，因不吉利，取屿上草木茂盛远视青色改今名”。《中国海洋岛屿简况》（1980）中称青屿。《中国海域地名志》（1989）和《福建省海岛志》（1994）中称青屿尾岛。基岩岛。岸线长 416 米，面积 8 078 平方米，最高点高程 17.2 米。岛中间高四周低。岛向陆一侧为围垦养殖区，向海一侧为滩涂养殖，围垦区围堤将海岛与大陆相连。

北屿仔岛 (Běiyǔzǎi Dǎo)

北纬 26°42.1′，东经 120°07.6′。位于宁德市霞浦县长春镇东部海域，距大陆最近点 790 米。原与大京屿仔统称为大京屿仔。因位于大京屿仔北侧，第二次全国海域地名普查时命今名。岸线长 594 米，面积 9 560 平方米，最高点高程 10 米。基岩岛，岛体由火山岩构成。岛上有少量灌木及草丛。

牛牳屿 (Niúmǔ Yǔ)

北纬 26°42.1′，东经 119°49.5′。位于宁德市霞浦县溪南镇南部海域，距大陆最近点 190 米。因形似牛，故名。《中国海域地名志》（1989）、《福建省海域地名志》（1991）、《福建省海岛志》（1994）中均称牛牳屿。基岩岛。岸线长 831 米，面积 0.040 0 平方千米，最高点高程 45.2 米。岛略呈长方形。西侧隔山门水道为小船进出溪南港主航道。周围滩涂宜养蛎苗。

平板岛 (Píngbǎn Dǎo)

北纬 26°42.1′，东经 120°07.6′。位于宁德市霞浦县长春镇东部海域，距大陆最近点 930 米。因形如平板，第二次全国海域地名普查时命今名。面积约 110 平方米。基岩岛，岛体由火山岩构成，岩石裸露。无植被。

过水仔岛 (Guòshuǐzǎi Dǎo)

北纬 26°42.1′，东经 120°22.0′。位于宁德市霞浦县长春镇东部海域，距大陆最近点 21.23 千米，属四礵列岛。退潮时可由北礵岛涉水抵至，故名。又名丢定礁。《中国海洋岛屿简况》（1980）中称丢定礁。《中国海域地名志》（1989）、

《福建省海域地名志》（1991）、《福建省海岛志》（1994）中均称过水仔岛。岸线长 335 米，面积 3 716 平方米。基岩岛，岛体由火山岩构成。略呈月牙形，岩石裸露。无植被。周围海域有石斑鱼、虾等。

大京屿仔 (Dàjīng Yǔzǎi)

北纬 26°42.0′，东经 120°07.5′。位于宁德市霞浦县长春镇东部海域，距大陆最近点 850 米。因系大京海域中小岛，故名。《中国海域地名志》（1989）、《福建省海域地名志》（1991）、《福建省海岛志》（1994）中均称大京屿仔。岸线长 659 米，面积 0.023 2 平方千米，最高点高程 39.4 米。基岩岛，岛体由火山岩构成。呈椭圆形，岩石裸露。无植被。

铁屿仔 (Tiě Yǔzǎi)

北纬 26°42.0′，东经 119°49.6′。位于宁德市霞浦县溪南镇南部海域，距大陆最近点 410 米。因呈铁色，面积较小，故名。《中国海洋岛屿简况》（1980）、《中国海域地名志》（1989）、《福建省海域地名志》（1991）、《福建省海岛志》（1994）中均称铁屿仔。岸线长 87 米，面积 534 平方米，最高点高程 10.4 米。基岩岛。略呈三角形，岛体由火山岩构成。

炉礁岛 (Lújiāo Dǎo)

北纬 26°41.9′，东经 119°49.3′。位于宁德市霞浦县溪南镇南部海域，距大陆最近点 60 米。因形似香炉，故名。又名泥礁。《中国海洋岛屿简况》（1980）中称泥礁。《中国海域地名志》（1989）和《福建省海域地名志》（1991）中称炉礁岛。面积约 5 平方米。基岩岛，岛体由火山岩构成。岩石裸露。无植被。

船仔礁岛 (Chuánzǎijiāo Dǎo)

北纬 26°41.9′，东经 120°22.5′。位于宁德市霞浦县长春镇东部海域，北礵岛东侧，距大陆最近点 22.07 千米，属四礵列岛。又名草鞋礁。《福建省海域地名志》（1991）中称船仔礁岛，“形似草鞋礁，因重名，1985 年改今名”。《中国海洋岛屿简况》（1980）中称草鞋礁。《中国海域地名志》（1989）和《福建省海岛志》（1994）中称船仔礁岛。岸线长 643 米，面积 7 401 平方米。基岩岛，岛体由火山岩构成。岩石裸露。无植被。周边海域产带鱼、虾等。

方石块岛（Fāngshíkuài Dǎo）

北纬 26°41.9′，东经 120°21.1′。位于宁德市霞浦县长春镇东部海域，北礵岛南部，距大陆最近点 19.89 千米，属四礵列岛。因岛上岩石呈方形，第二次全国海域地名普查时命今名。面积约 30 平方米。基岩岛，岛体由火山岩构成。岩石裸露。无植被。

断礁岛（Duànjiāo Dǎo）

北纬 26°41.8′，东经 120°21.0′。位于宁德市霞浦县长春镇东部海域，北礵岛南侧，距大陆最近点 19.73 千米，属四礵列岛。原与北礵岛统称为北礵岛。因其与北礵岛主体似突然断开，第二次全国海域地名普查时命今名。面积约 110 平方米。基岩岛，岛体由火山岩构成。岩石裸露。无植被。

彩石岛（Cǎishí Dǎo）

北纬 26°41.7′，东经 119°50.1′。位于宁德市霞浦县溪南镇南部海域，距大陆最近点 50 米。因岛上有一明显的彩色岩脉，第二次全国海域地名普查时命今名。面积约 55 平方米。基岩岛，岛体由花岗岩构成。岛上有零星植被。低潮时有潮滩与大陆相连。

南三块排岛（Nánsānkuàipái Dǎo）

北纬 26°41.7′，东经 120°20.8′。位于宁德市霞浦县长春镇东部海域，北礵岛南侧，距大陆最近点 19.55 千米，属四礵列岛。原与北三块排岛、三块排礁统称为三块排礁。因该岛与周边海岛如三块排骨，且其位于南部，第二次全国海域地名普查时命今名。面积约 10 平方米。基岩岛，岛体由火山岩构成。岩石裸露。无植被。

北三块排岛（Běisānkuàipái Dǎo）

北纬 26°41.7′，东经 120°20.8′。位于宁德市霞浦县长春镇东部海域，北礵岛南侧，距大陆最近点 19.57 千米，属四礵列岛。原与南三块排岛、三块排礁统称为三块排礁。因该岛与周边海岛如三块排骨，且其位于北部，第二次全国海域地名普查时命今名。面积约 20 平方米，最高点高程 5.5 米。基岩岛，岛体由火山岩构成。岩石裸露。无植被。

三块排礁（Sānkuàipái Jiāo）

北纬 26°41.7′，东经 120°20.9′。位于宁德市霞浦县长春镇东部海域，北礵岛南侧，距大陆最近点 19.6 千米，属四礵列岛。该岛与其南北两岛共三个海岛排成一排，故名。《中国海域地名志》（1989）、《福建省海域地名志》（1991）、《福建省海岛志》（1994）中均称三块排礁。面积约 20 平方米。基岩岛，岛体由火山岩构成。岩石裸露。无植被。

笔架山（Bǐjià Shān）

北纬 26°41.6′，东经 120°07.6′。位于宁德市霞浦县长春镇东部海域，距大陆最近点 940 米。三峰矗立如笔架悬空，故名。《中国海洋岛屿简况》（1980）、《中国海域地名志》（1989）、《福建省海域地名志》（1991）、《福建省海岛志》（1994）中均称笔架山。岸线长 6.44 千米，面积 1.292 3 平方千米，最高点高程 207.7 米。基岩岛，岛体由火山岩构成。略呈长方形，中高，东西两端低。山顶岩石裸露，有双层天然大石洞。山麓多褐色土，水源充足，土壤肥沃，植被茂盛。7 — 9 月为台风季节。有菜湾里澳等湾澳，西侧鸭池塘港可避风。周边海域产紫菜、贝类、带鱼。

洋南屿（Yángnán Yǔ）

北纬 26°41.3′，东经 119°56.9′。位于宁德市霞浦县长春镇西部海域，距大陆最近点 1.9 千米。原名洋屿、圆屿，因重名，1985 年以地处东吾洋南部，改今名。《中国海域地名志》（1989）、《福建省海域地名志》（1991）、《福建省海岛志》（1994）中均称洋南屿。岸线长 1.68 千米，面积 0.087 平方千米，最高点高程 40.5 米。基岩岛，岛体由花岗岩构成。岛形长，呈东西走向，地形东部隆起，西部略低，中部低平。岛上长有茅草、灌木和零星松树。岛西有一小路通达山顶。南侧为滩涂。岛北湾是避风锚地。

平伞岛（Píngsǎn Dǎo）

北纬 26°41.2′，东经 119°56.4′。位于宁德市霞浦县长春镇西部海域，东安岛东侧，距大陆最近点 3.06 千米。因岛形似打开的伞，第二次全国海域地名普查时命今名。面积约 7 平方米。基岩岛，岛体由花岗岩构成。岩石裸露。无植被。

牛脚趾礁（Niújiǎozhǐ Jiāo）

北纬 26°41.2′，东经 120°22.9′。位于宁德市霞浦县长春镇东部海域，东礵岛北侧，距大陆最近点 23.18 千米，属四礵列岛。形似牛脚趾，故名。《中国海域地名志》（1989）、《福建省海域地名志》（1991）、《福建省海岛志》（1994）中均称牛脚趾礁。面积约 300 平方米。基岩岛，岛体由火山岩构成。岩石裸露。无植被。

牛脚趾东岛（Niújiǎozhǐ Dōngdǎo）

北纬 26°41.2′，东经 120°23.0′。位于宁德市霞浦县长春镇东部海域，东礵岛北侧，距大陆最近点 23.2 千米，属四礵列岛。原与牛脚趾西岛、牛脚趾礁统称为牛脚趾礁。因位于牛脚趾礁以东，第二次全国海域地名普查时命今名。面积约 110 平方米。基岩岛，岛体由火山岩构成。岩石裸露。无植被。

上圆屿礁（Shàngyuányǔ Jiāo）

北纬 26°41.2′，东经 120°23.0′。位于宁德市霞浦县长春镇东部海域，东礵岛北侧，距大陆最近点 23.32 千米，属四礵列岛。处雄鸡礁上，呈圆形，故名。《中国海域地名志》（1989）和《福建省海域地名志》（1991）中称上圆屿礁。面积约 160 平方米。基岩岛，岛体由火山岩构成。岸壁陡峭。岛上有零星草丛。

平顶山岛（Píngdǐngshān Dǎo）

北纬 26°41.2′，东经 119°57.0′。位于宁德市霞浦县西部海域，大门水道西侧，距大陆最近点 2.04 千米。因岛顶部较平坦，第二次全国海域地名普查时命今名。岸线长 90 米，面积 509 平方米。基岩岛，岛体由花岗岩构成。植被以草丛和灌木为主。低潮时与洋南屿相连。

牛脚趾西岛（Niújiǎozhǐ Xīdǎo）

北纬 26°41.2′，东经 120°22.8′。位于宁德市霞浦县长春镇东部海域，东礵岛北侧，距大陆最近点 23.02 千米，属四礵列岛。原与牛脚趾东岛、牛脚趾礁统称为牛脚趾礁。因位于牛脚趾礁以西，第二次全国海域地名普查时命今名。面积约 10 平方米。基岩岛，岛体由火山岩构成。岩石裸露。无植被。

崖石岛 (Yáshí Dǎo)

北纬 26°41.2′，东经 120°22.9′。位于宁德市霞浦县长春镇东部海域，东礵岛北侧，距大陆最近点 23.1 千米，属四礵列岛。因岛四周悬崖陡峭，第二次全国海域地名普查时命今名。岸线长 167 米，面积 1 061 平方米。基岩岛，岛体由火山岩构成。岩石裸露。无植被。

东星屿 (Dōngxīng Yǔ)

北纬 26°41.2′，东经 119°57.0′。位于宁德市霞浦县西部海域，大门水道西侧，距大陆最近点 1.97 千米。位于东安岛、七星水道中间，故名。《中国海域地名志》（1989）、《福建省海域地名志》（1991）、《福建省海岛志》（1994）中均称东星屿。岸线长 336 米，面积 4 753 平方米，最高点高程 18.2 米。基岩岛，岛体由花岗岩构成。岛形略似椭圆，呈东南 — 西北走向，地形低平，北部略高，岸壁陡峭。岛上长有灌木和草丛，有零星黑松。周围分布滩涂和砾石滩。东部海域养殖大量海带。

皇帝帽礁 (Huángdìmào Jiāo)

北纬 26°41.1′，东经 120°23.2′。位于宁德市霞浦县长春镇东部海域，东礵岛东北侧，距大陆最近点 23.68 千米，属四礵列岛。该岛形如皇帝帽，故名。《中国海域地名志》（1989）、《福建省海域地名志》（1991）、《福建省海岛志》（1994）中均称皇帝帽礁。岸线长 138 米，面积 1 158 平方米，最高点高程 20.7 米。基岩岛，由火山岩构成。略呈圆形，呈灰白色。岩石裸露。无植被。周围海域有白鳓鱼、带鱼、石斑鱼等。

东安岛 (Dōng'ān Dǎo)

北纬 26°41.1′，东经 119°55.5′。位于宁德市霞浦县溪南镇东部海域，距大陆最近点 500 米。古称东江岛、东坩岛、东坑岛。《福建省海域地名志》（1991）载："1942 年发生过盐兵'血洗东坑'事件，1949 年后，岛民喜得安宁改今名。"《中国海域地名志》（1989）、《福建省海岛志》（1994）、《霞浦县志》（1999）中均称东安岛。岸线长 22.35 千米，面积 6.657 1 平方千米，最高点高程 277.2 米。基岩岛，岛体由花岗岩构成。略呈三角形，北高南低。土壤肥沃，黑松、茅草丛生。

多岩石、砾石岸，曲折陡峻。周围为滩涂。岛东、西临大门水道、关门江水道，东北侧是避风锚地。

有居民海岛。岛上有东安、关门 2 个行政村，隶属宁德市霞浦县。2011 年户籍人口 2 213 人，常住人口 2 656 人，部分为畲族。开发利用为农业、养殖、捕捞。有小学、基督教堂。岛西自南向北分布围垦养殖。岛中部东西两侧及岛西北部均有码头。岛上有淡水，可供饮用。居民用电由大陆引入，有通信塔。

雄鸡礁 (Xióngjī Jiāo)

北纬 26°41.1′，东经 120°23.2′。位于宁德市霞浦县长春镇东部海域，东礵岛东北侧，距大陆最近点 23.57 千米，属四礵列岛。形如雄鸡，故名。《中国海域地名志》（1989）、《福建省海域地名志》（1991）、《福建省海岛志》（1994）中均称雄鸡礁。面积约 10 平方米。基岩岛，岛体由火山岩构成。岩石裸露。无植被。

雄鸡礁西岛 (Xióngjījiāo Xīdǎo)

北纬 26°41.1′，东经 120°23.1′。位于宁德市霞浦县长春镇东部海域，东礵岛东北侧，距大陆最近点 23.54 千米，属四礵列岛。因位于雄鸡礁西侧，第二次全国海域地名普查时命今名。面积约 30 平方米。基岩岛，岛体由火山岩构成。岩石裸露。无植被。

小鹭鸶岛 (Xiǎolùsī Dǎo)

北纬 26°41.0′，东经 120°22.7′。位于宁德市霞浦县长春镇东部海域，东礵岛西北侧，距大陆最近点 22.8 千米，属四礵列岛。第二次全国海域地名普查时命今名。面积约 80 平方米。基岩岛，岛体由火山岩构成。岩石裸露。无植被。

猴礵岛 (Hóushuāng Dǎo)

北纬 26°41.0′，东经 120°20.0′。位于宁德市霞浦县长春镇东部海域，北礵岛西南侧，距大陆最近点 18.43 千米，属四礵列岛。岛上有石似猴，故名。又名猴礵。《中国海洋岛屿简况》（1980）中称猴礵。《中国海域地名志》（1989）、《福建省海域地名志》（1991）、《福建省海岛志》（1994）中均称猴礵岛。岸线长 264 米，面积 4 249 平方米，最高点高程 32.2 米。基岩岛，岛体由火山岩构成。地形中间高四周低。岩石裸露，顶部有少量草丛。海岸为基岩岸滩。

光草礁 (Guāngcǎo Jiāo)

北纬 26°41.0′，东经 119°49.0′。位于宁德市霞浦县溪南镇南部海域，距大陆最近点 1.25 千米。礁面不长草，故名。《福建省海域地名志》（1991）中称光草礁。岸线长 24 米，面积 44 平方米。基岩岛，岛体由花岗岩构成。岩石裸露。无植被。

观音礵岛 (Guānyīnshuāng Dǎo)

北纬 26°41.0′，东经 120°20.0′。位于宁德市霞浦县长春镇东部海域，北礵岛西南侧，距大陆最近点 18.53 千米，属四礵列岛。以形似观音得名。又名观音礵。《中国海洋岛屿简况》（1980）中称观音礵。《中国海域地名志》（1989）、《福建省海域地名志》（1991）、《福建省海岛志》（1994）中均称观音礵岛。岸线长 137 米，面积 666 平方米。基岩岛，岛体由火山岩构成。岩石裸露。无植被。海岸为基岩岸滩，周边海域产带鱼、虾等。

东礵岛 (Dōngshuāng Dǎo)

北纬 26°40.9′，东经 120°23.0′。位于宁德市霞浦县长春镇东部海域，距大陆最近点 22.85 千米，属四礵列岛。为四礵列岛中最东岛屿，故名。《中国海洋岛屿简况》（1980）、《中国海域地名志》（1989）、《福建省海域地名志》（1991）、《福建省海岛志》（1994）中均称东礵岛。岸线长 5.165 千米，面积 0.313 平方千米，最高点高程 104 米。基岩岛，岛体由火山岩构成。略呈弯月形，近南北走向，地形南高北低。岛上有泉水。基岩陡岸，岸线曲折，东北侧多礁石。附近海域有带鱼、虾、鲳鱼、目鱼等。西侧东礵澳是东北季风期间渔船锚泊地。鱼汛期长乐县渔民常在此居住。

圆屿 (Yuán Yǔ)

北纬 26°40.9′，东经 119°49.1′。位于宁德市霞浦县溪南镇南部海域，距大陆最近点 1.43 千米。该岛形圆，故名。又名担屿。《中国海洋岛屿简况》（1980）中称担屿。《中国海域地名志》（1989）、《福建省海域地名志》（1991）、《福建省海岛志》（1994）中均称圆屿。岸线长 343 米，面积 7 151 平方米，最高点高程 19.9 米。基岩岛，岛体由花岗岩构成。周围分布砾石滩。东部濒临航道。

三门礁 (Sānmén Jiāo)

北纬 26°40.9′，东经 119°56.2′。位于宁德市霞浦县溪南镇东部海域，距大陆最近点 3.45 千米。位于东安岛上高山旁，如岛上的山门，谐音得名。《福建省海域地名志》（1991）和《中国海域地名志》（1989）中称三门礁。面积约 20 平方米。基岩岛，岛体由花岗岩构成。岩石裸露。无植被。

下土礁 (Xiàtǔ Jiāo)

北纬 26°40.8′，东经 119°58.6′。位于宁德市霞浦县西部海域，东吾洋东南侧，距大陆最近点 490 米。位于湾澳南部，表层覆盖土层，当地以南为下，故名。《中国海域地名志》（1989）和《福建省海域地名志》（1991）中称下土礁。面积约 30 平方米。基岩岛，岛体由花岗岩构成。岩石裸露，有零星草丛。

白礵岛 (Báishuāng Dǎo)

北纬 26°40.8′，东经 120°18.5′。位于宁德市霞浦县长春镇东部海域，北礵岛西南侧，距大陆最近点 16.22 千米，属四礵列岛。因岩石色泽得名。又名白犬礵。《中国海洋岛屿简况》（1980）中称白犬礵。《中国海域地名志》（1989）、《福建省海域地名志》（1991）、《福建省海岛志》（1994）中均称白礵岛。岸线长 575 米，面积 0.014 9 平方千米，最高点高程 37.7 米。基岩岛，岛体由火山岩构成。略呈长方形，岸壁陡峭。岛上有零星草丛。

长腰岛 (Chángyāo Dǎo)

北纬 26°40.8′，东经 119°48.4′。位于宁德市霞浦县溪南镇西南部海域，距大陆最近点 320 米。因该岛两端大，中腰长，故名。《中国海洋岛屿简况》（1980）、《中国海域地名志》（1989）、《福建省海域地名志》（1991）、《福建省海岛志》（1994）中均称长腰岛。岸线长 10.83 千米，面积 1.948 1 平方千米，最高点高程 211.6 米。基岩岛，岛体由花岗岩、火山岩构成。西高东低。周围分布泥滩和砾石滩，曲折多湾澳。3 — 6 月为雾月，夏秋受台风影响。南侧水深 25 米以上，可泊千吨级轮船。周边海域产大黄鱼、鳓鱼等。

有居民海岛。岛上有场腰、外澳两个自然村，隶属宁德市霞浦县。2011 年户籍人口 798 人，常住人口 706 人，居住在沿海山麓地。岛上居民主要从事捕捞、围垦养殖及海带养殖。有通信塔、小学。东北侧有陆岛交通码头。居民用水靠岛上淡水，仅够饮用。用电由邻近大陆引入。

土礁北岛 (Tǔjiāo Běidǎo)

北纬 26°40.7′，东经 120°23.1′。位于宁德市霞浦县长春镇东部海域，东礵岛东南侧，距大陆最近点 23.61 千米，属四礵列岛。原与土礁南岛统称为土礁。第二次全国海域地名普查时命今名。面积约 20 平方米。基岩岛，岛体由火山岩构成。岩石裸露。无植被。

金屿 (Jīn Yǔ)

北纬 26°40.7′，东经 119°49.6′。位于宁德市霞浦县溪南镇南部海域，距大陆最近点 2.07 千米。因岩石呈金黄色条纹，故名。《中国海洋岛屿简况》(1980)、《中国海域地名志》（1989）、《福建省海域地名志》（1991）、《福建省海岛志》（1994）中均称金屿。岸线长 448 米，面积 9 309 平方米，最高点高程 18 米。基岩岛，岛体由花岗岩构成。略呈长方形。周围多砾石滩。系溪南港和赤龙门水道汇合口要冲。

土礁南岛 (Tǔjiāo Nándǎo)

北纬 26°40.6′，东经 120°23.0′。位于宁德市霞浦县长春镇东部海域，东礵岛东南侧，距大陆最近点 23.52 千米，属四礵列岛。原与土礁北岛统称为土礁，第二次全国海域地名普查时命今名。岸线长 179 米，面积 1 045 平方米。基岩岛，岛体由火山岩构成。岩石裸露。无植被。

茶架礁 (Chájià Jiāo)

北纬 26°40.4′，东经 119°56.3′。位于宁德市霞浦县西部海域，东安岛东侧，距大陆最近点 3.32 千米。岛体形如茶杯架，当地群众称茶架礁。《福建省海域地名志》（1991）中称茶架礁。面积约 3 平方米。基岩岛，岛体由花岗岩构成。岩石裸露。无植被。

小龟岛 (Xiǎoguī Dǎo)

北纬 26°40.4′，东经 119°54.8′。位于宁德市霞浦县西部海域，东安岛西南侧，距大陆最近点1.15千米。因形似小龟，第二次全国海域地名普查时命今名。面积约4平方米。基岩岛，岛体由花岗岩构成。岩石裸露。无植被。

草帽沿岛 (Cǎomàoyán Dǎo)

北纬26°40.3′，东经120°06.2′。位于宁德市霞浦县长春镇东部海域，距大陆最近点70米。因形似草帽，第二次全国海域地名普查时命今名。岸线长200米，面积3 031平方米。基岩岛，岛体由花岗岩构成。岛形圆。海岸为基岩岸滩，周边为沙滩。

塔礁 (Tǎ Jiāo)

北纬26°40.3′，东经119°54.8′。位于宁德市霞浦县溪南镇东部海域，东安岛西南侧，距大陆最近点1.12千米。该岛形似塔，故名。《中国海域地名志》（1989）和《福建省海域地名志》（1991）中称塔礁。面积约20平方米。基岩岛，岛体由花岗岩构成。岩石裸露。岛上有零星草丛。

小塔岛 (Xiǎotǎ Dǎo)

北纬26°40.3′，东经119°54.8′。位于宁德市霞浦县溪南镇东部海域，东安岛西南侧，距大陆最近点1.12千米。原与塔礁统称为塔礁，因位于塔礁旁，且面积较小，第二次全国海域地名普查时命今名。面积约20平方米。基岩岛，岛体由花岗岩构成。岩石裸露。无植被。

鸭梨岛 (Yālí Dǎo)

北纬26°40.1′，东经119°54.2′。位于宁德市霞浦县溪南镇东部海域，东安岛西南侧，距大陆最近点30米。因形似鸭梨，第二次全国海域地名普查时命今名。面积约60平方米。基岩岛，岛体由花岗岩构成。岩石裸露。岛上有零星草丛。

棺材小礵岛 (Guāncái Xiǎoshuāng Dǎo)

北纬26°40.1′，东经120°18.2′。位于宁德市霞浦县长春镇东部海域，西礵岛西北侧，距大陆最近点16.24千米，属四礵列岛。因在棺材礵岛西侧，面积小，故名。《中国海域地名志》（1989）、《福建省海域地名志》（1991）、《福建省海岛志》（1994）中均称棺材小礵岛。岸线长222米，面积2 042平方米，最高点高程23米。基岩岛，岛体由火山岩构成。略呈四边形，中间高四周低。

岩石裸露。基岩海岸，岸壁陡峭。无植被。周边海域产鲳鱼、虾等。

安屿仔（Ān Yǔzǎi）

北纬 26°40.1′，东经 119°54.3′。位于宁德市霞浦县溪南镇东部海域，东安岛西南侧，距大陆最近点 130 米。原名屿仔，因重名，1985 年改今名。《中国海域地名志》（1989）、《福建省海域地名志》（1991）、《福建省海岛志》（1994）中均称安屿仔。岸线长 177 米，面积 2 161 平方米，最高点高程 13.5 米。基岩岛，岛体由花岗岩构成。略呈椭圆形，顶部较平。周边海域产小杂鱼、虾等。

棺材礵岛（Guāncáishuāng Dǎo）

北纬 26°40.0′，东经 120°18.5′。位于宁德市霞浦县长春镇东部海域，西礵岛西北侧，距大陆最近点 16.58 千米，属四礵列岛。因形似棺材而得名。《中国海域地名志》（1989）、《福建省海域地名志》（1991）、《福建省海岛志》（1994）中均称棺材礵岛。岸线长 1.912 千米，面积 0.096 平方千米，最高点高程 59.1 米。基岩岛，岛体由火山岩构成。略呈长方形，地形中间高四周低，顶部较平坦。植被以草丛为主。基岩海岸，岸壁陡峭。岛上建有测风塔。

油菜屿（Yóucài Yǔ）

北纬 26°40.0′，东经 119°54.3′。位于宁德市霞浦县溪南镇东部海域，东安岛西南侧，距大陆最近点 220 米。因岛上野生花卉似油菜花，故名。《中国海洋岛屿简况》（1980）、《中国海域地名志》（1989）、《福建省海域地名志》（1991）、《福建省海岛志》（1994）中均称油菜屿。岸线长 545 米，面积 0.018 8 平方千米，最高点高程 41.8 米。基岩岛，岛体由花岗岩构成。岛形略圆，地形北高南低。植被中等发育，茅草丛生，有少量灌木。东北临主航道，西南分布滩涂。附近海域有大黄鱼等。

炉屿（Lú Yǔ）

北纬 26°40.0′，东经 119°57.9′。位于宁德市霞浦县西部海域，距大陆最近点 520 米。因形似香炉，故名。《中国海域地名志》（1989）、《福建省海域地名志》（1991）、《福建省海岛志》（1994）中均称炉屿。岸线长 170 米，面积 1 996 平方米，最高点高程 9.5 米。基岩岛，岛体由花岗岩构成。略呈椭圆形，顶部较平。植被以草丛为主。

浸屿 (Jìn Yǔ)

北纬 26°40.0′，东经 120°07.8′。位于宁德市霞浦县东部海域，距大陆最近点 1.09 千米。高潮时岛体大部分均被浸没，称其为浸屿。《中国海洋岛屿简况》（1980）中称奏屿。《福建省海域地名志》（1991）、《中国海域地名志》（1989）、《福建省海岛志》（1994）中均称浸屿。岸线长 416 米，面积 0.011 2 平方千米，最高点高程 37.8 米。基岩岛，岛体由花岗岩构成。略呈圆形，地形中间高四周低。植被发育一般，主要集中在岛北侧。基岩岸滩。地处闾峡港东北航道中，对交通有影响。

朱石屿 (Zhūshí Yǔ)

北纬 26°39.8′，东经 119°57.4′。位于宁德市霞浦县西部海域，东安岛东南侧，距大陆最近点 1.48 千米。以岩石呈赤色，原名赤礁，因重名，改为今名。《中国海域地名志》（1989）、《福建省海域地名志》（1991）、《福建省海岛志》（1994）中均称朱石屿。面积约 300 平方米，最高点高程 1.4 米。基岩岛，岛体由花岗岩构成。略呈长方形，岩石裸露。无植被。

小横岛 (Xiǎohéng Dǎo)

北纬 26°39.7′，东经 119°57.3′。位于宁德市霞浦县西部海域，东安岛东南侧，距大陆最近点 1.5 千米。因形似一横，第二次全国海域地名普查时命今名。面积约 4 平方米。基岩岛，岛体由花岗岩构成。岛形狭长。岩石裸露。无植被。

下尾岛 (Xiàwěi Dǎo)

北纬 26°39.7′，东经 120°07.5′。位于宁德市霞浦县东部海域，闾峡港外，距大陆最近点 220 米。《福建省海域地名志》（1991）中记载“因位闾峡港外，故名”。《中国海域地名志》（1989）和《福建省海岛志》（1994）中称下尾岛。岸线长 1.54 千米，面积 0.069 2 平方千米，最高点高程 52.1 米。基岩岛，岛体由花岗岩构成。略呈长方形，为东北 — 西南走向，地形西高东低。基岩滩岸，岸壁陡峭，西南分布沙滩，低潮时与尾下礁相连。为沿海交通必经之地。

尾下礁 (Wěixià Jiāo)

北纬 26°39.7′，东经 120°07.3′。位于宁德市霞浦县东部海域，闾峡港外，距大陆最近点 10 米。处烟墩尾角下，故名。《中国海域地名志》(1989)、《福建省海域地名志》(1991)、《福建省海岛志》(1994) 中均称尾下礁。岸线长 657 米，面积 0.014 0 平方千米，最高点高程 15 米。基岩岛，岛体由花岗岩构成。岩石裸露。无植被。

鹭屿 (Lù Yǔ)

北纬 26°39.7′，东经 119°58.4′。位于宁德市霞浦县西部海域，东安岛东南侧，距大陆最近点 260 米。因有鹭鸶鸟栖息，故名。《中国海域地名志》(1989)、《福建省海域地名志》(1991)、《福建省海岛志》(1994) 中均称鹭屿。岸线长 236 米，面积 2 785 平方米，最高点高程 11.4 米。基岩岛，岛体由花岗岩构成。略呈椭圆形，地形西南高东北低。周围多滩涂。岛东侧及南侧均已筑堤与大陆相连。

小下尾岛 (Xiǎoxiàwěi Dǎo)

北纬 26°39.6′，东经 120°07.4′。位于宁德市霞浦县东部海域，闾峡港外，距大陆最近点 250 米。因邻近下尾岛，面积较小，第二次全国海域地名普查时命今名。岸线长 237 米，面积 3 101 平方米，最高点高程 9 米。基岩岛，岛体由火山岩构成。岛长形，呈东北 — 西南走向，地势西南高东北低，岛上基岩裸露，植被以杂草为主。

虾山鼻岛 (Xiāshānbí Dǎo)

北纬 26°39.3′，东经 119°57.4′。位于宁德市霞浦县西部海域，东安岛东南侧，距大陆最近点 1.36 千米。《中国海域地名志》(1989)、《福建省海域地名志》(1991)、《福建省海岛志》(1994) 中均称虾山鼻岛。岸线长 643 米，面积 0.019 3 平方千米，最高点高程 10 米。基岩岛，岛体由花岗岩构成。岛形椭圆，呈大致东西走向，地形两端高，中间低，呈凹形。东侧水深 20 米，西侧为滩涂。周边海域产少量鱼、虾。岛上建有一简易小码头。岛东端及南端已筑堤与附近岛屿相连。

北虾山岛（Běixiāshān Dǎo）

北纬 26°39.3′，东经 119°57.5′。位于宁德市霞浦县西部海域，东安岛东南侧，距大陆最近点 1.52 千米。第二次全国海域地名普查时命今名。岸线长 139 米，面积 1 479 平方米。基岩岛，岛体由花岗岩构成。岛形似圆，地形中间高四周低。植被以乔木和草丛为主。

闾尾礁（Lǘwěi Jiāo）

北纬 26°39.3′，东经 120°07.1′。位于宁德市霞浦县东部海域，闾峡港外，距大陆最近点 10 米。因其位于闾峡港外侧，当地群众惯称闾尾礁。岸线长 194 米，面积 2 094 平方米。基岩岛，岛体由花岗岩构成。呈长方形，近南北走向。岩石裸露，有少量植被，以草丛为主。

鸭舌帽岛（Yāshémào Dǎo）

北纬 26°39.3′，东经 120°07.0′。位于宁德市霞浦县东部海域，闾峡港外，距大陆最近点 10 米。从侧面看形如鸭舌帽，第二次全国海域地名普查时命今名。岸线长 140 米，面积 1 169 平方米。基岩岛，岛体由花岗岩构成。呈长方形，东西走向。岩石裸露，有零星草丛。

西礵岛（Xīshuāng Dǎo）

北纬 26°39.2′，东经 120°19.3′。位于宁德市霞浦县长春镇东部海域，距大陆最近点 18.19 千米，属四礵列岛。因该岛在四礵列岛西部，故名。《中国海洋岛屿简况》（1980）、《中国海域地名志》（1989）、《福建省海域地名志》（1991）、《福建省海岛志》（1994）中均称西礵岛。岸线长 3.5 千米，面积 0.380 8 平方千米，最高点高程 105.7 米。基岩岛，岛体由火山岩构成。地形西部隆起，东部低平。基岩裸露，植被主要为茅草及少量灌木。海岸为基岩岸滩，周边海域产带鱼、目鱼、虾等。

堆笋岛（Duīsǔn Dǎo）

北纬 26°39.1′，东经 120°19.2′。位于宁德市霞浦县长春镇东部海域，西礵岛南侧，距大陆最近点 18.48 千米，属四礵列岛。因该岛如竹笋堆积在一起，第二次全国海域地名普查时命今名。基岩岛。岸线长 80 米，面积 464 平方米。

基岩陡峭。无植被。

石林岛（Shílín Dǎo）

北纬 26°39.0′，东经 120°19.0′。位于宁德市霞浦县长春镇东部海域，西礵岛南侧，距大陆最近点 18.27 千米，属四礵列岛。因该岛侧面如石林，第二次全国海域地名普查时命今名。基岩岛。岸线长 108 米，面积 807 平方米。基岩陡峭。无植被。

睡狮岛（Shuìshī Dǎo）

北纬 26°39.0′，东经 120°19.1′。位于宁德市霞浦县长春镇东部海域，西礵岛南侧，距大陆最近点 18.33 千米，属四礵列岛。因该岛形似睡狮，第二次全国海域地名普查时命今名。基岩岛。岸线长 235 米，面积 1 884 平方米。基岩陡峭。植被以草丛为主。

西雷石岛（Xīléishí Dǎo）

北纬 26°39.0′，东经 119°54.7′。位于宁德市霞浦县西部海域，雷江岛西北侧，距大陆最近点 2 千米。因该岛位于雷江岛西面，遍布裸露的基岩，第二次全国海域地名普查时命今名。基岩岛。面积约 20 平方米。基岩裸露。无植被。

闾头尾北岛（Lǘtóuwěi Běidǎo）

北纬 26°39.0′，东经 120°07.7′。位于宁德市霞浦县东部海域，距大陆最近点 20 米。第二次全国海域地名普查时命今名。基岩岛。面积约 90 平方米。基岩裸露，周围暗礁较多。无植被。

西土河岛（Xītǔhé Dǎo）

北纬 26°39.0′，东经 120°20.4′。位于宁德市霞浦县长春镇东部海域，南礵岛西侧，距大陆最近点 20.43 千米，属四礵列岛。原与东土河岛、土河岛统称为土河岛。因该岛位于土河岛以西，第二次全国海域地名普查时命今名。基岩岛。岸线长 133 米，面积 1 187 平方米。基岩裸露，周围暗礁较多。无植被。

圆岛（Yuán Dǎo）

北纬 26°39.0′，东经 120°19.5′。位于宁德市霞浦县长春镇东部海域，西礵岛南侧，距大陆最近点 18.98 千米，属四礵列岛。形圆，故名。《中国海域地名志》（1989）、《福建省海域地名志》（1991）、《福建省海岛志》（1994）中均称圆岛。基岩岛。岸线长347米，面积7 878平方米，最高点高程30.1米。岛体由火山岩构成。基岩裸露，土壤薄。基岩岸滩，周边海域产带鱼、鲳鱼、虾等。

东土河岛（Dōngtǔhé Dǎo）

北纬26°39.0′，东经120°20.5′。位于宁德市霞浦县长春镇东部海域，西礵岛南侧，距大陆最近点20.56千米，属四礵列岛。原与西土河岛和土河岛统称为土河岛。因位于土河岛以东，第二次全国海域地名普查时命今名。基岩岛。岸线长272米，面积3 207平方米，最高点高程12.2米。基岩陡峭，周围暗礁较多。无植被。

土河岛（Tǔhé Dǎo）

北纬26°39.0′，东经120°20.5′。位于宁德市霞浦县长春镇东部海域，南礵岛西北侧，距大陆最近点20.47千米，属四礵列岛。《中国海域地名志》（1989）、《福建省海域地名志》（1991）、《福建省海岛志》（1994）中均称土河岛。岸线长377米，面积4 778平方米，最高点高程12.2米。基岩岛，岛体由火山岩构成。地形中间高四周低。基岩裸露。植被以草丛为主。为基岩岸滩，周边海域产石斑鱼、带鱼、虾等。

白人礁岛（Báirénjiāo Dǎo）

北纬26°39.0′，东经119°52.4′。位于宁德市霞浦县溪南镇南部海域，距大陆最近点110米。因石色灰白呈人状而得名。《中国海域地名志》（1989）和《福建省海域地名志》（1991）中称白人礁岛。面积约20平方米。基岩岛，岛体由花岗岩构成。岩石裸露。植被以草丛为主。基岩海岸，周围滩涂产贝类。

元宝屿（Yuánbǎo Yǔ）

北纬26°38.9′，东经119°52.6′。位于宁德市霞浦县溪南镇南部海域，官井洋东北侧，距大陆最近点120米。又名牛屿。《中国海域地名志》（1989）、《福建省海域地名志》（1991）、《福建省海岛志》（1991）中均称元宝屿，别名牛屿。岸线长921米，面积0.036 7平方千米，最高点高程32.6米。基岩岛，岛体由花岗岩构成。岛形略圆，为东西走向。岛上基岩裸露。主要植被有茅草、木麻黄。基岩陡岸，岸线曲折。周边海域产毛虾、龙头鱼等。

闾头尾东岛（Lǘtóuwěi Dōngdǎo）

北纬 26°38.9′，东经 120°08.0′。位于宁德市霞浦县东部海域，距大陆最近点 30 米。第二次全国海域地名普查时命今名。基岩岛。面积约 50 平方米。基岩裸露，无植被。周围暗礁密布。

济公帽岛（Jìgōngmào Dǎo）

北纬 26°38.9′，东经 120°20.1′。位于宁德市霞浦县长春镇东部海域，南礵岛西侧，距大陆最近点 19.99 千米，属四礵列岛。原与蛤蟆岛、鱼鳞岛和红礵岛统称为红礵岛。因形似济公帽，第二次全国海域地名普查时命今名。基岩岛。面积约 20 平方米。基岩裸露，无植被。

雷江岛（Léijiāng Dǎo）

北纬 26°38.8′，东经 119°55.2′。位于宁德市霞浦县西部海域，距大陆最近点 2 千米，隶属宁德市霞浦县。形似螺，四周环水，“螺”“雷”谐音，故名。《中国海洋岛屿简况》（1980）、《中国海域地名志》（1989）、《福建省海域地名志》（1991）、《福建省海岛志》（1994）中均称雷江岛。基岩岛。岸线长 4.45 千米，面积 0.465 平方千米，最高点高程 53.9 米。岛体中部低，东西高。基岩海岸，岸线曲折。水源充沛。岛上植物品种主要有茅草、木麻黄、相思树等。

有居民海岛。岛上有里屿、外屿村，2011 年户籍人口 220 人，常住人口 1 058 人。岛上已通水电，建有 1 座简易小码头。岛上有 1 座教堂。

长鸟岛（Chángniǎo Dǎo）

北纬 26°38.8′，东经 120°19.6′。位于宁德市霞浦县长春镇东部海域，西礵岛西南侧，距大陆最近点 19.16 千米，属四礵列岛。该岛形长似鸟，故名。《中国海域地名志》（1989）、《福建省海域地名志》（1991）、《福建省海岛志》（1994）中均称长鸟岛。岸线长 1.03 千米，面积 0.039 4 平方千米。基岩岛，岛体由火山岩构成。基岩裸露。植被稀少，主要为草丛，少量灌木和乔木。周边海域产石斑鱼、带鱼、目鱼等。

横鸟岛 (Héngniǎo Dǎo)

北纬 26°38.8′，东经 120°19.4′。位于宁德市霞浦县长春镇东部海域，西礵岛西南侧，距大陆最近点 18.69 千米，属四礵列岛。该岛横亘于长鸟岛北，故名。《中国海域地名志》（1989）、《福建省海域地名志》（1991）、《福建省海岛志》（1994）中均称横鸟岛。岸线长 1.63 千米，面积 0.072 7 平方千米，最高点高程 49.6 米。基岩岛，岛体由火山岩构成。地表多岩石。植被稀少，以草丛和灌木为主。基岩海岸，岸线较平直，周边海域产石斑鱼、带鱼、虾等。

月爿屿 (Yuèpán Yǔ)

北纬 26°38.8′，东经 119°52.0′。位于宁德市霞浦县溪南镇南部海域，距大陆最近点 60 米。曾名月牙屿。《福建省海域地名志》（1991）载："因岛形似月牙，原称月牙屿，后改今名。"《中国海洋岛屿简况》（1980）、《中国海域地名志》（1989）、《福建省海岛志》（1994）中均称月爿屿。岸线长 637 米，面积 0.012 8 平方千米，最高点高程 14.3 米。基岩岛，岛体由花岗岩构成。地形顶部平坦。基岩裸露。植被主要有茅草、松树等。海岸为基岩岸滩，南侧有干出石滩。

双子岛 (Shuāngzǐ Dǎo)

北纬 26°38.8′，东经 120°20.2′。位于宁德市霞浦县长春镇东部海域，南礵岛西侧，距大陆最近点 20.16 千米，属四礵列岛。因顶部有一对尖石头，第二次全国海域地名普查时命今名。基岩岛。面积约 17 平方米。基岩裸露。无植被。

闾头尾南岛 (Lǘtóuwěi Nándǎo)

北纬 26°38.8′，东经 120°07.7′。位于宁德市霞浦县东部海域，距大陆最近点 20 米。第二次全国海域地名普查时命今名。基岩岛。面积约 110 平方米。基岩裸露，无植被。周围暗礁密布。

竹篙屿礁 (Zhúgāoyǔ Jiāo)

北纬 26°38.8′，东经 120°20.8′。位于宁德市霞浦县溪南镇西南部海域，南礵岛西南侧，距大陆最近点 21.17 千米，属四礵列岛。礁笔直如竹篙竖立，故名。

《中国海域地名志》（1989）和《福建省海域地名志》（1991）中称竹篙屿礁。面积约 20 平方米。基岩岛，岛体由花岗岩构成。基岩裸露。无植被。周围暗礁密布，海域有石斑鱼、梭子鱼、带鱼等。

子母岛 (Zǐmǔ Dǎo)

北纬 26°38.8′，东经 120°21.5′。位于宁德市霞浦县长春镇东部海域，距大陆最近点 22.3 千米，属四礵列岛。原与小圆屿北岛、南礵岛统称为南礵岛。因由一大一小两块石头构成，第二次全国海域地名普查时命今名。基岩岛。面积约 9 平方米。基岩裸露。无植被。

红礵岛 (Hóngshuāng Dǎo)

北纬 26°38.8′，东经 120°20.1′。位于宁德市霞浦县长春镇东部海域，南礵岛西侧，距大陆最近点 19.88 千米，属四礵列岛。又名红礵。因岛色泽得名。《中国海洋岛屿简况》（1980）中称红礵。《中国海域地名志》（1989）、《福建省海域地名志》（1991）、《福建省海岛志》（1994）中均称红礵岛。岸线长 1.99 千米，面积 0.077 3 平方千米，最高点高程 74.7 米。基岩岛，岛体由火山岩构成。地形南高北低。表层为红壤土。植被以茅草和灌木为主。基岩岸滩，周边海域产带鱼、目鱼、大黄鱼等。

栓牛石岛 (Shuānniúshí Dǎo)

北纬 26°38.7′，东经 120°20.1′。位于宁德市霞浦县长春镇东部海域，南礵岛西侧，距大陆最近点 20.14 千米，属四礵列岛。第二次全国海域地名普查时命今名。面积约 10 平方米。基岩裸露，无植被。

白烈屿 (Báiliè Yǔ)

北纬 26°38.7′，东经 119°56.6′。位于宁德市霞浦县西部海域，雷江岛东侧，距大陆最近点 1.98 千米。位于白鳓屿北，第二次全国海域地名普查时谐音命今名。岸线长 140 米，面积 834 平方米。基岩岛，岛体由花岗岩构成。基岩裸露。植被以草丛和灌木为主。周边海域产白鳓鱼、大黄鱼等。

白鳓屿 (Báilè Yǔ)

北纬 26°38.7′，东经 119°56.6′。位于宁德市霞浦县西北部海域，雷江岛东侧，距大陆最近点 1.91 千米。该岛形似白鳓鱼，故名。《中国海域地名志》（1989）、《福建省海域地名志》（1991）、《福建省海岛志》（1994）中均称白鳓屿。岸线长 189 米，面积 2 413 平方米，最高点高程 12.4 米。基岩岛，岛体由花岗岩构成。地形中间高四周低，顶部较平坦。岛上基岩裸露，土层薄，少量草丛。周边海域产白鳓鱼、大黄鱼等。

犬牙岛 (Quǎnyá Dǎo)

北纬 26°38.7′，东经 120°20.1′。位于宁德市霞浦县长春镇东部海域，南礵岛西侧，距大陆最近点 20.15 千米，属四礵列岛。因形如犬牙交错，第二次全国海域地名普查时命今名。基岩岛。面积约 6 平方米。基岩裸露。无植被。

探排礁岛 (Tànpáijiāo Dǎo)

北纬 26°38.7′，东经 119°53.9′。位于宁德市霞浦县溪南镇南部海域，距大陆最近点 1.9 千米。《中国海域地名志》（1989）和《福建省海域地名志》（1991）中称探排礁岛。面积约 40 平方米。基岩岛，岛体由花岗岩构成。基岩裸露。无植被。周围暗礁较多，海域产黄花鱼等。

鱼鳞岛 (Yúlín Dǎo)

北纬 26°38.7′，东经 120°20.1′。位于宁德市霞浦县长春镇东部海域，南礵岛西侧，距大陆最近点 20.12 千米，属四礵列岛。原与蛤蟆岛、济公帽岛和红礵岛统称为红礵岛。因该岛形似鱼鳞，第二次全国海域地名普查时命今名。基岩岛。面积约 10 平方米。基岩裸露。无植被。

小圆屿北岛 (Xiǎoyuányǔ Běidǎo)

北纬 26°38.7′，东经 120°22.0′。位于宁德市霞浦县长春镇东部海域，南礵岛东侧，距大陆最近点 22.99 千米，属四礵列岛。原与子母岛和南礵岛统称为南礵岛。因该岛位于小圆屿以北，第二次全国海域地名普查时命今名。基岩岛。面积约 110 平方米。基岩裸露。无植被。附近海域有大黄鱼、带鱼、目鱼等。

蛤蟆岛 (Háma Dǎo)

北纬 26°38.7′，东经 120°19.9′。位于宁德市霞浦县长春镇东部海域，南礵岛西侧，距大陆最近点 19.9 千米，属四礵列岛。原与济公帽岛、鱼鳞岛和红礵岛统称为红礵岛。因形似蛤蟆，第二次全国海域地名普查时命今名。基岩岛。面积约 10 平方米。基岩裸露。植被以草丛为主。

南礵岛 (Nánshuāng Dǎo)

北纬 26°38.7′，东经 120°21.3′。位于宁德市霞浦县长春镇东部海域，距大陆最近点 21.19 千米，属四礵列岛。在四礵列岛中处于南部，故名。又名南礵。《中国海洋岛屿简况》（1980）中称南礵。《中国海域地名志》（1989）、《福建省海域地名志》（1991）、《福建省海岛志》（1994）中均称南礵岛。岸线长 8.73 千米，面积 1.010 6 平方千米，最高点高程 185.4 米。基岩岛，岛体由火山岩构成。岛略呈“工”字形，两端高、中间低，基岩陡岸。植被主要为草丛，少量乔木、灌木。南侧有两个小澳，东北小澳可供船只临时锚泊与避风。附近海域有大黄鱼、带鱼、目鱼等。

内鲎屿 (Nèihòu Yǔ)

北纬 26°38.6′，东经 119°55.2′。位于宁德市霞浦县西部海域，官井洋东北侧，距大陆最近点 2.04 千米。该岛形似鲎，位内侧，故名。又名里鲎屿。《中国海域地名志》（1989）和《福建省海域地名志》（1991）中称内鲎屿和里鲎屿。《福建省海岛志》（1994）称里鲎屿。岸线长 433 米，面积 0.011 3 平方千米，最高点高程 20 米。基岩岛，岛体由花岗岩构成。岛形椭圆，呈东南 — 西北走向，地形中间高四周低。基岩裸露。岛上乔木以木麻黄为主。海岸为基岩岸滩，近岸为滩涂，周围水深约 6 米，海域产黄花鱼、虾等。岛上建有与雷江岛相连的围垦海堤，内为围垦养殖。

立刃岛 (Lìrèn Dǎo)

北纬 26°38.6′，东经 120°20.1′。位于宁德市霞浦县长春镇东部海域，南礵岛西侧，距大陆最近点 20.07 千米，属四礵列岛。因该岛形似竖立的刀刃，第二次全国海域地名普查时命今名。基岩岛。岸线长 43 米，面积 148 平方米。基岩裸露。无植被。

小圆屿 (Xiǎoyuán Yǔ)

北纬 26°38.6′，东经 120°22.0′。位于宁德市霞浦县长春镇东部海域，南礵岛东侧，距大陆最近点 23.06 千米，属四礵列岛。因该岛形圆且面积较小而得名。《中国海域地名志》（1989）、《福建省海域地名志》（1991）、《福建省海岛志》（1994）中均称小圆屿。岸线长 188 米，面积 1 393 平方米，最高点高程 24.4 米。基岩岛，岛体由火山岩构成。地形中间高四周低。基岩裸露。无植被。海岸为基岩岸滩，周边海域产带鱼、虾等。

竹篙岛 (Zhúgāo Dǎo)

北纬 26°38.6′，东经 120°20.8′。位于宁德市霞浦县长春镇东部海域，南礵岛西北侧，距大陆最近点 21.28 千米，属四礵列岛。原与竹篙屿礁统称为竹篙屿礁。因该岛笔直如竹篙竖立，第二次全国海域地名普查时命今名。基岩岛。面积约 5 平方米。基岩裸露。无植被。

小中岛 (Xiǎozhōng Dǎo)

北纬 26°38.6′，东经 120°20.0′。位于宁德市霞浦县长春镇东部海域，南礵岛西侧，距大陆最近点 19.97 千米，属四礵列岛。因该岛其夹在两个岛之间，面积小，第二次全国海域地名普查时命今名。基岩岛。岸线长 166 米，面积 1 949 平方米。基岩裸露。无植被。

外鲎屿 (Wàihòu Yǔ)

北纬 26°38.6′，东经 119°55.0′。位于宁德市霞浦县西部海域，官井洋东北侧，距大陆最近点 1.92 千米。该岛形似鲎，位于内鲎屿外，故名。《中国海洋岛屿简况》（1980）、《中国海域地名志》（1989）、《福建省海域地名志》（1991）、《福建省海岛志》（1994）中均称外鲎屿。岸线长 332 米，面积 5 867 平方米，最高点高程 15 米。基岩岛，岛体由花岗岩构成。略呈椭圆形。基岩裸露，少土壤。海岸为基岩岸滩，北侧为滩涂，周边海域产黄花鱼、虾等。

蓬屿 (Péng Yǔ)

北纬 26°38.6′，东经 119°53.8′。位于宁德市霞浦县溪南镇南部海域，距大陆最近点 1.88 千米。岛体形如帐篷，以谐音得名。曾名金屿。《福建省海域地名志》（1991）载："原名金屿，因重名，1985 年改今名。"《中国海洋岛屿简况》（1980）、《中国海域地名志》（1989）、《福建省海岛志》（1994）中均称蓬屿。

岸线长 289 米，面积 4 830 平方米，最高点高程 12.5 米。基岩岛，岛体由花岗岩构成。略呈椭圆形。基岩裸露。周围海域有黄花鱼、白鳓鱼等。

星点岛 (Xīngdiǎn Dǎo)

北纬 26°38.6′，东经 120°20.0′。位于宁德市霞浦县长春镇东部海域，南礵岛西侧，距大陆最近点 19.97 千米，属四礵列岛。因岛上植被稀少，如星星点缀在岛上，第二次全国海域地名普查时命今名。基岩岛。岸线长 221 米，面积 3 296 平方米。基岩裸露。植被以草丛为主。

鸟头岛 (Niǎotóu Dǎo)

北纬 26°38.4′，东经 120°21.5′。位于宁德市霞浦县长春镇东部海域，南礵岛南侧，距大陆最近点 22.42 千米，属四礵列岛。因形如鸟头，第二次全国海域地名普查时命今名。基岩岛。面积约 20 平方米。基岩裸露。植被有少量草丛。

角锥岛 (Jiǎozhuī Dǎo)

北纬 26°38.4′，东经 120°21.5′。位于宁德市霞浦县长春镇东部海域，南礵岛南侧，距大陆最近点 22.46 千米，属四礵列岛。因该岛形如三角锥，第二次全国海域地名普查时命今名。基岩岛。面积约 20 平方米。基岩裸露。无植被。

浮萍岛 (Fúpíng Dǎo)

北纬 26°38.4′，东经 120°07.3′。位于宁德市霞浦县东部海域，距大陆最近点 40 米。因该岛高潮时如一叶浮萍漂在水上，第二次全国海域地名普查时命今名。基岩岛。岸线长 47 米，面积 172 平方米。基岩裸露。无植被。

蒸笼礁东岛 (Zhēnglóngjiāo Dōngdǎo)

北纬 26°38.3′，东经 120°21.7′。位于宁德市霞浦县长春镇东部海域，南礵岛南侧，距大陆最近点 22.76 千米，属四礵列岛。因该岛位于蒸笼礁以东，第二次全国海域地名普查时命今名。基岩岛。面积约 10 平方米。基岩裸露。无植被。

蒸笼礁 (Zhēnglóng Jiāo)

北纬 26°38.3′，东经 120°21.6′。位于宁德市霞浦县长春镇东部海域，南礵岛南侧，距大陆最近点 22.59 千米，属四礵列岛。该岛形如蒸笼，故名。《福建省海域地名志》（1991）中称蒸笼礁。基岩岛。面积约 20 平方米。基岩裸露，无植被。

老虎屿 (Lǎohǔ Yǔ)

北纬 26°38.2′，东经 119°55.9′。位于宁德市霞浦县西部海域，官井洋东北侧，距大陆最近点 1.64 千米。曾名训屿。《中国海洋岛屿简况》（1980）中称训屿。《福建省海域地名志》（1991）载："原名训屿，因形似老虎，改今名。"《中国海域地名志》（1989）和《福建省海岛志》（1994）中称老虎屿。岸线长 212 米，面积 2 524 平方米，最高点高程 16.9 米。基岩岛，岛体由花岗岩构成。略呈长方形。基岩裸露，植被茂盛。周边海域产大黄鱼、白鳓鱼等。

白礁仔 (BáiJiāozǎi)

北纬 26°38.1′，东经 119°55.6′。位于宁德市霞浦县西部海域，雷江岛东南侧，距大陆最近点 1.35 千米。该岛岩石呈灰白色，面积较小，故名。《福建省海域地名志》（1991）中称白礁仔。岛略呈长方形。面积约 50 平方米。基岩岛，岛体由花岗岩构成。基岩裸露。无植被。

小雷江岛 (Xiǎoléijiāng Dǎo)

北纬 26°38.1′，东经 119°55.5′。位于宁德市霞浦县西部海域，官井洋东北侧，距大陆最近点 1.2 千米。因该岛面积较小，形似螺，谐音得今名。《中国海洋岛屿简况》（1980）、《中国海域地名志》（1989）、《福建省海域地名志》（1991）、《福建省海岛志》（1994）中均称小雷江岛。岸线长 870 米，面积 0.021 0 平方千米，最高点高程 22.1 米。基岩岛，岛体由花岗岩构成。地形东高西低，基岩海岸，岸线曲折。基岩裸露。植被以草丛和乔木为主。周边海域产白鳓鱼、大黄鱼等。

割裂岛 (Gēliè Dǎo)

北纬 26°38.1′，东经 120°07.0′。位于宁德市霞浦县东部海域，距大陆最近点 10 米。因该岛与陆地之间像突然被割开一样，第二次全国海域地名普查时命今名。基岩岛。岸线长 130 米，面积 883 平方米。基岩裸露。无植被。

深沟鼻岛 (Shēn'gōubí Dǎo)

北纬 26°38.1′，东经 120°06.8′。位于宁德市霞浦县东部海域，距大陆最近点 20 米。因该岛位于深沟鼻近岸，第二次全国海域地名普查时命今名。基岩岛。面积约 5 平方米。基岩裸露。无植被。

灶台岛 (Zàotái Dǎo)

北纬 26°38.0，东经 120°06.8′。位于宁德市霞浦县东部海域，距大陆最近点 10 米。因该岛形如灶台，第二次全国海域地名普查时命今名。基岩岛。岸线长 226 米，面积 1 729 平方米。基岩裸露。岛上长有少量草丛。

牛礁 (Niú Jiāo)

北纬 26°37.8′，东经 120°04.7′。位于宁德市霞浦县东部海域，距大陆最近点 20 米。礁形如牛，故名。《中国海域地名志》（1989）和《福建省海域地名志》（1991）中称牛礁。基岩岛。岸线长 156 米，面积 1 477 平方米，最高点高程 5 米。基岩裸露。植被以草丛为主。

潭屿 (Tán Yǔ)

北纬 26°37.8′，东经 119°56.3′。位于宁德市霞浦县西部海域，官井洋东北侧，距大陆最近点 1.1 千米。因该岛形似坛，谐音得今名。《中国海洋岛屿简况》（1980）、《中国海域地名志》（1989）、《福建省海域地名志》（1991）、《福建省海岛志》（1994）中均称潭屿。岸线长 762 米，面积 0.031 1 平方千米，最高点高程 41.3 米。基岩岛，岛体由花岗岩构成。地形西南高东北低。基岩裸露。植被以草丛和灌木为主。基岩岸滩，周围滩涂，海域产白鳓鱼、大黄鱼、虾等。

长沙角岛 (Chángshājiǎo Dǎo)

北纬 26°37.8′，东经 120°03.5′。位于宁德市霞浦县东部海域，距大陆最近点 70 米。第二次全国海域地名普查时命今名。基岩岛。面积约 17 平方米。基岩裸露。无植被。

潭屿小礁 (Tányǔ Xiǎojiāo)

北纬 26°37.7′，东经 119°56.0′。位于宁德市霞浦县西部海域，小雷江岛南侧，距大陆最近点 1 千米。该岛面积较小，位于潭屿边，故名。《福建省海域地名志》（1991）中称潭屿小礁。面积约 10 平方米。基岩岛，岛体由花岗岩构成。基岩裸露。无植被。

柏屿 (Bǎi Yǔ)

北纬 26°37.7′，东经 119°57.0′。位于宁德市霞浦县西部海域，距大陆最近点 90 米。岛上曾经多柏树，故名。《中国海域地名志》（1989）和《福建省海域地名志》（1991）中称柏屿。基岩岛。岸线长 2.32 千米，面积 0.157 6 平方千米，最高点高程 11 米。基岩裸露。岛上乔木以木麻黄为主。有居民海岛。岛上有柏屿村，隶属宁德市霞浦县。2011 年户籍人口 537 人，常住人口 346 人。该岛已填海连陆，居民用水和用电由大陆引入。

笊篱屿 (Zhàolí Yǔ)

北纬 26°37.6′，东经 119°53.9′。位于宁德市霞浦县西部海域，官井洋东侧，距大陆最近点 240 米。该岛形似笊篱，故名。《福建省海域地名志》（1991）和《福建省海岛志》（1994）中称笊篱屿。面积约 10 平方米。基岩岛，岛体由花岗岩构成。基岩裸露。无植被。

片岩岛 (Piànyán Dǎo)

北纬 26°37.6′，东经 119°54.1′。位于宁德市霞浦县西部海域，距大陆最近点 110 米。因该岛从侧面看如一片片岩石堆积在一起，第二次全国海域地名普查时命今名。基岩岛。面积约 10 平方米。基岩裸露。无植被。

南泉北岛 (Nánquán Běidǎo)

北纬 26°37.6′，东经 120°19.5′。位于宁德市霞浦县长春镇东部海域，南礵岛南侧，距大陆最近点 19.35 千米，属四礵列岛。因该岛位于南泉岛北侧，第二次全国海域地名普查时命今名。基岩岛。岸线长 136 米，面积 1 203 平方米。基岩裸露。无植被。

角下屿 (Jiǎoxià Yǔ)

北纬 26°37.6′，东经 120°03.6′。位于宁德市霞浦县东部海域，距大陆最近点 550 米。曾名牛粪礁。《福建省海域地名志》（1991）中称角下屿，“原名牛粪礁，因重名，以处于长沙角下方，于 1985 年改今名。”基岩岛，岛体由花岗岩构成。面积约 20 平方米。地势北高南低。基岩裸露。无植被。

南泉岛 (Nánquán Dǎo)

北纬 26°37.5′，东经 120°19.4′。位于宁德市霞浦县长春镇东部海域，南礵岛西南侧，距大陆最近点 19.19 千米，属四礵列岛。以其附近岛屿“全”属四礵列岛，方言谐音，故名。又名南泉。《中国海洋岛屿简况》（1980）中称南泉。《中国海域地名志》（1989）、《福建省海域地名志》（1991）、《福建省海岛志》（1994）中均称南泉岛。岸线长 415 米，面积 7 715 平方米，最高点高程 47.1 米。基岩岛，岛体由火山岩构成。地势北高南低。基岩裸露。长有少量草丛。海岸为基岩岸滩，近岸有带鱼、虾等。

上烟墩岛 (Shàngyāndūn Dǎo)

北纬 26°37.4′，东经 120°05.9′。位于宁德市霞浦县东部海域，距大陆最近点 70 米。因该岛位于烟墩山以东，在下烟墩岛北，当地以北为上，第二次全国海域地名普查时命今名。基岩岛。面积约 55 平方米。基岩裸露。无植被。

下烟墩岛 (Xiàyāndūn Dǎo)

北纬 26°37.4′，东经 120°05.9′。位于宁德市霞浦县东部海域，距大陆最近点 50 米。因该岛位于烟墩山以东，在上烟墩岛南，当地以南为下，第二次全国海域地名普查时命今名。基岩岛。面积约 30 平方米。基岩裸露。无植被。

延外岛 (Yánwài Dǎo)

北纬 26°37.4′，东经 120°02.2′。位于宁德市霞浦县东部，距大陆最近点 60 米。因该岛位于延亭外部海域，第二次全国海域地名普查时命今名。基岩岛。面积约 40 平方米。基岩裸露。无植被。

金桔屿 (Jīnjú Yǔ)

北纬 26°37.3′，东经 119°56.4′。位于宁德市霞浦县西部海域，潭屿南侧，距大陆最近点 750 米。昔日产金桔得名。《中国海域地名志》（1989）、《福建省海域地名志》（1991）、《福建省海岛志》（1994）中均称金桔屿。岸线长 156 米，面积 1 376 平方米，最高点高程 11.4 米。基岩岛，岛体由花岗岩构成。地形中间高四周低。基岩裸露。植被以草丛和灌木为主。海岸为基岩岸滩，周围滩涂，近岸海域有白鳓鱼、虾等。

大屿 (Dà Yǔ)

北纬 26°37.3′，东经 119°56.1′。位于宁德市霞浦县西部海域，东吾洋南侧，距大陆最近点 150 米。该岛高、大，故名。《中国海域地名志》（1989）、《福建省海域地名志》（1991）、《福建省海岛志》（1994）中均称大屿。岸线长 3.7 千米，面积 0.462 7 平方千米，最高点高程 92.5 米。基岩岛，岛体由花岗岩构成。岛形略似椭圆，呈南北走向。地貌为海滨低山丘陵地，中部大屿山高高隆起，南部低平，北部有低丘。基岩裸露。岛上乔木主要为木麻黄、相思树等。海岸部分为基岩陡岸，部分岸坡平缓，周围多滩涂。

有居民海岛。岛上有大屿村，隶属宁德市霞浦县。2011 年户籍人口 352 人，常住人口 267 人。岛南部与大陆筑堤相连，有淡水引入，岛上建有变电站及电线杆。

白虎礁岛 (Báihǔjiāo Dǎo)

北纬 26°37.2′，东经 120°01.9′。位于宁德市霞浦县东部海域，距大陆最近点 50 米。因该岛石色灰白，形如虎，故名。《中国海域地名志》（1989）和《福建省海域地名志》（1991）中称白虎礁岛。岸线长 253 米，面积 4 295 平方米，最高点高程 6 米。基岩岛，岛体由花岗岩构成。岛略似椭圆形。基岩裸露。基岩海岸，周边海域产小杂鱼。该岛已填海连岛，建有陆岛交通码头。

东白虎礁岛 (Dōngbáihǔjiāo Dǎo)

北纬 26°37.2′，东经 120°02.0′。位于宁德市霞浦县东部海域，距大陆最近点 150 米。因该岛位于白虎礁岛以东，第二次全国海域地名普查时命今名。基岩岛。岸线长 105 米，面积 842 平方米。基岩裸露。无植被。

中门礁岛 (Zhōngménjiāo Dǎo)

北纬 26°37.0′，东经 120°05.6′。位于宁德市霞浦县东部海域，小安水道西侧，距大陆最近点 200 米。因介于陆地与长草屿间，故名。《中国海域地名志》（1989）和《福建省海域地名志》（1991）中称中门礁岛。面积约 20 平方米。基岩岛，岛体由花岗岩构成。岛略呈长方形。基岩裸露。无植被。基岩海岸，南部部分为干出滩涂。

金蟹南岛 (Jīnxiè Nándǎo)

北纬 26°36.8′，东经 120°01.3′。位于宁德市霞浦县东部海域，距大陆最近点 30 米。因该岛位于金蟹村南，第二次全国海域地名普查时命今名。基岩岛。面积约 2 平方米。基岩裸露。无植被。

草顶岛 (Cǎodǐng Dǎo)

北纬 26°36.8′，东经 120°06.2′，位于宁德市霞浦县东部海域，距大陆最近点 1.19 千米。因该岛仅顶部有草丛，第二次全国海域地名普查时命今名。基岩岛。岸线长 186 米，面积 1 858 平方米。基岩裸露。

小金蟹南岛 (Xiǎojīnxiè Nándǎo)

北纬 26°36.7′，东经 120°01.1′。位于宁德市霞浦县东部海域，距大陆最近点 20 米。因位于金蟹村南，且面积较小，第二次全国海域地名普查时命今名。基岩岛。面积约 6 平方米。基岩裸露。无植被。

长草屿 (Zhǎngcǎo Yǔ)

北纬 26°36.7′，东经 120°06.1′。位于宁德市霞浦县东部海域，小安水道西侧，距大陆最近点 800 米。原名草屿，因重名，以岛上多长草，1985 年改今名。《中国海洋岛屿简况》（1980）中称草屿。《中国海域地名志》（1989）、《福建省海域地名志》（1991）、《福建省海岛志》（1994）中均称长草屿。岸线长 3.19 千米，面积 0.260 9 平方千米，最高点高程 52.3 米。基岩岛，岛体由花岗岩构成。地形中西部高东部低，有两个小山峰。基岩裸露。海岸为基岩岸滩。岛上建有大地测量点 1 个、灯塔 1 座。

虾秋屿 (Xiāqiū Yǔ)

北纬 26°36.6′，东经 119°52.6′。位于宁德市霞浦县下浒镇西部海域，距大陆最近点 60 米。《福建省海域地名志》（1991）中记载“岸线曲折、多折、形如虾秋”。《中国海洋岛屿简况》（1980）、《中国海域地名志》（1989）、《福建省海岛志》（1994）中均称虾秋屿。岸线长 1.84 千米，面积 0.111 3 平方千米，最高点高程 49 米。基岩岛，岛体由花岗岩构成。地形中间高周围低，顶部较平坦。基岩裸露。海岸为基岩岸滩。已筑堤与大陆相连。2011 年岛上有常住人口 200 人。

建有民房及教堂，用水和用电均由大陆引入。建有小型渔港及渔业码头。

观潮岛 (Guāncháo Dǎo)

北纬 26°36.6′，东经 120°05.8′。位于宁德市霞浦县东部海域，长草屿南侧，距大陆最近点 970 米。因海岛形似一人静坐面向大海观潮，第二次全国海域地名普查时命今名。基岩岛。面积约 2 平方米。基岩裸露。无植被。

草屿仔 (Cǎo Yǔzǎi)

北纬 26°36.6′，东经 120°05.8′。位于宁德市霞浦县东部海域，长草屿南侧，距大陆最近点 960 米。因该岛面积小于邻近的长草屿，故名。《中国海域地名志》（1989）、《福建省海域地名志》（1991）、《福建省海岛志》（1994）中均称草屿仔。岸线长 436 米，面积 5 921 平方米，最高点高程 16.9 米。基岩岛，岛体由花岗岩构成。地形中间高，顶部较平坦，四周渐低。基岩裸露。植被以草丛和灌木为主。海岸为基岩岸滩。

鬼弄礁 (Guǐnòng Jiāo)

北纬 26°36.4′，东经 120°00.9′。位于宁德市霞浦县东部海域，距大陆最近点 70 米。附近常有船触礁，传说为恶鬼作恶，当地群众称鬼弄礁。《福建省海域地名志》（1991）中称鬼弄礁。基岩岛。面积约 20 平方米。基岩裸露。无植被。

弄礁南岛 (Nòngjiāo Nándǎo)

北纬 26°36.4′，东经 120°00.8′。位于宁德市霞浦县东部海域，距大陆最近点 30 米。因该岛位于鬼弄礁西南，第二次全国海域地名普查时命今名。基岩岛。面积约 10 平方米。基岩裸露。无植被。

小弄礁南岛 (Xiǎonòngjiāo Nándǎo)

北纬 26°36.4′，东经 120°00.8′。位于宁德市霞浦县东部海域，距大陆最近点 70 米。因该岛位于鬼弄礁西南，且面积较小，第二次全国海域地名普查时命今名。基岩岛。面积约 10 平方米。基岩裸露。无植被。

秃礁 (Tū Jiāo)

北纬 26°36.4′，东经 120°09.6′。位于宁德市霞浦县东部海域，浮鹰岛北侧，距大陆最近点 5.18 千米。该岛礁石光秃，故名。《福建省海域地名志》（1991）

中称秃礁。基岩岛。面积约 20 平方米。基岩裸露。无植被。

琵琶岛（Pípa Dǎo）

北纬 26°36.3′，东经 120°09.3′。位于宁德市霞浦县东部海域，浮鹰岛北侧，距大陆最近点 4.9 千米。因该岛形如琵琶，第二次全国海域地名普查时命今名。基岩岛。岸线长 173 米，面积 1 094 平方米。基岩裸露。无植被。

盘尾屿（Pánwěi Yǔ）

北纬 26°36.3′，东经 119°52.1′。位于宁德市霞浦县北壁乡西部海域，距大陆最近点 160 米。原名尾屿，因重名，1985 年改今名。《中国海洋岛屿简况》（1980）中称尾屿。《中国海域地名志》（1989）、《福建省海域地名志》（1991）、《福建省海岛志》（1994）中均称盘尾屿。岸线长 417 米，面积 9 512 平方米，最高点高程 20.3 米。基岩岛，岛体由花岗岩构成。地形中间高四周低，顶部圆。基岩裸露。岛上乔木主要为松树。海岸为基岩岸滩，周边海域产大黄鱼、虾等。

层理岛（Cénglǐ Dǎo）

北纬 26°36.2′，东经 119°59.8′。位于宁德市霞浦县东部海域，距大陆最近点 70 米。因岛体竖状层理比较明显，第二次全国海域地名普查时命今名。基岩岛。面积约 110 平方米。基岩裸露。植被主要为草丛。

豆腐块岛（Dòufukuài Dǎo）

北纬 26°36.2′，东经 119°59.7′。位于宁德市霞浦县东部海域，距大陆最近点 90 米。因该岛形似豆腐块，第二次全国海域地名普查时命今名。基岩岛。面积约 10 平方米。基岩裸露。无植被。

青坛礁（Qīngtán Jiāo）

北纬 26°36.2′，东经 120°01.0′。位于宁德市霞浦县东部海域，距大陆最近点 490 米。礁形似坛，呈青色，故名。又名青潭礁。《中国海洋岛屿简况》（1980）中称青潭礁。《中国海域地名志》（1989）和《福建省海域地名志》（1991）中称青坛礁。基岩岛。面积约 20 平方米。基岩裸露。无植被。岛上建有灯塔 1 座。

牛公礁（Niúgōng Jiāo）

北纬 26°36.2′，东经 119°58.7′。位于宁德市霞浦县东部海域，距大陆最近点 80 米。该岛形似公牛，故名。《中国海域地名志》（1989）和《福建省海域地名志》（1991）中称牛公礁。基岩岛。面积约 110 平方米。基岩裸露。无植被。

南青坛礁岛 (Nánqīngtánjiāo Dǎo)

北纬 26°36.2′，东经 120°01.0′。位于宁德市霞浦县东部海域，距大陆最近点 500 米。原与青坛礁统称为青坛礁。因位于青坛礁以南，第二次全国海域地名普查时命今名。基岩岛。面积约 20 平方米。基岩裸露。无植被。

小龟石岛 (Xiǎoguīshí Dǎo)

北纬 26°36.2′，东经 119°59.4′。位于宁德市霞浦县东部海域，距大陆最近点 60 米。因该岛形似乌龟，第二次全国海域地名普查时命今名。基岩岛。面积约 30 平方米。基岩裸露。无植被。

散落石岛 (Sànluòshí Dǎo)

北纬 26°36.2′，东经 119°59.6′。位于宁德市霞浦县东部海域，距大陆最近点 100 米。因该岛由几块石头杂乱无章地构成，第二次全国海域地名普查时命今名。基岩岛。面积约 20 平方米。基岩裸露。无植被。

钓礁 (Diào Jiāo)

北纬 26°36.1′，东经 120°08.8′。位于宁德市霞浦县东部海域，浮鹰岛北侧，距大陆最近点 4.63 千米。《福建省海域地名志》（1991）载："渔民常在此钓鱼，故名。"岸线长 37 米，面积 110 平方米。基岩岛，岛体由花岗岩构成。略成三角形。基岩裸露。无植被。周边海域产鲳鱼、虾等。

公牛礁 (Gōngniú Jiāo)

北纬 26°36.1′，东经 119°58.6′。位于宁德市霞浦县东部海域，浮鹰岛北侧，距大陆最近点 180 米。因该岛形似公牛，故名。《福建省海域地名志》（1991）中称公牛礁："形似公牛，故名。"基岩岛。面积约 10 平方米。基岩裸露。无植被。

北石岛 (Běishí Dǎo)

北纬 26°35.4′，东经 120°09.9′。位于宁德市霞浦县东部海域，浮鹰岛东侧，距大陆最近点 6.79 千米。第二次全国海域地名普查时命今名。基岩岛。面积约

17 平方米。基岩裸露。无植被。

狮球礁 (Shīqiú Jiāo)

北纬 26°34.9′，东经 120°09.6′。位于宁德市霞浦县东部海域，浮鹰岛东侧，距大陆最近点 7.24 千米。《福建省海域地名志》（1991）载："形似舞狮的球，故名"。面积约 10 平方米。基岩岛，岛体由花岗岩构成。略呈三角形。基岩裸露。无植被。

浮鹰岛 (Fúyīng Dǎo)

北纬 26°34.9′，东经 120°08.5′。位于宁德市霞浦县东部海域，距大陆最近点 4.56 千米，隶属宁德市霞浦县。因该岛形似鹰浮于海面，故名。曾名浮鹰山、双峰岛。宋代有《浮鹰山》诗："浮鹰山在水之中，南北东西路不通。"岛上地势挺拔，天牛顶、六朝顶两山隆起于南北，故又名双峰岛。《中国海洋岛屿简况》（1980）、《中国海域地名志》（1989）、《福建省海域地名志》（1991）、《福建省海岛志》（1994）中均称浮鹰岛。岸线长 2.96 千米，面积 11.585 平方千米，最高点高程 366 米。基岩岛，岛体由火山岩构成。呈长方形，山丘延绵。岩石裸露。植被多茅草、木麻黄、相思树。基岩海岸，岸线曲折，沿岸多港澳。周边海域产带鱼、鲳鱼、虾类等。

有居民海岛。岛上有里澳、文澳 2 个行政村。2011 年户籍人口 1 646 人，常住人口 1 145 人，聚居沿海山麓与山间谷地。岛上居民用水靠水井、水库供应，用电靠电缆从闾岐引电。岛上设有小学、医疗站、邮电所，建有渔业码头和简易公路。

门屿 (Mén Yǔ)

北纬 26°34.8′，东经 119°50.6′。位于宁德市霞浦县东部海域，浮鹰岛北侧，距大陆最近点 240 米。曾名中屿。《福建省海域地名志》（1991）载："因处于头屿和黄竹屿之间，原名中屿，重名，1985 年以与头屿相峙如门，改今名。"岸线长 46 米，面积 165 平方米。基岩岛，岛体由花岗岩构成。基岩裸露。无植被。基岩海岸，滩涂环布。

庶池屿 (Shùchí Yǔ)

北纬 26°34.8′，东经 120°07.3′。位于宁德市霞浦县东部海域，浮鹰岛北侧，距大陆最近点 4.99 千米。原名为笊篱岛，因重名，1985 年改今名。《中国海洋岛屿简况》(1980)、《中国海域地名志》(1989)、《福建省海域地名志》(1991)、《福建省海岛志》(1994) 中均称庶池屿。岸线长 734 米，面积 0.017 3 平方千米，最高点高程 30.1 米。基岩岛，岛体由火山岩构成。基岩裸露。植被主要为草丛、相思树。基岩海岸，周边海域产带鱼、杂鱼、虾等。

六耳岛 (Liù'ěr Dǎo)

北纬 26°34.7′，东经 120°06.2′。位于宁德市霞浦县东部海域，浮鹰岛西侧，距大陆最近点 4.49 千米。该岛形似鹿耳，方言谐音为今名。又名六耳。《中国海洋岛屿简况》(1980) 中称六耳。《中国海域地名志》(1989)、《福建省海域地名志》(1991)、《福建省海岛志》(1994) 中均称六耳岛。岸线长 62 米，面积 187 平方米。基岩岛，岛体由火山岩构成。基岩裸露。植被以草丛和灌木为主。基岩海岸。岛上建有 1 座灯塔。

黄竹屿 (Huángzhú Yǔ)

北纬 26°34.7′，东经 119°50.3′。位于宁德市霞浦县北壁乡西部海域，距大陆最近点 540 米。昔日产黄竹，故名。又名王竹屿。《中国海洋岛屿简况》(1980) 中称王竹屿。《中国海域地名志》(1989)、《福建省海域地名志》(1991)、《福建省海岛志》(1994) 中均称黄竹屿。岸线长 184 米，面积 1 915 平方米，最高点高程 15.2 米。基岩岛，岛体由花岗岩构成。基岩裸露。植被为茅草、相思树等。基岩海岸，周围分布滩涂，海域产杂鱼、虾等。

南六耳岛 (Nánliù'ěr Dǎo)

北纬 26°34.7′，东经 120°06.2′。位于宁德市霞浦县东部海域，浮鹰岛西侧，距大陆最近点 4.59 千米。因位于六耳岛南侧，第二次全国海域地名普查时命今名。基岩岛。面积约 90 平方米。基岩裸露。植被以草丛为主。

小牛仔岛 (Xiǎoniúzǎi Dǎo)

北纬 26°34.6′，东经 120°09.5′。位于宁德市霞浦县东部海域，浮鹰岛东侧，距大陆最近点 7.63 千米。因该岛处于牛仔岛旁且面积较小，第二次全国海域地名普查时命今名。基岩岛。岸线长 221 米，面积 2 526 平方米。基岩裸露。植被以草丛为主。

牛仔岛 (Niúzǎi Dǎo)

北纬 26°34.5′，东经 120°09.6′。位于宁德市霞浦县东部海域，浮鹰岛东侧，距大陆最近点 7.7 千米。因形似小牛，故名。又名牛仔。《中国海洋岛屿简况》（1980）中称牛仔。《中国海域地名志》（1989）、《福建省海域地名志》（1991）、《福建省海岛志》（1994）中均称牛仔岛。岸线长 820 米，面积 0.024 2 平方千米。基岩岛，岛体由火山岩构成。地形西高东低，有多个小丘。基岩裸露。植被主要有茅草等。基岩海岸，周边海域产带鱼、杂鱼、虾等。2008 年霞浦县人民政府立碑设立“牛仔岛海岛特别保护区”，保护对象为海岛及周围 3 海里海域生态系统，实施封岛栽培。

白岛屿 (Báidǎo Yǔ)

北纬 26°34.5′，东经 119°49.7′。位于宁德市霞浦县北壁乡西部海域，距大陆最近点 1.27 千米。原名大礁，因重名，1985 年取岩石色白，改今名。《中国海洋岛屿简况》（1980）、《中国海域地名志》（1989）、《福建省海域地名志》（1991）、《福建省海岛志》（1994）中均称白岛屿。面积约 80 平方米。基岩岛，岛体由火山岩构成。地形西高东低，有多个小丘。基岩裸露。植被以草丛和灌木为主。基岩海岸，周边海域产大黄鱼、石斑鱼、虾等。岛上设有灯桩。

文澳礁岛 (Wén’àojiāo Dǎo)

北纬 26°34.5′，东经 120°08.7′。位于宁德市霞浦县东部海域，浮鹰岛东南侧 60 米。因该岛处文澳口海湾，第二次全国海域地名普查时命今名。面积约 110 平方米。基岩岛，岛体由火山岩构成，基岩裸露。无植被。

圆球岛 (Yuánqiú Dǎo)

北纬 26°34.5′，东经 119°49.7′。位于宁德市霞浦县北壁乡西部海域，距大陆最近点 1.25 千米。因该岛形如圆球，第二次全国海域地名普查时命今名。面积约 6 平方米。基岩岛，岛体由花岗岩构成，为孤立岩石。无植被。

文澳礁仔 (Wén'ào Jiāozǎi)

北纬 26°34.4′，东经 120°08.6′。位于宁德市霞浦县东部海域，浮鹰岛东侧 40 米，距大陆最近点 7.1 千米。《福建省海域地名志》（1991）载："因面积较小且处于文澳村前而得名。"面积约 6 平方米。基岩岛，岛体由花岗岩构成。无植被。

黑虎岛 (Hēihǔ Dǎo)

北纬 26°34.4′，东经 120°08.6′。位于宁德市霞浦县东部海域，浮鹰岛南侧，距大陆最近点 7.12 千米。因该岛形似老虎，且岩石较黑，第二次全国海域地名普查时命今名。面积约 160 平方米。基岩岛，岛体由变质岩构成。无植被。

门前江礁 (Ménqiánjiāng Jiāo)

北纬 26°34.4′，东经 120°08.9′。位于宁德市霞浦县东部海域，浮鹰岛东侧，距大陆最近点 7.5 千米。《福建省海域地名志》（1991）中称门前江礁。岸线长 63 米，面积 313 平方米。基岩岛，岛体由火山岩构成。无植被。

文澳礁南岛 (Wén'àojiāo Nándǎo)

北纬 26°34.4′，东经 120°08.6′。位于宁德市霞浦县东部海域，浮鹰岛东南侧文澳口海湾内，距大陆最近点 7.16 千米。因其位于文澳礁仔以南，第二次全国海域地名普查时命今名。面积约 30 平方米。基岩岛，岛体由火山岩构成。无植被。

龙珠礁 (Lóngzhū Jiāo)

北纬 26°34.3′，东经 120°06.8′。位于宁德市霞浦县东部海域，浮鹰岛西南侧，距大陆最近点 5.5 千米。《福建省海域地名志》（1991）载："传说浮鹰岛的白龙将珠吐在此，故名。"面积约 90 平方米。基岩岛，岛体由火山岩构成。无植被。

望月岛 (Wàngyuè Dǎo)

北纬 26°34.3′，东经 119°49.7′。位于宁德市霞浦县北壁乡西部海域，距大陆最近点 910 米。因该岛形似动物抬头望月，第二次全国海域地名普查时命今名。面积约 20 平方米。基岩岛，岛体由花岗岩构成。无植被。

白圆帽岛（Báiyuánmào Dǎo）

北纬 26°34.1′，东经 120°08.6′。位于宁德市霞浦县东部海域，浮鹰岛东南侧，距大陆最近点 7.4 千米。因该岛顶部如白色帽子，第二次全国海域地名普查时命今名。面积约 10 平方米。基岩岛，岛体由花岗岩构成，海岸陡峭。无植被。

叠石岛（Diéshí Dǎo）

北纬 26°34.1′，东经 119°50.2′。位于宁德市霞浦县北壁乡西部海域，距大陆最近点 80 米。因该岛上两岩石相叠，第二次全国海域地名普查时命今名。面积约 55 平方米。基岩岛，岛体由花岗岩构成。无植被。周围海域多滩涂，低潮时连蛤蟆山。

穿筒礁（Chuāntǒng Jiāo）

北纬 26°34.1′，东经 119°56.6′。位于宁德市霞浦县东南部海域，距大陆最近点 160 米。当地群众惯称穿筒礁。面积约 20 平方米。基岩岛，岛体由花岗岩构成，球状风化明显。无植被。

双轮岛（Shuānglún Dǎo）

北纬 26°34.1′，东经 119°49.9′。位于宁德市霞浦县北壁乡西部海域，距大陆最近点 450 米。因该岛形似两个车轮，第二次全国海域地名普查时命今名。基岩岛。岸线长 119 米，面积 640 平方米。海岸陡峭。岛顶部长有草丛和灌木。

石台岛（Shitái Dǎo）

北纬 26°34.1′，东经 119°50.0′。位于宁德市霞浦县北壁乡西部海域，距大陆最近点 330 米。因岛上岩石形似桌台，第二次全国海域地名普查时命今名。面积约 7 平方米。基岩岛，岛体由花岗岩构成。无植被。

蛤蟆山（Háma Shān）

北纬 26°34.1′，东经 119°50.1′。位于宁德市霞浦县北壁乡西部海域，距大陆最近点 60 米。因该岛形似蛤蟆而得名。又名虾蟆山。《中国海洋岛屿简况》（1980）中称虾蟆山。《中国海域地名志》（1989）、《福建省海域地名志》（1991）、《福建省海岛志》（1994）、《全国海岛名称与代码》（2008）中均称蛤蟆山。岸线长 1.09 千米，面积 0.043 2 平方千米，最高点高程 39 米。基岩岛，岛体由花岗岩构成，地势东部高，西部渐低。海岸为基岩岸滩。岛上植被多为马尾松和灌木丛林。

北横屿 (Běihéng Yǔ)

北纬 26°34.1′，东经 119°49.9′。位于宁德市霞浦县北壁乡西部海域，距大陆最近点 350 米。俗称秤锤礁，又名横屿，因重名，1985 年改名北横屿。《福建省海域地名志》（1991）、《福建省海岛志》（1994）、《全国海岛名称与代码》（2008）中均称北横屿。岸线长 244 米，面积 2 545 平方米，最高点高程 13.3 米。基岩岛，岛体由花岗岩构成。基岩裸露。无植被。

卧牛岛 (Wòniú Dǎo)

北纬 26°34.1′，东经 119°49.9′。位于宁德市霞浦县北壁乡西部海域，距大陆最近点 340 米。因该岛形似卧倒的水牛，第二次全国海域地名普查时命今名。面积约 7 平方米。基岩岛，岛体由花岗岩构成。无植被。

绿帽岛 (Lǜmào Dǎo)

北纬 26°34.0′，东经 120°06.9′。位于宁德市霞浦县东部海域，浮鹰岛西南侧，距大陆最近点 6.02 千米。因岛顶部的草如绿色帽子扣在岛上，第二次全国海域地名普查时命今名。岸线长 178 米，面积 2 255 平方米。基岩岛，岛体由花岗岩构成，海岸陡峭险峻。顶部长有草丛和灌木。

小蛤蟆山岛 (Xiǎohámashān Dǎo)

北纬 26°34.0′，东经 119°50.2′。位于宁德市霞浦县北壁乡西部海域，距大陆最近点 70 米。因该岛在蛤蟆山附近，且面积相对较小，第二次全国海域地名普查时命今名。面积约 78 平方米。基岩岛，岛体由花岗岩构成。植被主要为马尾松。低潮时与蛤蟆山相连。

断石岛 (Duànshí Dǎo)

北纬 26°34.0′，东经 119°50.1′。位于宁德市霞浦县北壁乡西部海域，距大陆最近点 100 米。因海岛岩石断裂成两部分，第二次全国海域地名普查时命今名。面积约 3 平方米。基岩岛，岛体由花岗岩构成。无植被。

洞前岛（Dòngqián Dǎo）

北纬 26°34.0′，东经 120°08.6′。位于宁德市霞浦县东部海域，浮鹰岛东南侧，距大陆最近点 7.63 千米。因岛后方浮鹰岛上有一海蚀洞，第二次全国海域地名普查时命今名。面积约 6 平方米。基岩岛，岛体由花岗岩构成。无植被。

平面礁（Píngmiàn Jiāo）

北纬 26°33.9′，东经 120°08.7′。位于宁德市霞浦县东部海域，浮鹰岛东南侧，距大陆最近点 7.9 千米。曾名平礁。《福建省海域地名志》（1991）载："礁面平坦，原名平礁，因重名，改今名。"岸线长 141 米，面积 726 平方米。基岩岛，岛体由火山岩构成。无植被。周围海域浪大水深。

里礁仔（Lǐ Jiāozǎi）

北纬 26°33.8′，120°09.4′。位于宁德市霞浦县东部海域，浮鹰岛东南侧，距大陆最近点 8.76 千米。《福建省海域地名志》（1991）载："礁小，处外礁仔里，故名。"岸线长 84 米，面积 429 平方米。基岩岛。岛体由火山岩构成，地势向西倾斜，岸陡。无植被。

莲池屿（Liánchí Yǔ）

北纬 26°33.7′，东经 119°56.3′。位于宁德市霞浦县东部海域，距大陆最近点 250 米。该岛形似莲花，原名莲花屿。因重名，以地处池澳海湾，1985 年改今名。《福建省海域地名志》（1991）、《福建省海岛志》（1994）、《全国海岛名称与代码》（2008）中均称莲池屿。岸线长 102 米，面积 719 平方米，最高点高程 6.5 米。基岩岛，岛体由花岗岩构成。无植被。

尼姑屿（Nígū Yǔ）

北纬 26°33.5′，东经 120°09.1′。位于宁德市霞浦县东部海域，浮鹰岛东侧，距大陆最近点 8.4 千米。相传岛上古时建有尼姑庵，故名。《中国海洋岛屿简况》（1980）、《中国海域地名志》（1989）、《福建省海域地名志》（1991）、《福建省海岛志》（1994）、《全国海岛名称与代码》（2008）中均称尼姑屿。岸线长 5.82 千米，面积 0.902 2 平方千米，最高点高程 220 米。基岩岛。岛东部迎风面较陡，西部背风面坡度稍缓，西南部有砾石滩。岛东部植被以草丛为主，西部植被以灌木丛为主。

外礁仔 (Wài Jiāozǎi)

北纬 26°33.5′，东经 120°09.6′。位于宁德市霞浦县东部海域，浮鹰岛东南侧，距大陆最近点 9.45 千米。《福建省海域地名志》（1991）载："因其处于尼姑屿的外侧而得名。"面积约 20 平方米。基岩岛，岛体由花岗岩构成，海岸陡峭。无植被。

圆坛岛 (Yuántán Dǎo)

北纬 26°33.3′，东经 119°50.3′。位于宁德市霞浦县北壁乡西部海域，距大陆最近点 80 米。《福建省海域地名志》（1991）载："因形似圆坛而得名。"面积约 1 平方米。基岩岛。无植被。

青石潭礁 (Qīngshítán Jiāo)

北纬 26°33.3′，东经 120°09.5′。位于宁德市霞浦县东部海域，浮鹰岛东南侧，距大陆最近点 9.52 千米。该岛形似坛，礁石呈青色，故名。《中国海域地名志》（1989）、《福建省海域地名志》（1991）、《福建省海岛志》（1994）、《全国海岛名称与代码》（2008）中均称青石潭礁。岸线长 426 米，面积 6 662 平方米。基岩岛，岛体由火山岩构成，海岸陡峭。无植被。

鹭憩岛 (Lùqì Dǎo)

北纬 26°33.3′，东经 119°50.2′。位于宁德市霞浦县北壁乡西部海域，距大陆最近点 320 米。因常有白鹭在此歇息，第二次全国海域地名普查时命今名。面积约 10 平方米。基岩岛，岛体由花岗岩构成。顶部长少量灌木。

下乌仔礁 (Xiàwūzǎi Jiāo)

北纬 26°33.2′，东经 119°58.3′。位于宁德市霞浦县东部海域，距大陆最近点 3.02 千米。《福建省海域地名志》（1991）中称下乌仔礁。岸线长 84 米，面积 429 平方米。基岩岛，岛体由花岗岩构成。北面岸壁陡峭。无植被。

二礁岛 (Èrjiāo Dǎo)

北纬 26°33.2′，东经 120°08.8′。位于宁德市霞浦县东部海域，浮鹰岛东南侧，距大陆最近点 8.91 千米。因海岛由两块石头构成，第二次全国海域地名普查时命今名。面积约 230 平方米。基岩岛，岛体由火山岩构成。海岸陡峭。无植被。

楻鼻礁（Huángbí Jiāo）

北纬 26°32.8′，东经 120°08.5′。位于宁德市霞浦县东部海域。因该岛形似桶鼻，故名。《福建省海域地名志》（1991）、《福建省海岛志》（1994）、《全国海岛名称与代码》（2008）中均称楻鼻礁。岸线长 490 米，面积 7 724 平方米。基岩岛，岛体由花岗岩构成。海岸陡峭。岛上长有零星灌木林。

方礁（Fāng Jiāo）

北纬 26°32.8′，东经 120°08.3′。位于宁德市霞浦县东部海域，浮鹰岛南侧，距大陆最近点 9.15 千米。曾名鹭鸶礁。《福建省海域地名志》（1991）载："原名鹭鸶礁，因重名，以礁石呈方形，故名。"面积约 3 平方米。基岩岛，岛体由花岗岩构成，为孤立岩石。无植被。

小西洋岛（Xiǎoxīyáng Dǎo）

北纬 26°32.7′，东经 120°00.0′。位于宁德市霞浦县下浒镇东南 7.5 千米，距大陆最近点 5.33 千米。俗称黄湾岛，后因相邻西洋岛，且面积次之而得名。《中国海洋岛屿简况》（1980）、《中国海域地名志》（1989）、《福建省海域地名志》（1991）、《福建省海岛志》（1994）、《全国海岛名称与代码》（2008）中均称小西洋岛。岸线长 7.42 千米，面积 0.948 8 平方千米，最高点高程 104 米。呈南北走向，长 2.12 千米，最宽处约 690 米。基岩岛。岛上植被多草丛和灌木，西部山坡有成片相思林。岛西部建有灯标。

有居民海岛。岛上有 1 个自然村（黄湾村），隶属宁德市霞浦县。2011 年户籍人口 183 人，常住人口 80 人，聚居于北部坡麓沿海处。村民以养殖海带为主，兼有放牧羊群。用水靠淡水井，用电靠柴油发电。

西臼塘岛（Xījiùtáng Dǎo）

北纬 26°32.3′，东经 119°54.1′。位于宁德市霞浦县东部海域，距大陆最近点 30 米。因其位于西臼塘澳口，第二次全国海域地名普查时命今名。面积约 10 平方米。岛体由花岗岩构成，色黑。无植被。

马刺岛（Mǎcì Dǎo）

北纬 26°32.3′，东经 120°08.4′。位于宁德市霞浦县东部海域，浮鹰岛南侧，距大陆最近点 9.12 千米，隶属宁德市霞浦县。岛上有马刺村，当地群众惯称马刺岛。《中国海洋岛屿简况》（1980）、《福建省海域地名志》（1991）、《中国海域地名志》（1989）、《福建省海岛志》（1994）、《全国海岛名称与代码》（2008）中均称马刺岛。岸线长 71.52 千米，面积 1.480 8 平方千米，最高点高程 258 米。基岩岛，岛体由花岗岩构成。岛上植被多草丛，西部有成片相思树林。西南部建有航标。

有居民海岛。岛上有 1 个自然村（马刺村），2011 年户籍人口 5 人，常住人口 5 人。居民以海洋捕捞和海带养殖为主。民房多建在岛西部山麓。鱼汛季节，有外地渔民暂居。居民用水靠淡水井供应，用电靠柴油发电机供电。

鸟蛋鼻礁（Niǎodànbí Jiāo）

北纬 26°32.1′，东经 120°07.7′。位于宁德市霞浦县东部海域，浮鹰岛南侧，距大陆最近点 9.85 千米。《福建省海域地名志》（1991）中称鸟蛋鼻礁。面积约 4 平方米。基岩岛，岛体由花岗岩构成。无植被。

圆石盘岛（Yuánshípán Dǎo）

北纬 26°31.9′，东经 120°03.6′。位于宁德市霞浦县东南部海域，西洋岛北侧，距大陆最近点 9.51 千米。《福建省海域地名志》（1991）载："因岛下部礁盘如圆盘，故名。"岸线长 60 米，面积 227 平方米。基岩岛，岛体由花岗岩构成。海岸陡峭。无植被。

南草屿岛（Náncǎoyǔ Dǎo）

北纬 26°31.9′，东经 120°03.7′。位于宁德市霞浦县东南部海域，西洋岛北侧，距大陆最近点 9.61 千米。第二次全国海域地名普查时命今名。岸线长 146 米，面积 1 335 平方米。基岩岛，岛体由花岗岩构成。地势向北倾斜，海岸陡峭。岛上长零星杂草。

布袋礁岛（Bùdàijiāo Dǎo）

北纬 26°31.9′，东经 119°53.8′。位于宁德市霞浦县北壁乡东部海域，距大陆最近点 120 米。因形似布袋而得名。又名过袋州。《中国海洋岛屿简况》（1980）中称过袋州。《福建省海域地名志》（1991）中称布袋礁岛。岸线长 510 米，面积 0.013 8 平方千米。基岩岛，岛体由花岗岩构成。地形低缓，西北高东南低。植被以草丛为主，顶部植被遭破坏，草丛主要分布于北部较陡岸壁上。该岛西面筑有 3 条海堤与大陆相连，堤内养殖。

马鞍仔岛 (Mǎ'ānzǎi Dǎo)

北纬 26°31.8′，东经 120°01.1′。位于宁德市霞浦县北壁乡东部海域，距大陆最近点 8.25 千米。《福建省海域地名志》（1991）、《福建省海岛志》（1994）、《全国海岛名称与代码》（2008）中均称马鞍仔岛。岸线长 105 米，面积 701 平方米，最高点高程 10.3 米。基岩岛，岛体由花岗岩构成，海岸陡峭。无植被。岛顶部建有一灯标。

冰盘礁岛 (Bīngpánjiāo Dǎo)

北纬 26°31.8′，东经 119°53.7′。位于宁德市霞浦县北壁乡东部海域，距大陆最近点 10 米。《福建省海域地名志》（1991）载："形似盘，故名。"面积约 66 平方米。基岩岛，岛体由花岗岩构成，海岸陡直。无植被。该岛北面已筑堤连布袋礁岛，围垦区内养殖。

木楔岛 (Mùxiē Dǎo)

北纬 26°31.6′，东经 120°03.7′。位于宁德市霞浦县东南部海域，西洋岛北侧，距大陆最近点 10.08 千米。因形似木楔插入澳中，第二次全国海域地名普查时命今名。面积约 30 平方米。基岩岛，岛体由火山岩构成。无植被。

三柱岛 (Sānzhù Dǎo)

北纬 26°31.6′，东经 120°03.8′。位于宁德市霞浦县东南部海域，西洋岛北侧，距大陆最近点 10.1 千米。因岛上有三个直立的柱子，第二次全国海域地名普查时命今名。面积约 20 平方米。基岩岛，岛体由火山岩构成。无植被。

鸡公礁 (Jīgōng Jiāo)

北纬 26°31.5′，东经 120°03.9′。位于宁德市霞浦县东南部海域，西洋岛北侧，距大陆最近点 10.44 千米。《福建省海域地名志》（1991）载："因形似公鸡，故名。”岸线长485米，面积4 271平方米。基岩岛，岛体由花岗岩构成。海岸陡峭险峻。无植被。

大长屿 (Dàcháng Yǔ)

北纬26°31.5′，东经119°53.7′。位于宁德市霞浦县北壁乡东部海域，距大陆最近点380米。曾名大礁，因重名，1985年改今名。《福建省海域地名志》（1991）、《福建省海岛志》（1994）、《全国海岛名称与代码》（2008）中均称大长屿。岸线长469米，面积8 591平方米。基岩岛，岛体由花岗岩构成，岛形狭长，呈东北—西南走向，海岸陡峭。植被以草丛为主。

过龙礁岛 (Guòlóngjiāo Dǎo)

北纬26°31.4′，东经119°53.5′。位于宁德市霞浦县北壁乡东部海域，距大陆最近点400米。曾名过垄岛，又名大礁。岛体形如蛟龙入海，当地群众惯称过龙礁岛。《福建省海域地名志》（1991）载：“曾名过垄岛，后因谐音改名。”《中国海洋岛屿简况》（1980）中称大礁。《中国海域地名志》（1989）、《福建省海岛志》（1994）、《全国海岛名称与代码》（2008）中均称过龙礁岛。基岩岛。岸线长1.33千米，面积0.022 8平方千米，最高点高程25.9米。海岛地势东高西低。基岩海岸。岛顶部长有草丛和灌木。

横竿岛 (Hénggān Dǎo)

北纬26°31.4′，东经120°03.9′。位于宁德市霞浦县东南部海域，西洋岛北侧，距大陆最近点10.6千米。因该岛形如竹竿横在水中，第二次全国海域地名普查时命今名。岸线长87米，面积525平方米。基岩岛，岛体由花岗岩构成。地势向西倾斜，海岸陡峭。无植被。

斧头屿东岛 (Fǔtóuyǔ Dōngdǎo)

北纬26°31.3′，东经120°04.2′。位于宁德市霞浦县东南部海域，西洋岛北侧，距大陆最近点10.8千米。因该岛位于斧头屿以东，第二次全国海域地名普查时命今名。面积约17平方米。基岩岛，岛体由火山岩构成。无植被。

锤头岛 (Chuítóu Dǎo)

北纬26°31.3′，东经120°04.1′。位于宁德市霞浦县东南部海域，西洋岛北侧，距大陆最近点 10.8 千米。因该岛形似锤头，第二次全国海域地名普查时命今名。岸线长 123 米，面积 960 平方米。基岩岛，岛体由火山岩构成。海岸陡峭。岛顶部长零星草丛。

斧头屿 (Fǔtóu Yǔ)

北纬 26°31.3′，东经 120°04.1′。位于宁德市霞浦县东南部海域，西洋岛北侧，距大陆最近点 10.77 千米。因该岛形似斧头而得名。《中国海域地名志》（1989）、《福建省海域地名志》（1991）、《福建省海岛志》（1994）、《全国海岛名称与代码》（2008）中均称斧头屿。岸线长 612 米，面积 0.016 1 平方千米。基岩岛，岛体由火山岩构成。海岸为陡峭基岩岸。植被多草丛和灌木，有少量乔木。

刺堡岛 (Cìbǎo Dǎo)

北纬 26°31.3′，东经 120°04.2′。位于宁德市霞浦县东南部海域，西洋岛北侧，距大陆最近点 10.85 千米。因该岛形似圆顶城堡，表面岩石尖锐，第二次全国海域地名普查时命今名。岸线长 120 米，面积 691 平方米。基岩岛，岛体由火山岩构成。海岸陡峭。无植被。

小斧头岛 (Xiǎofǔtóu Dǎo)

北纬 26°31.3′，东经 120°04.2′。位于宁德市霞浦县东南部海域，西洋岛北侧，距大陆最近点 10.84 千米。原与斧头屿统称为斧头屿。因该岛面积较小，第二次全国海域地名普查时命今名。岸线长 249 米，面积 1 561 平方米。基岩岛，岛体由火山岩构成，海岸陡峭。无植被。低潮时与斧头屿相连。

北竖排岛 (Běishùpái Dǎo)

北纬 26°31.3′，东经 120°04.1′。位于宁德市霞浦县东南部海域，西洋岛北侧，距大陆最近点 10.95 千米。因该岛位于竖排礁北部，第二次全国海域地名普查时命今名。面积约 90 平方米。基岩岛，岛体由火山岩构成，北部有沙滩。岛上长零星草丛。低潮时与斧头屿相连。

竖排礁 (Shùpái Jiāo)

北纬 26°31.2′，东经 120°04.1′。位于宁德市霞浦县东南部海域，西洋岛北侧，距大陆最近点 11 千米。《福建省海域地名志》（1991）载："因形似竖起的竹排，故名。”岸线长 40 米，面积 128 平方米。基岩岛，岛体由花岗岩构成。无植被。

牛粪礁 (Niúfèn Jiāo)

北纬 26°31.2′，东经 120°02.3′。位于宁德市霞浦县东南部海域，西洋岛北侧，距大陆最近点 9.88 千米。《福建省海域地名志》（1991）载：“形似牛粪，故名。”面积约 140 平方米。基岩岛，岛体由火山岩构成。无植被。

蜥蜴岛 (Xīyì Dǎo)

北纬 26°31.2′，东经 120°04.3′。位于宁德市霞浦县东南部海域，西洋岛北侧，距大陆最近点 11.1 千米。因该岛形似蜥蜴，第二次全国海域地名普查时命今名。岸线长 133 米，面积 511 平方米。基岩岛，岛体由花岗岩构成，海岸陡峭。无植被。

金字岛 (Jīnzì Dǎo)

北纬 26°31.1′，东经 120°03.9′。位于宁德市霞浦县东南部海域，西洋岛东北侧，距大陆最近点 11.1 千米。因该岛形似金字塔，第二次全国海域地名普查时命今名。岸线长 134 米，面积 1 188 平方米。基岩岛，岛体由火山岩构成。海岸陡峭。无植被。

铁墩礁 (Tiědūn Jiāo)

北纬 26°30.9′，东经 120°04.3′。位于宁德市霞浦县东南部海域，西洋岛东北侧，距大陆最近点 11.5 千米。《福建省海域地名志》（1991）载：“因形似铁墩，故名。”面积约 180 平方米。基岩岛，岛体由花岗岩构成，岛体向北倾斜。海岸陡峻。无植被。

四腿屿九岛 (Sìtuǐyǔ Jiǔdǎo)

北纬 26°30.9′，东经 119°58.0′。位于宁德市霞浦县东南部海域，西洋岛西侧，距大陆最近点 5.33 千米。该岛为四腿屿诸多岛屿之一，逆时针加序数得名。岸线长 95 米，面积 504 平方米。基岩岛，岛体由花岗岩构成，海岸陡峭。顶部长零星杂草。低潮时连四腿屿八岛。

企牌礁 (Qǐpái Jiāo)

北纬 26°30.9′，东经 119°51.9′。位于宁德市霞浦县北壁乡东南部海域，距大陆最近点 10 米。《福建省海域地名志》（1991）载：“在企牌村前，故名。”

面积约 10 平方米。基岩岛，岛体由花岗岩构成。无植被。海岸陡峻。周围海域水深浪高，为航行危险区。

四腿屿八岛（Sìtuǐyǔ Bādǎo）

北纬 26°30.9′，东经 119°58.0′。位于宁德市霞浦县东南部海域，西洋岛西侧，距大陆最近点 5.36 千米。该岛为四腿屿诸多岛屿之一，逆时针加序数得名。面积约 110 平方米。基岩岛，岛体由花岗岩构成。长零星草丛。海岸陡峭。低潮时连四腿屿九岛。

四腿屿七岛（Sìtuǐyǔ Qīdǎo）

北纬 26°30.9′，东经 119°58.0′。位于宁德市霞浦县东南部海域，西洋岛西侧，距大陆最近点 5.42 千米。该岛为四腿屿诸多岛屿之一，逆时针加序数得名。面积约 70 平方米。基岩岛，岛体由花岗岩构成。无植被。海岸陡峭。低潮时连四腿屿六岛。

四腿屿六岛（Sìtuǐyǔ Liùdǎo）

北纬 26°30.9′，东经 119°58.0′。位于宁德市霞浦县东南部海域，西洋岛西侧，距大陆最近点 5.43 千米。该岛为四腿屿诸多岛屿之一，逆时针加序数得名。岸线长 83 米，面积 504 平方米。基岩岛，岛体由花岗岩构成。海岸陡峭。无植被。低潮时连四腿屿七岛。

四腿屿五岛（Sìtuǐyǔ Wǔdǎo）

北纬 26°30.8′，东经 119°58.1′。位于宁德市霞浦县东南部海域，西洋岛西侧，距大陆最近点 5.66 千米。该岛为四腿屿诸多岛屿之一，逆时针加序数得名。岸线长 228 米，面积 3 135 平方米。基岩岛，岛体由花岗岩构成。海岸陡峭。无植被。

四腿屿四岛（Sìtuǐyǔ Sìdǎo）

北纬 26°30.7′，东经 119°58.1′。位于宁德市霞浦县东南部海域，西洋岛西侧，距大陆最近点 5.74 千米。该岛为四腿屿诸多岛屿之一，逆时针加序数得名。岸线长 161 米，面积 1 631 平方米。基岩岛，岛体由花岗岩构成。海岸陡峭。顶部长有杂草和灌木。低潮时连四腿屿三岛。

四腿屿三岛 (Sìtuǐyǔ Sāndǎo)

北纬 26°30.7′，东经 119°58.1′，位于宁德市霞浦县东南部海域，西洋岛西侧，距大陆最近点 5.78 千米。该岛为四腿屿诸多岛屿之一，逆时针加序数得名。岸线长 350 米，面积 7 150 平方米。基岩岛，岛体由花岗岩构成。海岸陡峭。顶部长有杂草和灌木。低潮时连四腿屿四岛。

四腿屿一岛 (Sìtuǐyǔ Yīdǎo)

北纬 26°30.7′，东经 119°58.1′。位于宁德市霞浦县东南部海域，西洋岛西侧，距大陆最近点 5.89 千米。该岛为四腿屿诸多岛屿之一，逆时针加序数得名。面积约 20 平方米。基岩岛，岛体由花岗岩构成。海岛地势相对低平，高潮时仅小部分出露。无植被。

四腿屿 (Sìtuǐ Yǔ)

北纬 26°30.7′，东经 119°58.1′。位于宁德市霞浦县东南部海域，西洋岛西侧，距大陆最近点 5.77 千米。因与周边海岛合起来形状如四腿，由此得名。《中国海域地名志》（1989）、《福建省海域地名志》（1991）、《福建省海岛志》（1994）、《全国海岛名称与代码》（2008）中均称四腿屿。岸线长 412 米，面积 9 902 平方米。基岩岛，岛体由花岗岩构成。海岸陡峭，顶部平缓。植被以草丛和灌木为主。低潮时连四腿屿十四岛。

四腿屿二岛 (Sìtuǐyǔ Èrdǎo)

北纬 26°30.7′，东经 119°58.2′。位于宁德市霞浦县东南部海域，西洋岛西侧，距大陆最近点 5.97 千米。该岛为四腿屿诸多岛屿之一，逆时针加序数得名。岸线长 292 米，面积 4 531 平方米，最高点高程 20.4 米。基岩岛，岛体由花岗岩构成。海岸陡峭。顶部长有杂草和灌木。

四腿屿十四岛 (Sìtuǐyǔ Shísì Dǎo)

北纬 26°30.6′，东经 119°58.0′。位于宁德市霞浦县东南部海域，西洋岛西侧，距大陆最近点 5.8 千米。该岛为四腿屿诸多岛屿之一，逆时针加序数得名。面积约 220 平方米。基岩岛，岛体由花岗岩构成。海岸陡峭，有海蚀洞发育。顶部长有少量草丛和灌木。低潮时连四腿屿和四腿屿十岛。

四腿屿十岛 (Sìtuǐyǔ Shídǎo)

北纬 26°30.6′，东经 119°58.0′。位于宁德市霞浦县东南部海域，西洋岛西侧，距大陆最近点 5.78 千米。该岛为四腿屿诸多岛屿之一，逆时针加序数得名。岸线长 214 米，面积 2 153 平方米。基岩岛，岛体由花岗岩构成。海岸陡峭。顶部长有草丛。低潮时连四腿屿十四岛。

四腿屿十一岛 (Sìtuǐyǔ Shíyī Dǎo)

北纬 26°30.6′，东经 119°58.0′。位于宁德市霞浦县东南部海域，西洋岛西侧，距大陆最近点 5.78 千米。该岛为四腿屿诸多岛屿之一，逆时针加序数得名。岸线长 350 米，面积 7 150 平方米。基岩岛，岛体由花岗岩构成。海岸陡峭。顶部长有杂草和灌木。顶部建有灯塔。低潮时连四腿屿十二岛。

四腿屿十二岛 (Sìtuǐyǔ Shí'èr Dǎo)

北纬 26°30.6′，东经 119°58.0′。位于宁德市霞浦县东南部海域，西洋岛西侧，距大陆最近点 5.88 千米。该岛为四腿屿诸多岛屿之一，逆时针加序数得名。面积约 190 平方米。基岩岛，岛体由花岗岩构成。海岸陡峭。无植被。低潮时连四腿屿十一岛。

四腿屿十三岛 (Sìtuǐyǔ Shísān Dǎo)

北纬 26°30.6′，东经 119°58.0′。位于宁德市霞浦县东南部海域，西洋岛西侧，距大陆最近点 5.84 千米。该岛为四腿屿诸多岛屿之一，逆时针加序数得名。面积约 300 平方米。基岩岛，岛体由花岗岩构成。海岸陡峭。无植被。

西洋岛 (Xīyáng Dǎo)

北纬 26°30.6′，东经 120°02.8′。位于宁德市霞浦县东南部海域，距大陆最近点 9.73 千米。原名蜘蛛岛，因俯视该岛形似蜘蛛而得名。据说很久以前，有渔船经过这里，远远看到岸上有红发蓝眼的异国人，疑是到了西洋地界，于是取名“西洋岛”。《中国海域地名志》（1989）、《福建省海域地名志》（1991）、《福建省海岛志》（1994）、《全国海岛名称与代码》（2008）中均称西洋岛。基岩岛。岸线长 2.51 千米，面积 7.916 2 平方千米，最高点高程 221 米。呈东北 — 西南走向，地势以低山丘陵为主，北高南低。岛中心低丘蟠踞，沿海系狭窄平原。岸坡较陡。西北、东北部山丘植被良好，有数条小溪沿山谷汇入肯头河。沿岸线有北澳、大王澳、贵澳、大澳、风门澳等湾澳。岛南大澳可停泊千吨海轮。周围海域水产资源丰富。

该岛为海岛乡人民政府所在海岛，隶属宁德市霞浦县。清代曾在岛上设有汛防，为我国东南沿海重要屏障，中华人民共和国成立前英国人在西洋岛建导航灯塔。乡政府设在大澳村，有3个行政村、14个自然村。2011年户籍人口7 083人，常住人口7 651人。居民主要聚居在岛东南。岛上有旱地。经济发展水平不高，结构单一，以渔业为主。是霞浦县重要水产基地之一。该岛成为台轮作业和停泊的地方，民间贸易频繁。

北牛礁北岛 (Běiniújiāo Běidǎo)

北纬26°30.1′，东经120°08.4′。位于宁德市霞浦县东南部海域，西洋岛东侧。因其位于北牛礁北侧，第二次全国海域地名普查时命今名。面积约10平方米。基岩岛，岛体由花岗岩构成。地势低平。无植被。

大东屿 (Dàdōng Yǔ)

北纬26°30.1′，东经119°59.0′。位于宁德市霞浦县东南部海域，东距西洋岛3.81千米。《中国海洋岛屿简况》（1980）、《中国海域地名志》（1989）、《福建省海域地名志》（1991）、《福建省海岛志》（1994）、《全国海岛名称与代码》（2008）中均称大东屿。岸线长2.01千米，面积0.110 9平方千米。基岩岛，岛体由花岗岩构成。地势东高西低。植被以草丛和灌木为主。海岸为陡峭的基岩岸滩，海蚀洞发育。

北牛礁 (Běiniú Jiāo)

北纬26°30.1′，东经120°08.4′。位于宁德市霞浦县东南部海域，西洋岛东侧，距大陆最近点13.75千米。《福建省海域地名志》（1991）载："礁形似牛，因方位而名。"面积约30平方米。基岩岛，岛体由花岗岩构成。地势低平。无植被。

竖墙岛 (Shùqiáng Dǎo)

北纬26°30.0′，东经120°03.1′。位于宁德市霞浦县东南部海域，西洋岛南侧，距大陆最近点 12.3 千米。因该岛形如竖立的墙壁，第二次全国海域地名普查时命今名。岸线长 81 米，面积 521 平方米。基岩岛，岛体由花岗岩构成。地势向西倾斜，海岸陡峭。无植被。岛西侧已筑堤连西洋岛。

水船澳北岛（Shuǐchuán'ào Běidǎo）

北纬 26°30.0′，东经 120°01.4′。位于宁德市霞浦县东南部海域，西洋岛南侧，距大陆最近点 10.76 千米。因该岛位于水船澳北侧，第二次全国海域地名普查时命今名。面积约 30 平方米。基岩岛，岛体由花岗岩构成。海岸陡峭。岛上长有零星小草。

鱼背岛（Yúbèi Dǎo）

北纬 26°29.9′，东经 120°02.6′。位于宁德市霞浦县东南部海域，西洋岛南侧，距大陆最近点 20 米。因该岛形如鱼背，第二次全国海域地名普查时命今名。面积约 90 平方米。基岩岛，岛体火山岩构成。无植被。

望祖礁（Wàngzǔ Jiāo）

北纬 26°29.9′，东经 120°03.3′。位于宁德市霞浦县东南部海域，西洋岛南侧，距大陆最近点 12.7 千米。该岛与西洋岛遥遥相望，当地群众惯称望祖礁。《中国海域地名志》（1989）、《福建省海域地名志》（1991）、《福建省海岛志》（1994）、《全国海岛名称与代码》（2008）中均称望祖礁。岸线长 160 米，面积 1 821 平方米。基岩岛，岛体由花岗岩构成。海岸陡峭。无植被。周围海域多暗礁。

鲸头岛（Jīngtóu Dǎo）

北纬 26°29.7′，东经 120°01.4′。位于宁德市霞浦县东南部海域，西洋岛南侧，距大陆最近点 11 千米。原与二尖岩统称为二尖岩。因该岛形似露出水面的鲸鱼头，第二次全国海域地名普查时命今名。岸线长 120 米，面积 966 平方米。基岩岛，岛体由花岗岩构成，海岸陡峭。植被以草丛和灌木为主。岛顶部建有一灯标。

二尖岩（Èrjiān Yán）

北纬 26°29.7′，东经 120°01.4′。位于宁德市霞浦县东南部海域，西洋岛南侧，距大陆最近点 11 千米。因该岛有两块尖尖的石头突出岛体，故名。2001 年海军航保部出版的海图标注为二尖岩。基岩岛。面积约220平方米。海岸陡峭不易登岛，海蚀洞发育。顶部多草丛和灌木。

圆台屿 (Yuántái Yǔ)

北纬26°29.7′，东经120°02.8′。位于宁德市霞浦县东南部海域，西洋岛南侧，距大陆最近点12.68千米。因该岛形似圆台而得名。《福建省海域地名志》（1991）、《福建省海岛志》（1994）、《全国海岛名称与代码》（2008）中均称圆台屿。岸线长75米，面积312平方米，最高点高程8.3米。基岩岛，岛体由花岗岩构成。海岸陡峭险峻。无植被。低潮时连小圆台岛。

小圆台岛 (Xiǎoyuántái Dǎo)

北纬26°29.7′，东经120°02.8′。位于宁德市霞浦县东南部海域，西洋岛南侧，距大陆最近点12.7千米。原与圆台屿统称为圆台屿，因该岛形似圆台，面积较小，第二次全国海域地名普查时命今名。面积约330平方米。基岩岛，岛体由花岗岩构成。无植被。低潮时连圆台屿。

小皇帝雷岛 (Xiǎohuángdìleí Dǎo)

北纬26°29.7′，东经120°02.5′。位于宁德市霞浦县东南部海域，西洋岛南侧，距大陆最近点12.5千米。原与皇帝雷岛统称为皇帝雷岛。因该岛邻皇帝雷岛，且面积较小，第二次全国海域地名普查时命今名。面积约20平方米。基岩岛，岛体由花岗岩构成。海岸陡峭。无植被。

皇帝雷岛 (Huángdìleí Dǎo)

北纬26°29.7′，东经120°02.5′。位于宁德市霞浦县东南部海域，西洋岛南侧，距大陆最近点12.52千米。传说曾有天雷落于岛上，故名。《福建省海域地名志》（1991）、《福建省海岛志》（1994）、《全国海岛名称与代码》（2008）中均称皇帝雷岛。岸线长124米，面积1 120平方米。基岩岛，岛体由花岗岩构成。海岸陡峭险峻。无植被。

到望礁 (Dàowàng Jiāo)

北纬26°29.6′，东经120°02.3′。位于宁德市霞浦县东南部海域，西洋岛南侧，距大陆最近点12.28千米。因船行至此岛前，可看到西洋岛大澳村，故名。《福建省海域地名志》（1991）、《福建省海岛志》（1994）、《全国海岛名称与代码》（2008）中均称到望礁。岸线长 242 米，面积 4 101 平方米。基岩岛，岛体由花岗岩构成。海岸陡峭不易登岛，海蚀洞发育。顶部长有零星草丛。

虾笼澳岛 (Xiālóng'ào Dǎo)

北纬 26°29.6′，东经 120°02.1′。位于宁德市霞浦县东南部海域，西洋岛南侧，距大陆最近点 12.08 千米。因该岛位于虾笼澳，第二次全国海域地名普查时命今名。面积约 50 平方米。基岩岛，岛体由火山岩构成。无植被。

小东屿 (Xiǎodōng Yǔ)

北纬 26°29.6′，东经 119°59.4′。位于宁德市霞浦县东南部海域，西洋岛西南侧，距大陆最近点 8.7 千米。该岛位于大东屿旁，面积较小，当地群众称小东屿。《福建省海域地名志》（1991）、《中国海域地名志》（1989）、《福建省海岛志》（1994）、《全国海岛名称与代码》（2008）中均称小东屿。岸线长 500 米，面积 0.015 2 平方千米，最高点高程 37.7 米。基岩岛，岛体由花岗岩构成。岛呈椭圆形，近东西走向，南部海岸陡峭险峻。植被多灌木和草丛，西北部山坡有成片相思树林。

魁山岛 (Kuíshān Dǎo)

北纬 26°29.6′，东经 120°08.1′。位于宁德市霞浦县海岛乡东部海域，西洋岛东侧，距大陆最近点 13.85 千米。原名开山岛，谐音得名。《中国海洋岛屿简况》（1980）、《中国海域地名志》（1989）、《福建省海域地名志》（1991）、《福建省海岛志》（1994）、《全国海岛名称与代码》（2008）中均称魁山岛。岸线长 6.05 千米，面积 0.954 6 平方千米，最高点高程 236.3 米。基岩岛，岛体由花岗岩构成。基岩海岸为主，西北部有小范围沙滩。植被以草丛和灌木为主。岛最南端建有灯塔。

小东屿仔 (Xiǎodōng Yǔzǎi)

北纬 26°29.5′，东经 119°59.4′。位于宁德市霞浦县海岛乡西部海域，距大陆最近点 8.86 千米。因该岛邻大东屿，面积次之，故名。《中国海域地名志》（1989）、《福建省海域地名志》（1991）、《福建省海岛志》（1994）、《全国海岛名称与代码》(2008)中均称小东屿仔。岸线长253米，面积2 896平方米。基岩岛，岛体由花岗岩构成。地势向北倾斜。岛上长有零星草丛。顶部建有灯塔。低潮时连大东屿。

半球岛 (Bànqiú Dǎo)

北纬26°29.5′，东经119°59.5′。位于宁德市霞浦县海岛乡西部海域，距大陆最近点9千米。因该岛形似半球，第二次全国海域地名普查时命今名。面积约6平方米。基岩岛，岛体由花岗岩构成，为孤立岩石，岸陡。无植被。

乌山岛 (Wūshān Dǎo)

北纬26°54.9′，东经119°38.9′。位于宁德市福安市甘棠镇东南1.79千米，距大陆最近点120米。昔日乌姓居此，故名。又名鸟山岛。《福建省海岛志》(1994)和《全国海岛名称与代码》(2008)中称鸟山岛，《福安市志》(1999)中称乌山岛。岸线长4.88千米，面积0.779 9平方千米，最高点高程28.7米。沙泥岛，岛体由松散冲积物构成。地形低平，东北部和南部有两个小丘。沙质岸滩，沿岸筑有1米高的堤。植被以乔木、灌木为主。岛上有耕地。由电缆供电，水源来自白马河和山上径流。岛西部有灯桩2座。

塘岐沙 (Tángqí Shā)

北纬26°53.7′，东经119°38.9′。位于宁德市福安市甘棠镇东南3.26千米，距大陆最近点210米。又名长岐沙岛。《福建省海岛志》(1994)和《全国海岛名称与代码》(2008)中称塘岐沙。《福安市志》(1999)中称长岐沙岛。岸线长1.71千米，面积0.134 4平方千米，最高点高程2.5米。沙泥岛，岛体由松散冲积物构成。沙质岸滩，沿岸筑有1米高的堤，东北侧为沙滩。植被以灌木为主。岛上有耕地、养殖池塘。建有高压电塔。

六屿岛 (Liùyǔ Dǎo)

北纬26°50.6′，东经119°40.5′。位于宁德市福安市下白石镇北2.8千米，距大陆最近点580米。原有相邻六个屿，故名。《中国海洋岛屿简况》(1980)、《中国海域地名志》(1989)、《福建省海域地名志》(1991)、《福建省海岛志》(1994)、《宁德地区志》(1998)、《福安市志》(1999)、《全国海岛名称与代码》（2008）中均称六屿岛。岸线长 2.13 千米，面积 0.209 7 平方千米，最高点高程 25.4 米。基岩岛。中部低、南北高。多沙岸，间或岩岸。植被以乔木为主。有居民海岛。岛上有两个自然村，隶属福安市。2011 年户籍人口 924 人，常住人口 360 人。岛上有耕地、教堂、客运码头及灯桩，有照明、通信等设施。居民用水靠水井，用电靠六屿村接入电缆。

牛头屿 (Niútóu Yǔ)

北纬 26°49.5′，东经 119°46.8′。位于宁德市福安市溪尾镇西南 3.64 千米，距大陆最近点 20 米。该岛形似牛头而得名。又名下鼻头。《中国海洋岛屿简况》（1980）中称下鼻头。《福建省海岛志》（1994）和《全国海岛名称与代码》（2008）中称牛头屿。岸线长 1.3 千米，面积 0.100 1 平方千米，最高点高程 36.7 米。基岩岛。呈东西走向。地形中部隆起，两端渐低。岛上植被以灌木和茅草为主。海岸为基岩岸滩，周围多滩涂。

有居民海岛。岛上有牛头屿村，隶属福安市。2011 年户籍人口 275 人，常住人口 430 人。居民用电来自溪尾镇，饮用水来自水井。该岛建有交通码头。东北侧和西侧分别筑堤与溪尾镇下邳村相连。

秤锤井屿 (Chèngchuíjǐng Yǔ)

北纬 26°48.7′，东经 119°46.4′。位于宁德市福安市溪尾镇西南 5.58 千米，距大陆最近点 90 米。因形似秤锤，北有深潭，故名。《中国海域地名志》（1989）、《福建省海域地名志》（1991）、《福建省海岛志》（1994）、《福安市志》（1999）中均称秤锤井屿。基岩岛。岸线长 131 米，面积 995 平方米，最高点高程 10.2 米。岛上基岩裸露，表土为黄壤。植被以草丛为主。海岸为基岩岸滩。该岛设福安白海豚观察站。

单屿山 (Dānyǔ Shān)

北纬 26°47.4′，东经 119°36.1′。位于宁德市福安市下白石镇西南 8.41 千米，距大陆最近点 60 米。因孤立海面，故名。又名狮子山。《中国海洋岛屿简况》（1980）中称狮子山。《中国海域地名志》（1989）、《福建省海域地名志》（1991）、《福建省海岛志》（1994）、《全国海岛名称与代码》（2008）中均称单屿山。基岩岛。岸线长 460 米，面积 0.014 1 平方千米，最高点高程 27.6 米。基岩裸露，地形中间高四周渐低。植被以乔木为主。多沙岸，有少量岩岸，周围多滩涂。通过连岛路堤与陆地相连，温福高铁穿过该岛。

猪槽屿 (Zhūcáo Yǔ)

北纬 26°46.2′，东经 119°37.1′。位于宁德市福安市下白石镇西南 8.12 千米，距大陆最近点 200 米。《中国海洋岛屿简况》(1980)、《福建省海岛志》(1994)、《全国海岛名称与代码》(2008) 中均称猪槽屿。基岩岛。岸线长 640 米，面积 0.030 3 平方千米，最高点高程 62.4 米。基岩裸露，为花岗岩。地势挺拔，中间高。海岸为基岩岸滩，周围多滩涂。植被以灌木为主。岛上建有大理石加工厂和码头。用水、用电均来自何屿村。岛东北侧和西南侧筑堤与陆地相连。

门中礁 (Ménzhōng Jiāo)

北纬 26°45.2′，东经 119°38.5′。位于宁德市福安市下白石镇西南 8.01 千米，距大陆最近点 570 米。《福建省海域地名志》(1991) 中称门中礁，"处两礁间，如一扇门，故名"。基岩岛。面积约 30 平方米。植被以灌木为主。岛顶部有一助航标志。

福安塘屿 (Fú'ān Tángyǔ)

北纬 26°45.2′，东经 119°38.3′。位于宁德市福安市下白石镇西南 8.18 千米，距大陆最近点 620 米。又名塘屿、长屿、长屿礁，该岛以形长得名。在当地方言中，塘屿与长屿为谐音。因省内重名，位于福安市，第二次全国海域地名普查时更为今名。《中国海洋岛屿简况》(1980) 中称长屿。《福建省海域地名志》(1991) 中称长屿礁。《福建省海岛志》(1994) 和《全国海岛名称与代码》(2008) 中称塘屿。岸线长 282 米，面积 3 295 平方米，最高点高程 9.8 米。基岩岛，岛体由花岗岩构成。地形南高北低，植被以乔木、灌木为主。海岸为基岩岸滩。

福屿 (Fú Yǔ)

北纬 26°45.1′，东经 119°38.8′。位于宁德市福安市下白石镇西南 7.32 千米，距大陆最近点 170 米。原名濑屿，1957 年寓意"吉祥"而改今名，又称福屿岛。《中国海域地名志》(1989)、《福建省海域地名志》(1991)、《福建省海岛志》（1994）、《福安市志》（1999）、《全国海岛名称与代码》（2008）中均称福屿。《宁德地区志》（1995）中称福屿岛。岸线长 3.75 千米，面积 0.605 平方千米，最高点高程 69.4 米。基岩岛。低丘盘踞，中部较高。表土多黄壤。基岩陡岸，多礁石。

为有居民海岛。有渔、农两个居委会，隶属福安市。2011 年户籍人口 2 106 人，常住人口 1 238 人。有耕地、客运码头。用水来自福屿溪坪水库，用电来自白石镇。堤连岛。

白碴（Báichá）

北纬 26°45.1′，东经 119°42.6′。位于宁德市福安市下白石镇东南 7.47 千米，距大陆最近点 1.32 千米。因岩石呈灰白色，故名。《福建省海域地名志》（1991）、《福建省海岛志》（1994）、《全国海岛名称与代码》（2008）中均称白碴。岸线长 200 米，面积 1 792 平方米，最高点高程 8.1 米。基岩岛，岛体由火山岩构成。岛上基岩裸露，无植被。海岸为基岩岸滩。

圆屿礁（Yuányǔ Jiāo）

北纬 26°45.1′，东经 119°38.3′。位于宁德市福安市下白石镇西南 8.31 千米，东距福屿约 300 米。《福建省海域地名志》（1991）中称圆屿礁，“形圆故名”。面积约 40 平方米，最高点高程 10 米。基岩岛，岛体由火山岩构成，表土为黄壤。无植被。

小岁屿（Xiǎosuì Yǔ）

北纬 26°44.6′，东经 119°38.2′。位于宁德市福安市下白石镇西南 9.16 千米，宁德市蕉城区漳湾镇下塘村东部海域，距大陆最近点 30 米。又名乌屿山。当地方言岁即岛，因与樟屿相邻，面积次之而得名。《中国海洋岛屿简况》（1980）中称乌屿山。《福建省海域地名志》（1991）、《福建省海岛志》（1994）、《全国海岛名称与代码》（2008）中均称小岁屿。岸线长 1.18 千米，面积 0.082 7 平方千米，最高点高程 41.1 米。基岩岛，岛体由花岗岩构成。海岸多为沙质岸滩，北侧为基岩岸滩。植被以灌木和茅草为主，表层土为黄壤。岛上有耕地、码头，南部为垦区。岛上饮用水源来自打井，电源来自宁德市。

石刀屿礁 (Shídāoyǔ Jiāo)

北纬 26°44.5′，东经 119°39.1′。位于宁德市福安市下白石镇西南 8.65 千米，宁德市蕉城区漳湾镇下塘村东部海域，距大陆最近点 640 米。因岛上岩石似磨刀石，故名。又名刀石屿。《中国海洋岛屿简况》（1980）中称刀石屿。《福建省海域地名志》（1991）、《福建省海岛志》（1994）、《全国海岛名称与代码》（2008）中均称石刀屿礁。岸线长 217 米，面积 1 826 平方米，最高点高程 10 米。基岩岛，岛体由火山岩构成。地形中间高。植被以乔木、灌木为主。海岸为基岩岸滩，南侧有沙滩。岛顶部有灯桩。

樟屿 (Zhāng Yǔ)

北纬 26°44.5′，东经 119°38.6′。位于宁德市福安市下白石镇西南 8.67 千米，宁德市蕉城区漳湾镇下塘村东部海域，距大陆最近点 410 米。以昔日岛上大樟树取名。《福建省海域地名志》（1991）、《福建省海岛志》（1994）、《全国海岛名称与代码》（2008）中均称樟屿。岸线长 3.203 7 千米，面积 0.316 8 平方千米，最高点高程 65.5 米。基岩岛，岛体由火山岩构成，东北为丘陵地。地表为红壤。植被以灌木为主。海岸为基岩岸滩。岛上有耕地，南部为垦区。无电力设施，水源来自水闸和潮汐蓄水。

青屿仔 (Qīng Yǔzǎi)

北纬 26°44.0′，东经 119°44.5′。位于宁德市福安市下白石镇南部海域，距大陆最近点 120 米。因形似青蛙，故名。《中国海洋岛屿简况》（1980）、《福建省海域地名志》（1991）、《福建省海岛志》（1994）、《全国海岛名称与代码》（2008）中均称青屿仔。岸线长 270 米，面积 4 254 平方米，最高点高程 13.2 米。基岩岛，岛体由火山岩构成。表层土质肥沃。地形西南高东北低，海岸为基岩岸滩。岛上植被发育，以桉树和灌木为主。

前岐鲎屿 (Qiánqí Hòuyǔ)

北纬 27°17.1′，东经 120°17.8′。位于宁德市福鼎市前岐镇西南海域，距大陆最近点 90 米。形如鲎而得名鲎屿，因省内重名，位于前岐镇，第二次全国海域地名普查时更为今名。沙泥岛。岸线长 143 米，面积 1 504 平方米。岛向陆一侧为围垦养殖区，向海一侧为滩涂养殖，围垦区围堤将岛与大陆相连。

铁将岛 (Tiějiāng Dǎo)

北纬 27°15.9′，东经 120°15.2′。位于宁德市福鼎市沙埕港北部海域，距大陆最近点 610 米。形如戴铁盔的将军，故名。又名铁将。《中国海域地名志》（1989）、《福建省海域地名志》（1991）、《福建省海岛志》（1994）、《全国海岛名称与代码》（2008）中均称铁将岛。1984 年海军航保部出版的海图标注为铁将。岸线长 1.58 千米，面积 0.096 6 平方千米，最高点高程 53 米。基岩岛，岛体由火山岩构成。东、西高，中间低，岸坡较缓。表层土多黄壤，植被茂密。2011 年岛上常住人口 4 人。建有新年堂寺，从大陆引电至寺院内。岛向陆一侧为围垦养殖区。通过围堤与大陆、月屿相连，堤顶可通汽车。

月屿 (Yuè Yǔ)

北纬 27°15.8′，东经 120°14.8′。位于宁德市福鼎市沙埕港北部海域，距大陆最近点 170 米。该岛形如弯月，故名。《中国海洋岛屿简况》（1980）、《中国海域地名志》(1989)、《福建省海域地名志》(1991)、《福建省海岛志》(1994)、《全国海岛名称与代码》（2008）中均称月屿。岸线长 471 米，面积 0.012 9 平方千米，最高点高程 21 米。基岩岛，岛体由火山岩构成。南高，东西低。表层土为黄壤。植被茂密。向陆一侧为围垦养殖区，通过围堤与大陆、铁将岛相连，堤顶可通汽车。

上鸟屿 (Shàngniǎo Yǔ)

北纬 27°15.4′，东经 120°15.7′。位于宁德市福鼎市沙埕港北部海域，距大陆最近点 130 米。因常有鸟在此栖息，与下鸟屿对峙，故名。《中国海域地名志》（1989）、《福建省海域地名志》（1991）、《福建省海岛志》（1994）、《全国海岛名称与代码》（2008）中均称上鸟屿。岸线长 95 米，面积 636 平方米，最高点高程 9.3 米。基岩岛，岛体由火山岩构成。岛上植被茂密。岛下部建有白色灯塔 1 座。

下鸟屿 (Xiàniǎo Yǔ)

北纬 27°15.2′，东经 120°16.4′。位于宁德市福鼎市沙埕港北部海域，距大陆最近点250米。因常有鸟在此栖息，与上鸟屿对峙，故名。《中国海洋岛屿简况》（1980）、《中国海域地名志》（1989）、《福建省海域地名志》（1991）、《福建省海岛志》（1994）、《全国海岛名称与代码》（2008）中均称下鸟屿。岸线长196米，面积2 135平方米，最高点高程9.2米。基岩岛，岛体由火山岩构成，坡度较缓。表层土稀薄。南侧植被茂密，北侧稀少。

杀人礁 (Shārén Jiāo)

北纬27°15.0′，东经120°16.7′。位于宁德市福鼎市沙埕港北部海域，距大陆最近点380米。《福建省海域地名志》（1991）载："因古时绿林杀人的场地，故名。"岛体由散石堆积而成。面积约70平方米。无植被。

犬盘屿 (Quǎnpán Yǔ)

北纬27°14.9′，东经120°12.0′。位于宁德市福鼎市沙埕港湾顶，距大陆最近点160米。该岛形如犬，故名犬盘屿，又名狗盘屿。《中国海洋岛屿简况》（1980）中称狗盘屿。《中国海域地名志》（1989）、《福建省海域地名志》（1991）、《福建省海岛志》（1994）、《全国海岛名称与代码》（2008）中均称犬盘屿。岸线长1.04千米，面积0.060 4平方千米，最高点高程46.3米。基岩岛，岛体由火山岩构成。岸坡平缓。表层覆盖黄壤。植被茂密，乔木多为马尾松。岛上建有寺庙，名为金盘莲寺。山坡上开垦荒地种植茶、甘薯等。有水产养殖场。2011年岛上常住人口15人，其中养殖场职工10人，寺院5人。从大陆引电至岛上寺庙和养殖场内。通过围堤与大陆相连，堤面可通汽车，公路延伸至岛上。

腰屿 (Yāo Yǔ)

北纬27°14.8′，东经120°17.6′。位于宁德市福鼎市沙埕港北部海域，距大陆最近点230米。该岛形如腰子，故名。又名过礁。《中国海洋岛屿简况》（1980）、《中国海域地名志》（1989）、《福建省海域地名志》（1991）、《福建省海岛志》（1994）、《全国海岛名称与代码》（2008）中均称腰屿。岸线长1.24千米，面积0.085 4平方千米，最高点高程44米。基岩岛，岛体由火山岩构成。地势由西北向东南倾斜，岸坡平缓。表层土为黄壤。植被茂密。

有居民海岛，隶属福鼎市。2011年户籍人口74人，常住人口20人。经济以渔业为主，少量农业。渔民在岛周边进行网箱养殖、浅海捕捞等；开垦荒地种植甘薯、蔬菜等。居民房屋多建在西南侧。岛上建有1座白色灯塔和1座庙宇，有一座简易斜坡码头。电由大陆通过海底电缆接入，淡水靠岛上水井供应。

牛屿 (Niú Yǔ)

北纬27°14.7′，东经120°16.7′。位于宁德市福鼎市沙埕港北部海域，距大陆最近点130米。该岛形如牛，故名。《中国海洋岛屿简况》（1980）、《中国海域地名志》（1989）、《福建省海域地名志》（1991）、《福建省海岛志》（1994）、《全国海岛名称与代码》（2008）中均称牛屿。岸线长2.69千米，面积0.392 7平方千米，最高点高程97米。基岩岛，岛体由火山岩构成。地势东南高、西北低，多为基岩海岸，南侧较陡。表层土为黄壤。植被茂密，乔木多为马尾松和木麻黄。

有居民海岛，隶属福鼎市。2011年户籍人口496人，常住人口190人。经济以渔业为主，农业为辅。渔业主要为浅海捕捞；农业以种植蔬菜、茶等为主。岛西侧、北侧建有灯塔，另有2座庙宇。有1座简易码头。岛上水、电均从大陆引入。

青屿 (Qīng Yǔ)

北纬27°14.2′，东经120°17.3′。位于宁德市福鼎市沙埕港中部，距大陆最近点260米。传说岛上有青龙，故名。《中国海域地名志》（1989）、《福建省海域地名志》（1991）、《福建省海岛志》（1994）、《全国海岛名称与代码》（2008）中均称青屿。岸线长1.29千米，面积0.102 7平方千米，最高点高程54.5米。基岩岛，岛体由火山岩构成。西北高东南低，岸坡较缓。表层土为黄壤。植被茂密，乔木多为松、木麻黄等。

有居民海岛，隶属福鼎市。2011年户籍人口38人，原岛上居民均迁往大陆居住。岛南侧建有人工护岸及简易码头。

山墩仔岛 (Shāndūnzǎi Dǎo)

北纬27°14.2′，东经120°18.9′。位于宁德市福鼎市沙埕港中部，距大陆最近点60米。原与山墩统称山墩，因该岛面积较小，第二次全国海域地名普查时命今名。基岩岛。面积约30平方米。基岩裸露，仅在岩石间隙中长有少量灌木、草丛。

山墩 (Shān Dūn)

北纬 27°14.1′，东经 120°18.9′。位于宁德市福鼎市沙埕港中部，距大陆最近点 130 米。因如小山坐落而得名。又名山当。《中国海洋岛屿简况》（1980）中称山当。《中国海域地名志》（1989）、《福建省海域地名志》（1991）、《福建省海岛志》（1994）、《全国海岛名称与代码》（2008）中均称山墩。岸线长 240 米，面积 4 147 平方米，最高点高程 16.1 米。基岩岛，岛体由火山岩构成，岸坡平缓。表层土为黄壤。植被茂密，乔木多为木麻黄。2011 年岛上常住人口 2 人。水、电均由大陆引入。该岛通过围堤与大陆相连，堤内为围垦养殖。

宫屿 (Gōng Yǔ)

北纬 27°13.4′，东经 120°19.4′。位于宁德市福鼎市沙埕港中部，距大陆最近点 100 米。因岛上曾有宫庙而得名。《中国海域地名志》（1989）、《福建省海域地名志》（1991）、《福建省海岛志》（1994）、《全国海岛名称与代码》（2008）中均称宫屿。岸线长 255 米，面积 4 316 平方米，最高点高程 15 米。基岩岛，岛体由火山岩构成。基岩海岸，岸坡较陡。表层土为红壤。植被茂密。2011 年岛上常住人口 6 人。水、电从大陆引入。

马祖屿 (Mǎzǔ Yǔ)

北纬 27°13.4′，东经 120°17.8′。位于宁德市福鼎市沙埕港中部，距大陆最近点 130 米。因岛上马祖宫而得名。《中国海洋岛屿简况》（1980）、《中国海域地名志》（1989）、《福建省海域地名志》（1991）、《福建省海岛志》（1994）、《全国海岛名称与代码》（2008）中均称马祖屿。岸线长 150 米，面积 1 294 平方米，最高点高程 10 米。基岩岛，岛体由火山岩构成。岸坡较缓。表层土为黄壤。植被茂密。岛上大部分区域已开发建设庙宇，有 1 座简易码头。四周建有人工护岸。

长屿 (Cháng Yǔ)

北纬 27°13.4′，东经 120°18.4′。位于宁德市福鼎市沙埕港中部，距大陆最近点 40 米。因该岛形狭长而得名。《中国海洋岛屿简况》（1980）、《中国海域地名志》（1989）、《福建省海域地名志》（1991）、《福建省海岛志》（1994）、《全国海岛名称与代码》（2008）中均称长屿。岸线长 2.74 千米，面积 0.245 7 平方千米，最高点高程 58.5 米。基岩岛，岛体由火山岩构成。多为基岩海岸，岸坡较缓。表层土为黄壤。植被茂密，乔木以相思树、木麻黄为主。

有居民海岛，隶属福鼎市。2011 年户籍人口 67 人，常住人口 260 人。经济以渔业为主，兼营少量农业。渔业主要为养殖和浅水捕捞，周边海域有大量网箱养殖；岛上建有紫菜育苗场。农业以种植茶叶、蔬菜、甘薯等为主。岛上电由大陆引入，淡水来自于水井。有 1 座灯塔。

小屿仔岛（Xiǎoyǔzǎi Dǎo）

北纬 27°13.4′，东经 120°22.8′。位于宁德市福鼎市沙埕港中部，距大陆最近点 50 米。第二次全国海域地名普查时命今名。面积约 300 平方米。基岩岛，岛体由火山岩构成。岸坡陡峭。无植被。

大姐礁（Dàjiě Jiāo）

北纬 27°13.3′，东经 120°18.7′。位于宁德市福鼎市沙埕港中部，距大陆最近点 870 米。《福建省海域地名志》（1991）载："周边礁石中面积最大，故名。"基岩岛。面积约 140 平方米。无植被。周边海域礁石众多。

牛栏屿（Niúlán Yǔ）

北纬 27°12.7′，东经 120°22.5′。位于宁德市福鼎市沙埕港中部，距大陆最近点 20 米。因该岛形似牛栏而得名。又名园屿。《中国海洋岛屿简况》（1980）中称园屿。《中国海域地名志》（1989）、《福建省海域地名志》（1991）、《福建省海岛志》（1994）、《全国海岛名称与代码》（2008）中均称牛栏屿。岸线长 88 米，面积 603 平方米，最高点高程 9.7 米。基岩岛，岛体由火山岩构成。岸坡平缓。表层土壤稀薄，长有少量植被，以乔木为主。岛体被削平修建庙宇。岛上水、电均由大陆引入。修建一条海堤与大陆相连。

莲花屿（Liánhuā Yǔ）

北纬 27°11.2′，东经 120°23.6′。位于宁德市福鼎市沙埕港湾口，距大陆最近点 850 米。据《福宁府志》载，该岛孤浮海面，望之如莲，故名。《中国海域地名志》（1989）中称莲花屿。岸线长 196 米，面积 1 638 平方米，最高点高程 2.7 米。基岩岛，岛体由火山岩构成。基岩海岸。表层有少量红壤。植被以乔木和灌木为主。岛上建有莲花寺，2011 年寺内有僧人、管理人员共 7 人。饮用淡水通过管道从大陆引入。有 2 座小型陆岛交通码头，岛体四周建有护岸。岛西侧建有 1 座红白相间灯塔。

鹭鸶北岛 (Lùsī Běidǎo)

北纬 27°09.7′，东经 120°25.2′。位于宁德市福鼎市沙埕港湾口，距大陆最近点 80 米。第二次全国海域地名普查时命今名。面积约 60 平方米。基岩岛。无植被。

簸萁礁 (Bòqí Jiāo)

北纬 27°08.6′，东经 120°26.2′。位于宁德市福鼎市沙埕港湾口南部海域，距大陆最近点 30 米。《福建省海域地名志》（1991）载："形似簸萁，故名。"岸线长 144 米，面积 1 446 平方米。基岩岛，岛体由火山岩构成。岸坡陡峭。无植被。

小白鹭岛 (Xiǎobáilù Dǎo)

北纬 27°08.3′，东经 120°24.3′。位于宁德市福鼎市沙埕镇小白鹭村东侧 2.5 千米，距大陆最近点 60 米。因该岛形如倒扣的锅，得名覆鼎礁。《福建省海域地名志》（1991）中称覆鼎礁。因省内重名，据该岛位于小白鹭港内，第二次全国海域地名普查时更为今名。面积约 20 平方米。基岩岛，岛体由火山岩构成。岸坡陡峭。无植被。

无尾冈岛 (Wúwěigāng Dǎo)

北纬 27°08.2′，东经 120°25.8′。位于宁德市福鼎市沙埕港湾口南部海域，距大陆最近点 30 米。因该岛所处海域为岬角，名为无尾冈角，岬角山体延伸入海，如被截去尾巴，第二次全国海域地名普查时命今名。面积约 20 平方米。基岩岛，岛体由火山岩构成。岸坡陡峭。无植被。

西双屿岛 (Xīshuāngyǔ Dǎo)

北纬 27°07.7′，东经 120°24.6′。位于宁德市福鼎市沙埕镇小白鹭村东南侧 3.2

千米，距大陆最近点 220 米。第二次全国海域地名普查时命今名。岸线长 118 米，面积 714 平方米。基岩岛，岛体由火山岩构成。基岩海岸，岸坡陡峭。表层基岩裸露，长有少量杂草。

大墩礁 (Dàdūn Jiāo)

北纬 27°07.1′，东经 120°22.9′。位于宁德市福鼎市沙埕镇大白鹭村南部 100 米。岛体形如大木墩，故名。《福建省海域地名志》（1991）中称大墩礁。面积约 300 平方米。基岩岛，岛体由火山岩构成。基岩海岸。无植被。

头墩屿 (Tóudūn Yǔ)

北纬 27°06.7′，东经 120°23.4′。位于宁德市福鼎市沙埕镇敏灶村东侧突出部外侧海域，距大陆最近点 150 米，属三门墩群岛。因在三门墩群岛顶端而得名。《中国海域地名志》（1989）、《福建省海域地名志》（1991）、《福建省海岛志》（1994）、《全国海岛名称与代码》（2008）中均称头墩屿。岸线长 354 米，面积 9 004 平方米，最高点高程 30.8 米。基岩岛，岛体由火山岩构成。岸坡陡峭。表层覆盖少量红壤。顶部植被茂密，乔木多为相思树和马尾松。

中墩屿 (Zhōngdūn Yǔ)

北纬 27°06.7′，东经 120°23.4′。位于宁德市福鼎市沙埕镇敏灶村东侧突出部外侧海域，距大陆最近点 220 米，属三门墩群岛。因在三门墩群岛中部而得名。《中国海域地名志》（1989）和《福建省海域地名志》（1991）中均称中墩屿。岸线长 302 米，面积 5 041 平方米，最高点高程 24.4 米。基岩岛，岛体由火山岩构成。岸坡陡峭。表层覆盖少量红壤。顶部植被茂密。

墩仔屿 (Dūnzǎi Yǔ)

北纬 27°06.6′，东经 120°23.3′。位于宁德市福鼎市沙埕镇敏灶村东侧突出部外侧海域，距大陆最近点 60 米，属三门墩群岛。因是三门墩群岛中面积较小的岛，故名。《福建省海域地名志》（1991）中称墩仔屿。岸线长 146 米，面积 1 436 平方米，最高点高程 6.3 米。基岩岛，岛体由火山岩构成。岸坡陡峭。表层覆盖少量红壤。顶部植被茂密，以灌木为主。

尾墩屿 (Wěidūn Yǔ)

北纬 27°06.6′，东经 120°23.5′。位于宁德市福鼎市沙埕镇敏灶村东侧突出部外侧海域，距大陆最近点 230 米，属三门墩群岛。因位于三门墩群岛尾端，故名。《中国海域地名志》（1989）、《福建省海域地名志》（1991）、《福建省海岛志》（1994）、《全国海岛名称与代码》（2008）中均称尾墩屿。岸线长 427 米，面积 7 107 平方米，最高点高程 24.4 米。基岩岛，岛体由火山岩构成。岸坡陡峭。表层覆盖少量红壤。顶部植被茂密，以草丛为主。

尾墩礁 (Wěidūn Jiāo)

北纬 27°06.6′，东经 120°23.6′。位于宁德市福鼎市沙埕镇敏灶村东侧突出部外侧海域，距大陆最近点 430 米，属三门墩群岛。《福建省海域地名志》（1991）载："临尾墩屿，面积较小，故名。"面积约 9 平方米。基岩岛。无植被。

冬瓜屿 (Dōngguā Yǔ)

北纬 27°06.1′，东经 120°24.6′。位于宁德市福鼎市沙埕镇上黄歧村东侧突出部外侧海域。因形似冬瓜而得名。又名东瓜屿，曾名屏风山。《中国海洋岛屿简况》（1980）记载为东瓜屿。《中国海域地名志》（1989）、《福建省海域地名志》（1991）、《福建省海岛志》（1994）、《全国海岛名称与代码》（2008）中均称冬瓜屿。岸线长 5.82 千米，面积 0.945 9 平方千米，最高点高程 168.9 米。基岩岛，岛体由花岗岩构成。西高东低，基岩海岸，多陡坡。表层覆盖黄壤。

2011 年，岛上常住 40 人，经营农业、牧业。农业以开垦荒地、种植地瓜为主。牧业以放养山羊为主，并建羊舍 7 间。岛上有 1 口水井、1 个蓄水池和 1 个储水罐；柴油发电机 1 台。岛西侧建有简易登岛平台，平台旁修建小路蜿蜒通向山顶。2009 年国家测绘局在岛最高处设置 1 个国家大地控制点。岛北侧建有灯塔。

围屿 (Wéi Yǔ)

北纬 27°05.7′，东经 120°23.6′。位于宁德市福鼎市沙埕镇上黄歧村东侧突出部外侧海域，距大陆最近点 20 米。《福建省海域地名志》（1991）中称围屿。岸线长 124 米，面积 908 平方米，最高点高程 10.6 米。基岩岛，岛体由花岗岩构成。

岸坡陡峭。表层有少量土壤。岛上长有少量灌木、草丛。

南七姐妹礁 (Nánqījiěmèi Jiāo)

北纬 27°05.6′，东经 120°21.0′。位于宁德市福鼎市晴川湾北部海域，距大陆最近点 10 米。《福建省海域地名志》（1991）载："因数礁石紧邻而名七姐妹礁，因重名改名南七姐妹礁。"岸线长 170 米，面积 2 117 平方米。基岩岛，岛体由花岗岩构成。岸坡陡峭。表层有少量土壤，有少量植被。

岩下岛 (Yánxià Dǎo)

北纬 27°05.5′，东经 120°20.4′。位于宁德市福鼎市晴川湾北部海域，距大陆最近点 10 米。因该岛位于岸边陡立基岩海岸下，第二次全国海域地名普查时命今名。岸线长 145 米，面积 710 平方米。基岩岛，岛体由花岗岩构成。岸坡陡峭。表层有少量土壤，长有少量杂草。

姥屿童子岛 (Mǔyǔ Tóngzǐ Dǎo)

北纬 27°05.3′，东经 120°18.8′。位于宁德市福鼎市晴川湾中部海域，距大陆最近点 1.15 千米。原与姥屿统称姥屿，因该岛面积较小，第二次全国海域地名普查时命今名。面积约 200 平方米。基岩岛，岛体由花岗岩构成。岸坡陡峭。表层有少量土壤，长有少量草丛。

姥屿 (Mǔ Yǔ)

北纬 27°05.3′，东经 120°18.9′。位于宁德市福鼎市晴川湾中部海域，距大陆最近点 880 米。取西面太姥山为名。又名姆屿。《中国海洋岛屿简况》（1980）中称姆屿。《中国海域地名志》（1989）、《福建省海域地名志》（1991）、《福建省海岛志》（1994）、《全国海岛名称与代码》（2008）中均称姥屿。岸线长 1.38 千米，面积 0.063 8 平方千米，最高点高程 53.6 米。基岩岛，岛体由花岗岩构成。基岩海岸，岸坡陡峭。表层覆盖黄壤。上半部植被茂密，乔木以相思树为主。岛南侧建有 1 座灯塔。岛上设置"福鼎市姥屿岛海岛特别保护区"石碑。为 2009 年批准建立的县级海洋保护区，保护对象为海岛及周围海域生态系统。

剃头礁 (Tìtóu Jiāo)

北纬 27°05.2′，东经 120°22.7′。位于宁德市福鼎市沙埕镇上黄歧村南部海域，距大陆最近点 20 米。《福建省海域地名志》（1991）中称剃头礁。面积约 10 平方米。基岩岛，岛体由花岗岩构成。岸坡陡峭。无植被。

龟脚岛 (Guījiǎo Dǎo)

北纬 27°04.4′，东经 120°17.0′。位于宁德市福鼎市晴川湾南部海域，距大陆最近点 20 米。因该岛位于石龟顶山附近，第二次全国海域地名普查时命今名。岸线长 70 米，面积 347 平方米。基岩岛，岛体由花岗岩构成。基岩海岸。无植被。

鱼头岛 (Yútóu Dǎo)

北纬 27°04.4′，东经 120°17.0′。位于宁德市福鼎市晴川湾南部海域，距大陆最近点 50 米。因该岛形似大鱼浮出水面的鱼头，第二次全国海域地名普查时命今名。基岩岛。面积约 100 平方米。无植被。

鸡角顶礁 (Jījiǎodǐng Jiāo)

北纬 27°03.6′，东经 120°17.0′。位于宁德市福鼎市秦屿镇牛栏冈村东部海域，距大陆最近点 50 米。岛体形如鸡冠，故名。《福建省海域地名志》（1991）中称鸡角顶礁。面积约 100 平方米。基岩岛，岛体由火山岩构成。岸坡陡峭。顶部覆盖少量黄壤。植被以灌木和草丛为主。

小牛栏冈岛 (Xiǎoniúlán'gāng Dǎo)

北纬 27°03.6′，东经 120°16.8′。位于宁德市福鼎市秦屿镇牛栏冈村东部海域，距大陆最近点 10 米。因该岛位于牛栏冈村海域，面积较小，第二次全国海域地名普查时命今名。基岩岛。岸线长 99 米，面积 649 平方米。无植被。

鸡角顶岛 (Jījiǎodǐng Dǎo)

北纬 27°03.5′，东经 120°16.8′。位于宁德市福鼎市秦屿镇牛栏冈村东部海域，近陆距离 10 米。因该岛形如鸡冠，第二次全国海域地名普查时命今名。基岩岛。面积约 50 平方米。无植被。

青湾尾岛 (Qīngwānwěi Dǎo)

北纬 27°02.9′，东经 120°15.2′。位于宁德市福鼎市硖门畲族乡青湾村北部海域，距大陆最近点70米。原名尾礁，《福建省海域地名志》（1991）中称尾礁。因省内重名，以其位于福青湾内，第二次全国海域地名普查时更为今名。基岩岛。面积约25平方米。无植被。

白粒岐岛 (Báilìqí Dǎo)

北纬27°02.3′，东经120°17.4′。位于宁德市福鼎市秦屿镇下楼村东南部1.2千米海域。该岛以岩石色泽而得名。又名棺材山。《中国海洋岛屿简况》（1980）中称棺材山。《中国海域地名志》（1989）、《福建省海域地名志》（1991）、《福建省海岛志》（1994）、《全国海岛名称与代码》（2008）中均称白粒岐岛。岸线长319米，面积5 238平方米，最高点高程24.5米。基岩岛，岛体由花岗岩构成。岸坡陡峭。岛上半部覆盖黄壤。植被茂密，以灌木和草丛为主。

跳尾岛 (Tiàowěi Dǎo)

北纬27°02.1′，东经120°17.4′。位于宁德市福鼎市秦屿镇下楼村东南部1.3千米海域。喻指山体末端断入海中形成岛屿，故名。又名跳尾。《中国海洋岛屿简况》（1980）中称跳尾。《中国海域地名志》（1989）、《福建省海域地名志》（1991）、《福建省海岛志》（1994）、《全国海岛名称与代码》（2008）中均称跳尾岛。岸线长2.08千米，面积0.193 4平方千米，最高点高程117.3米。基岩岛，岛体由花岗岩构成。中间高四周低，岸坡陡峭。上半部表层土为红壤，植被茂密。

小跳尾岛 (Xiǎotiàowěi Dǎo)

北纬27°01.9′，东经120°17.4′。位于宁德市福鼎市秦屿镇下楼村东南部1.8千米海域。该岛位于跳尾岛南侧，面积较小，故名。又名小跳尾。《中国海洋岛屿简况》（1980）中称小跳尾。《中国海域地名志》（1989）、《福建省海域地名志》（1991）、《福建省海岛志》（1994）、《全国海岛名称与代码》（2008）中均称小跳尾岛。岸线长339米，面积6 031平方米，最高点高程34米。基岩岛，岛体由花岗岩构成。北高南低，岸坡陡峭。岛上半部表层土为红壤，植被茂密。

南小跳尾岛 (Nánxiǎotiàowěi Dǎo)

北纬27°01.9′，东经120°17.4′。位于宁德市福鼎市秦屿镇下楼村东南部1.9

千米海域。原与小跳尾岛统称为“小跳尾岛”，因其位于小跳尾岛南侧，第二次全国海域地名普查时命今名。岸线长 436 米，面积 7 207 平方米。基岩岛，岛体由花岗岩构成。岸坡陡峭。顶部表层覆盖少量红壤。植被以灌木和草丛为主。

小跳尾仔岛 (Xiǎotiàowěizǎi Dǎo)

北纬 27°01.8′，东经 120°17.4′。位于宁德市福鼎市秦屿镇下楼村东南部 2 千米海域。因其位于南小跳尾岛的南部，面积小，第二次全国海域地名普查时命今名。基岩岛。面积约 20 平方米。无植被。

日屿 (Rì Yǔ)

北纬 27°01.5′，东经 120°25.1′。位于宁德市福鼎市嵛山镇东北 8.6 千米海域。因该岛远望如日出海而得名。又名日月屿、日屿岛。《中国海洋岛屿简况》（1980）中称日月屿。《中国海域地名志》（1989）、《福建省海域地名志》（1991）、《福建省海岛志》（1994）、《全国海岛名称与代码》（2008）中均称日屿。岸线长 1.03 千米，面积 0.043 2 平方千米，最高点高程 63.9 米。基岩岛，岛体由花岗岩构成。呈椭圆形，岸坡陡峭。岛上部表层覆盖少量黄壤。植被以灌木和草丛为主。常有白鹭、海鸥在岛上栖息、繁衍。岛顶部建有 1 座灯塔。岛西北侧设置两块石碑，一块刻有“日屿岛海岛生态系统保护区”（宁德市人民政府 2003 年立）；另一块刻有“福鼎市日屿岛海岛特别保护区”，该保护区于 2002 年批准设立，保护对象为生物资源、海岛。

日屿仔岛 (Rìyǔzǎi Dǎo)

北纬 27°01.5′，东经 120°25.3′。位于宁德市福鼎市嵛山镇东北 8.6 千米海域。原与日屿统称为“日屿”，因该岛面积小，第二次全国海域地名普查时命今名。面积约 7 平方米。基岩岛。无植被。

白沙礁岛 (Báishājiāo Dǎo)

北纬 27°00.8′，东经 120°42.1′。位于宁德市福鼎市西台山北 200 米海域，属台山列岛。因岛上岩石色浅白而得名。又名外白沙礁。《中国海洋岛屿简况》（1980）中称白沙礁。《中国海域地名志》（1989）、《福建省海岛志》（1994）、《全国海岛名称与代码》（2008）中均称白沙礁岛。《福建省海域地名志》（1991）

记载，该岛名为白沙礁岛，别名外白沙礁。岸线长 724 米，面积 0.018 2 平方千米，最高点高程 23.8 米。基岩岛，岛体由火山岩构成。岸坡陡峭。岛上部覆盖少量黄壤。植被以灌木和草丛为主。属台山列岛自然保护区。

白沙孙礁 (Báishāsūn Jiāo)

北纬 27°00.8′，东经 120°42.0′。位于宁德市福鼎市西台山北 200 米海域，属台山列岛。《福建省海域地名志》（1991）载："位于白沙礁岛西侧，面积较小，故名。"岸线长 163 米，面积 1 397 平方米。基岩岛，岛体由火山岩构成。岸坡陡峭。无植被。属台山列岛自然保护区。

西台礁岛 (Xītáijiāo Dǎo)

北纬 27°00.7′，东经 120°40.1′。位于宁德市福鼎市西台山东部 2.4 千米海域，属台山列岛。因在西台山西侧，故名。又名龟鱼礁、龟沙。《中国海洋岛屿简况》（1980）中称龟沙。《中国海域地名志》（1989）、《福建省海域地名志》（1991）、《福建省海岛志》（1994）、《全国海岛名称与代码》（2008）中均称西台礁岛。岸线长 171 米，面积 1 233 平方米，最高点高程 10.4 米。基岩岛，岛体由火山岩构成。基岩裸露，岸坡陡峭。无植被。属台山列岛自然保护区。

雨伞带礁 (Yǔsǎndài Jiāo)

北纬 27°00.6′，东经 120°42.2′。位于宁德市福鼎市西台山北侧海域，距大陆最近点 30.26 千米，属台山列岛。因处雨伞礁岛北侧，狭长似带，故名。《中国海洋岛屿简况》（1980）中称雨伞礁。《福建省海域地名志》（1991）中称雨伞带礁。岸线长 312 米，面积 6 105 平方米，最高点高程 15 米。基岩岛，岛体由火山岩构成。岸坡陡峭。顶部覆盖少量黄壤。植被以草丛为主。该岛建有石桥与西台山相连。属台山列岛自然保护区。

饭桶礁 (Fàntǒng Jiāo)

北纬 27°00.6′，东经 120°42.5′。位于宁德市福鼎市西台山东侧 400 米，属台山列岛。岛体形如饭桶而得名。《福建省海域地名志》（1991）中称饭桶礁。面积约 30 平方米。基岩岛，岛体由火山岩构成。岸坡陡峭。无植被。属台山列岛自然保护区。

雨伞礁岛（Yǔsǎnjiāo Dǎo）

北纬 27°00.5′，东经 120°42.3′。位于宁德市福鼎市西台山东侧，距大陆最近点 30.44 千米，属台山列岛。因形似雨伞，故名。又名雨伞礁。《中国海洋岛屿简况》（1980）中称雨伞礁。《中国海域地名志》（1989）、《福建省海域地名志》（1991）、《福建省海岛志》（1994）、《全国海岛名称与代码》（2008）中均称雨伞礁岛。岸线长 451 米，面积 7 479 平方米，最高点高程 58.4 米。基岩岛，岛体由火山岩构成。东部高，中西部低缓，基岩海岸。岛顶部覆盖少量黄壤，长有少量灌木。低潮时连西台山。属台山列岛自然保护区。

雨伞下礁（Yǔsǎnxià Jiāo）

北纬 27°00.5′，东经 120°42.2′。位于宁德市福鼎市西台山东侧，距大陆最近点 30.48 千米，属台山列岛。位于雨伞礁岛南侧，当地以南为下，故名。《福建省海域地名志》（1991）中称雨伞下礁。面积约 16 平方米。基岩岛，岛体由火山岩构成。岸坡陡峭。无植被。属台山列岛自然保护区。

和尚头礁（Héshangtóu Jiāo）

北纬 27°00.3′，东经 120°16.0′。位于宁德市福鼎市秦屿镇青屿头东北侧海域，距大陆最近点 10 米。《福建省海域地名志》（1991）载："礁顶圆滑似和尚头，故名。"面积约 190 平方米。基岩岛。无植被。

西台山（Xītái Shān）

北纬 27°00.3′，东经 120°41.8′。位于宁德市福鼎市沙埕镇东南 31.8 千米海域，属台山列岛。因系台山列岛西部主岛，故名。《中国海洋岛屿简况》（1980）、《中国海域地名志》（1989）、《福建省海域地名志》（1991）、《福建省海岛志》（1994）、《全国海岛名称与代码》（2008）中均称西台山。岸线长 8.38 千米，面积 1.227 3 平方千米，最高点高程 130.1 米。基岩岛，岛体由火山岩构成。北高南低，西陡东缓，岸线曲折，海蚀地貌发育。表层多覆盖黄壤，植被茂密，乔木多为木麻黄。岛上多大风天气，春季多雾。周边海域产带鱼、目鱼、鳗鱼、厚壳贻贝等。

有居民海岛。2011 年户籍人口 358 人，常住人口 520 人。经济以渔业为主，兼营牧业。渔业以捕捞、采集厚壳贻贝等为主。居民在岛上放养牛、羊、鸡。岛上建有移动通信塔、灯塔、小型风力发电站、海洋观测站、小型水库、国家大地测量控制点等。电力由柴油机发电供应，淡水由岛上水井供应。岛东侧湾澳内建有1座陆岛交通码头。码头旁设置“台山列岛厚壳贻贝繁殖保护区”（宁德市人民政府2003年立）。属台山列岛自然保护区，该保护区1997年批准建立，保护对象为森林植被、厚壳贻贝等生物资源。

西台澳口岛 (Xītái Àokǒu Dǎo)

北纬27°00.2′，东经120°42.0′。位于宁德市福鼎市西台山东侧，距大陆最近点30.36千米，属台山列岛。因其位于西台山的内澳口门处，第二次全国海域地名普查时命今名。面积约200平方米。基岩岛。无植被。属台山列岛自然保护区。

西台澳内岛 (Xītái Àonèi Dǎo)

北纬27°00.2′，东经120°42.0′。位于宁德市福鼎市西台山东侧，距大陆最近点30.34千米，属台山列岛。因其位于西台山内澳避风港内，第二次全国海域地名普查时命今名。面积约5平方米。基岩岛。无植被。属台山列岛自然保护区。

葫芦礁岛 (Húlujiāo Dǎo)

北纬26°59.7′，东经120°40.1′。位于宁德市福鼎市西台山西南2.3千米，属台山列岛。因形如葫芦，故名。又名元帅头。《中国海洋岛屿简况》（1980）中称元帅头。《中国海域地名志》（1989）和《福建省海域地名志》（1991）中称葫芦礁岛。岸线长479米，面积0.010 4平方千米，最高点高程30.8米。基岩岛，岛体由火山岩构成。岸坡陡峭。表层土层稀薄，上半部长有草丛。属台山列岛自然保护区。

斗笠屿 (Dǒulì Yǔ)

北纬26°59.6′，东经120°42.5′。位于宁德市福鼎市东台山西北部海域，距大陆最近点31.73千米，属台山列岛。以形似斗笠而得名。又名斗豆屿。《中国海洋岛屿简况》（1980）中称斗豆屿。《中国海域地名志》（1989）、《福建省海域地名志》（1991）、《福建省海岛志》（1994）、《全国海岛名称与代码》（2008）中均称斗笠屿。岸线长 164 米，面积 1 801 平方米，最高点高程 16.2 米。基岩岛，岛体由火山岩构成。岸坡陡峭。无植被。属台山列岛自然保护区。

野獾岛 (Yěhuān Dǎo)

北纬 26°59.3′，东经 120°43.4′。位于宁德市福鼎市东台山东部海域，距大陆最近点 33.11 千米，属台山列岛。邻近西台山，因其形如野獾，第二次全国海域地名普查时命今名。岸线长 253 米，面积 4 127 平方米。基岩岛，岛体由火山岩构成。岸坡陡峭。无植被。属台山列岛自然保护区。

北星岛 (Běixīng Dǎo)

北纬 26°59.3′，东经 120°28.7′。位于宁德市福鼎市大嵛山东北 11.4 千米，属七星列岛。又名北星。因在七星列岛北部而得名。《中国海洋岛屿简况》（1980）中称北星。《中国海域地名志》（1989）、《福建省海域地名志》（1991）、《福建省海岛志》（1994）、《全国海岛名称与代码》（2008）中均称北星岛。岸线长 905 米，面积 0.035 3 平方千米，最高点高程 39.5 米。基岩岛，岛体由火山岩构成。南高北低，岸坡陡峭。表层覆盖黄壤。植被茂密，以灌木和草丛为主。属七星列岛海洋特别保护区。

东台山 (Dōngtái Shān)

北纬 26°59.2′，东经 120°42.7′。位于宁德市福鼎市大嵛山东北 33.6 千米，属台山列岛。因系台山列岛东部主岛，故名。《中国海洋岛屿简况》（1980）、《中国海域地名志》（1989）、《福建省海域地名志》（1991）、《福建省海岛志》（1994）、《全国海岛名称与代码》（2008）中均称东台山。岸线长 11.21 千米，面积 1.195 5 平方千米，最高点高程 168.7 米。基岩岛，岛体由火山岩构成。多基岩陡坡，岸线曲折。表层土为黄壤。植被茂密，以草丛为主。岛上多大风天气，春季多雾。周边海域产带鱼、目鱼、鳗鱼、贻贝等。

有居民海岛，隶属福鼎市。2011 年户籍人口 53 人，常住人口 53 人。淡水由水井供应。岛上有 1 座陆岛交通码头、1 座油码头。岛东南侧建有 1 座加油站，供附近渔船加油。属台山列岛自然保护区。

月爿礁 (Yuèpán Jiāo)

北纬 26°59.2′，东经 120°42.9′。位于宁德市福鼎市东台山东侧中部海域，距大陆最近点 31.57 千米，属台山列岛。岛体形如月牙，故名。《福建省海域地名志》（1991）中称月爿礁。基岩岛。岸线长 160 米，面积 1 696 平方米。无植被。属台山列岛自然保护区。

西星岛 (Xīxīng Dǎo)

北纬 26°59.1′，东经 120°28.1′。位于宁德市福鼎市大嵛山东北 9.9 千米，属七星列岛。因在七星列岛西部，故名。《中国海洋岛屿简况》（1980）、《中国海域地名志》（1989）、《福建省海域地名志》（1991）、《福建省海岛志》（1994）、《全国海岛名称与代码》（2008）中均称西星岛。岸线长 2.58 千米，面积 0.179 5 平方千米，最高点高程 54.1 米。基岩岛，岛体由火山岩构成。东高西低，岸线曲折，岸坡陡峭。表层覆盖黄壤，植被茂密，以灌木和草丛为主。春季多雾。周边海域产目鱼、梭子蟹等。

有居民海岛，隶属宁德市福鼎市。2011 年户籍人口 58 人，常住人口 113 人。岛上淡水由水井供应。岛南部建有陆岛交通码头。岛顶部有灯塔。属七星列岛海洋特别保护区。

小外半爿岛 (Xiǎowàibànpán Dǎo)

北纬 26°59.1′，东经 120°43.1′。位于宁德市福鼎市东台山东侧中部海域，距大陆最近点 32.99 千米，属台山列岛。原与外半爿山统称“外半爿山”，因该岛面积较小，第二次全国海域地名普查时命今名。岸线长 188 米，面积 2 469 平方米。基岩岛，岛体由火山岩构成。岸坡陡峭。无植被。属台山列岛自然保护区。

外半爿山 (Wàibànpán Shān)

北纬 26°59.0′，东经 120°43.1′。位于宁德市福鼎市东台山东侧中部海域，距大陆最近点 33.06 千米，属台山列岛。因在半爿山外海域，故名。又名下半片山。《中国海洋岛屿简况》（1980）中称下半片山。《中国海域地名志》（1989）、

《福建省海域地名志》（1991）、《福建省海岛志》（1994）、《全国海岛名称与代码》（2008）中均称外半爿山。岸线长 262 米，面积 4 590 平方米，最高点高程 28.6 米。基岩岛，岛体由火山岩构成。岸坡陡峭。岛顶部长有少量草丛。属台山列岛自然保护区。

南船屿 (Nánchuán Yǔ)

北纬 26°59.0′，东经 120°41.4′。位于宁德市福鼎市西台山南部 1.1 千米海域，属台山列岛。在西台山南，形如船，故名。又名裂垄、必垄岛。《中国海洋岛屿简况》（1980）中称必垄岛。《中国海域地名志》（1989）、《福建省海域地名志》（1991）、《福建省海岛志》（1994）、《全国海岛名称与代码》（2008）中均称南船屿。岸线长 2.06 千米，面积 0.104 2 平方千米，最高点高程 63.6 米。基岩岛，岛体由火山岩构成。中间高四周低，岸坡陡峭。表层土层稀薄。植被以灌木和草丛为主。岛上设置“福鼎市南船屿海岛特别保护区”石碑，为福鼎市人民政府 2008 年 3 月设立，保护对象为海岛及周围海域生态系统。

斗笠岛 (Dǒulì Dǎo)

北纬 26°59.0′，东经 120°42.6′。位于宁德市福鼎市西部海域，距大陆最近点 32.44 千米，属台山列岛。因其位于斗笠下澳海域，第二次全国海域地名普查时命今名。面积约 6 平方米。基岩岛。无植被。属台山列岛自然保护区。

柴栏岛 (Cháilán Dǎo)

北纬 26°59.0′，东经 120°43.0′。位于宁德市福鼎市东部海域，距大陆最近点 32.92 千米，属台山列岛。第二次全国海域地名普查时命今名。岸线长 317 米，面积 3 429 平方米。基岩岛。无植被。属台山列岛自然保护区。

柴栏仔岛 (Cháilánzǎi Dǎo)

北纬 26°59.0′，东经 120°43.1′。位于宁德市福鼎市东部海域，距大陆最近点 33.07 千米，属台山列岛。因其位于柴栏岛旁，面积较小，第二次全国海域地名普查时命今名。岸线长 101 米，面积 746 平方米。基岩岛。无植被。属台山列岛自然保护区。

乞丐屿 (Qǐgài Yǔ)

北纬 26°59.0′，东经 120°28.0′。位于宁德市福鼎市西星岛南 200 米，属七星列岛。因顶部呈不规则锯齿状，如乞丐着破衣而得名。《中国海域地名志》（1989）、《福建省海域地名志》（1991）、《福建省海岛志》（1994）、《全国海岛名称与代码》（2008）中均称乞丐屿。岸线长 477 米，面积 9 862 平方米，最高点高程 24.8 米。基岩岛，岛体由火山岩构成。岸坡陡峭。土层稀薄，顶部长有灌木、草丛。属七星列岛海洋特别保护区。

龟壳岛 (Guīké Dǎo)

北纬 26°58.9′，东经 120°42.6′。位于宁德市福鼎市东台山西部海域，距大陆最近点 32.55 千米，属台山列岛。因其形如龟壳，第二次全国海域地名普查时命今名。面积约 40 平方米。基岩岛。无植被。属台山列岛自然保护区。

鸡公屿 (Jīgōng Yǔ)

北纬 26°58.9′，东经 120°28.7′。位于宁德市福鼎市西星岛东南 700 米，属七星列岛。因该岛形如公鸡而得名。《中国海域地名志》（1989）、《福建省海域地名志》（1991）、《福建省海岛志》（1994）、《全国海岛名称与代码》（2008）中均称鸡公屿。岸线长 340 米，面积 6 253 平方米。基岩岛，岛体由火山岩构成。岸坡陡峭。基岩裸露，植被稀少，仅岩石缝隙中长有少量草丛。属七星列岛海洋特别保护区。

三色岛 (Sānsè Dǎo)

北纬 26°58.8′，东经 120°43.0′。位于宁德市福鼎市东台山东部海域，距大陆最近点 33.11 千米，属台山列岛。因岛体由三种颜色的石头构成，第二次全国海域地名普查时命今名。岸线长 163 米，面积 1 533 平方米。基岩岛。基岩裸露。无植被。属台山列岛自然保护区。

下冬瓜屿 (Xiàdōngguā Yǔ)

北纬 26°58.7′，东经 120°42.4′。位于宁德市福鼎市东台山西部海域，距大陆最近点 32.47 千米，属台山列岛。因形如冬瓜，故名冬瓜屿。因重名，1985 年改今名。又名长屿。《中国海洋岛屿简况》（1980）中称冬瓜屿。《中国海域地名志》（1989）、《福建省海域地名志》（1991）、《福建省海岛志》（1994）、《全国海岛名称与代码》（2008）中均称下冬瓜屿。岸线长397米，面积6 921平方米，最高点高程18.3米。基岩岛，岛体由火山岩构成。岸坡陡峭。基岩裸露，仅岩石缝隙中长有少量杂草。属台山列岛自然保护区。

半下冬瓜岛 (Bànxiàdōngguā Dǎo)

北纬26°58.7′，东经120°42.5′。位于宁德市福鼎市东台山西部海域，距大陆最近点32.62千米，属台山列岛。因其位于下冬瓜屿东侧，与其有一条陡峭海沟分割，第二次全国海域地名普查时命今名。岸线长232米，面积2 912平方米。基岩岛，岛体由火山岩构成。岸坡陡峭。基岩裸露。无植被。属台山列岛自然保护区。

东星岛 (Dōngxīng Dǎo)

北纬26°58.5′，东经120°29.2′。位于宁德市福鼎市大嵛山东北11.4千米海域。属七星列岛。因位于七星列岛东部而得名。《中国海洋岛屿简况》（1980）、《中国海域地名志》（1989）、《福建省海域地名志》（1991）、《福建省海岛志》（1994）、《全国海岛名称与代码》（2008）中均称东星岛。岸线长3.26千米，面积0.282 8平方千米，最高点高程67.3米。基岩岛，岛体由火山岩构成。岸坡陡峭。表层土为黄壤。植被以乔木、草丛和灌木为主。周边海域产目鱼、鳗鱼、马面鲀、梭子蟹等。

有居民海岛，隶属宁德市福鼎市。2011年户籍人口308人，常住人口230人。经济以渔业为主，兼营农业、牧业。渔业以捕捞为主。岛上居民放养牛、羊等，开垦荒地种植蔬菜。淡水、电均从大嵛山接入。岛北侧、西侧各有1座陆岛交通码头。属七星列岛海洋特别保护区，2009年批准建立，保护对象为生物资源、海岛。

瘌头礁 (Làtóu Jiāo)

北纬26°58.5′，东经120°29.5′。位于宁德市福鼎市东星岛东部海域，距大陆最近点15.96千米，属七星列岛。《福建省海域地名志》（1991）载："礁顶光滑无植被，故名。"岸线长37米，面积110平方米。基岩岛，岛体由火山岩构成。岸坡陡峭。无植被。属七星列岛海洋特别保护区。

竹篙屿 (Zhúgāo Yǔ)

北纬 26°58.4′，东经 120°29.5′。位于宁德市福鼎市东星岛东南部海域，距大陆最近点 16.01 千米，属七星列岛。因形似竹篙，故名。《中国海域地名志》（1989）、《福建省海域地名志》（1991）、《福建省海岛志》（1994）、《全国海岛名称与代码》（2008）中均称竹篙屿。岸线长 369 米，面积 4 135 平方米，最高点高程 7.2 米。基岩岛，岛体由火山岩构成。基岩裸露。岸坡陡峭。无植被。属七星列岛海洋特别保护区。

小东星岛 (Xiǎodōngxīng Dǎo)

北纬 26°58.4′，东经 120°29.1′。位于宁德市福鼎市东星岛南部海域，距大陆最近点 15.63 千米，属七星列岛。因邻近东星岛，面积较小，第二次全国海域地名普查时命今名。岸线长 255 米，面积 4 180 平方米。基岩岛，岛体由火山岩构成。岸坡陡峭。基岩裸露，土层稀薄，仅岛顶部长有草丛。属七星列岛海洋特别保护区。

鼓礁 (Gǔ Jiāo)

北纬 26°58.3′，东经 120°20.3′。位于宁德市福鼎市大嵛山北部海域，距大陆最近点 7.55 千米，属福瑶列岛。《福建省海域地名志》（1991）载："形似鼓，故名。"面积约 50 平方米。基岩岛。无植被。属福瑶列岛海洋特别保护区。

长礁仔岛 (Chángjiāozǎi Dǎo)

北纬 26°58.3′，东经 120°29.1′。位于宁德市福鼎市东星岛南部海域，距大陆最近点 15.77 千米，属七星列岛。因形长而得名。《中国海域地名志》（1989）、《福建省海域地名志》（1991）、《福建省海岛志》（1994）、《全国海岛名称与代码》（2008）中均称长礁仔岛。岸线长 174 米，面积 1 482 平方米。基岩岛，岛体由火山岩构成。岸坡陡峭。无植被。属七星列岛海洋特别保护区。

猴头 (Hóutóu)

北纬 26°58.3′，东经 120°21.2′。位于宁德市福鼎市大嵛山北部海域，距大陆最近点 8.98 千米，属福瑶列岛。岛体形如猴头，当地群众惯称猴头。岸线长

193 米，面积 2 127 平方米。基岩岛，岛体由火山岩构成。岸坡陡峭。基岩裸露，顶部植被茂密。属福瑶列岛海洋特别保护区。

南星孙岛 (Nánxīngsūn Dǎo)

北纬 26°58.2′，东经 120°29.1′。位于宁德市福鼎市东星岛南 400 米，属七星列岛。因在小南星岛附近，面积小，故名。《中国海域地名志》（1989）、《福建省海域地名志》（1991）、《福建省海岛志》（1994）、《全国海岛名称与代码》（2008）中均称南星孙岛。面积约 110 平方米。基岩岛，岛体由火山岩构成。岸坡陡峭。无植被。属七星列岛海洋特别保护区。

小南星岛 (Xiǎonánxīng Dǎo)

北纬 26°58.2′，东经 120°29.1′。位于宁德市福鼎市东星岛南 400 米，近陆距离 16.06 千米。属七星列岛。因在大南星岛附近，面积次之，故名。《中国海域地名志》（1989）、《福建省海域地名志》（1991）、《福建省海岛志》（1994）、《全国海岛名称与代码》（2008）中均称小南星岛。岸线长 369 米，面积 9 094 平方米，最高点高程 27.9 米。基岩岛，岛体由火山岩构成。呈圆形，岸坡陡峭。土层稀薄，仅顶部长有草丛。属七星列岛海洋特别保护区。

平平礁 (Píngpíng Jiāo)

北纬 26°58.1′，东经 120°29.1′。位于宁德市福鼎市东星岛南 500 米，距大陆最近点 16.09 千米，属七星列岛。《福建省海域地名志》（1991）载："顶平，故名。"面积约 80 平方米。基岩岛。无植被。属七星列岛海洋特别保护区。

南星仔岛 (Nánxīngzǎi Dǎo)

北纬 26°58.1′，东经 120°29.1′。位于宁德市福鼎市东星岛南 500 米，距大陆最近点 16.17 千米，属七星列岛。原与小南星岛统称为"小南星岛"，因该岛面积较小，第二次全国海域地名普查时命今名。基岩岛。面积 110 平方米。无植被。属七星列岛海洋特别保护区。

蚕仔礁岛 (Cánzǎijiāo Dǎo)

北纬 26°58.1′，东经 120°21.6′。位于宁德市福鼎市大嵛山东北部海域，距大陆最近点 9.83 千米，属福瑶列岛。因形如蚕，故名。《中国海域地名志》（1989）、

《福建省海域地名志》（1991）、《福建省海岛志》（1994）、《全国海岛名称与代码》（2008）中均称蚕仔礁岛。岸线长149米，面积1 377平方米，最高点高程9.9米。基岩岛，岛体由火山岩构成。岸坡陡峭。基岩裸露，仅岩石缝隙中长有少量杂草。属福瑶列岛海洋特别保护区。

猪头爿岛 (Zhūtóupán Dǎo)

北纬26°58.1′，东经120°29.1′。位于宁德市福鼎市东星岛南600米，距大陆最近点16.19千米，属七星列岛。《福建省海域地名志》（1991）载："因形如半边猪头而名。"面积约300平方米。基岩岛，岛体由火山岩构成。岸坡陡峭。基岩裸露。无植被。属七星列岛海洋特别保护区。

圆礁仔 (Yuán Jiāozǎi)

北纬26°58.1′，东经120°29.2′。位于宁德市福鼎市东星岛南700米，距大陆最近点16.3千米，属七星列岛。岛形圆，面积小，故名。《福建省海域地名志》（1991）中称圆礁仔。岸线长138米，面积753平方米，最高点高程5米。基岩裸露。基岩岛。无植被。属七星列岛海洋特别保护区。

大南星岛 (Dà'nánxīng Dǎo)

北纬26°58.0′，东经120°29.1′。位于宁德市福鼎市东星岛南700米，距大陆最近点16.19千米，属七星列岛。因处七星列岛南部而得名。又名大南星。《中国海洋岛屿简况》（1980）中称大南星。《中国海域地名志》（1989）、《福建省海域地名志》（1991）、《福建省海岛志》（1994）、《全国海岛名称与代码》（2008）中均称大南星岛。岸线长609米，面积0.027 3平方千米，最高点高程62.4米。基岩岛，岛体由火山岩构成。岸坡陡峭，中间高四周低。表层土层稀薄，岛上半部植被茂密，以草丛为主。属七星列岛海洋特别保护区。

下南星岛 (Xià'nánxīng Dǎo)

北纬26°57.9′，东经120°29.1′。位于宁德市福鼎市东星岛南800米，距大陆最近点16.36千米，属七星列岛。因在大南星岛南，以南为下，故名。《中国海域地名志》（1989）、《福建省海域地名志》（1991）、《福建省海岛志》（1994）、《全国海岛名称与代码》（2008）中均称下南星岛。岸线长609米，面积 0.020 2 平方千米，最高点高程 42.8 米。基岩岛，岛体由火山岩构成。岸坡陡峭，中间高四周低。表层土层稀薄，岛上半部植被茂密，长灌木和草丛，以草丛为主。属七星列岛海洋特别保护区。

布丁岛 (Bùdīng Dǎo)

北纬 26°57.9′，东经 120°21.8′。位于宁德市福鼎市大嵛山东北部海域，距大陆最近点 10.28 千米，属福瑶列岛。因其面积较小，第二次全国海域地名普查时命今名。面积约 3 平方米。基岩岛。无植被。属福瑶列岛海洋特别保护区。

鸳鸯岛 (Yuānyāng Dǎo)

北纬 26°57.6′，东经 120°22.7′。位于宁德市福鼎市大嵛山东部海域，距大陆最近点 10.94 千米，属福瑶列岛。该岛形如鸳鸯，故名。《中国海洋岛屿简况》（1980）、《中国海域地名志》（1989）、《福建省海域地名志》（1991）、《福建省海岛志》（1994）、《全国海岛名称与代码》（2008）中均称鸳鸯岛。岸线长 5.33 千米，面积 0.578 1 平方千米，最高点高程 170.2 米。基岩岛，岛体由火山岩构成。中部高耸，两端低垂，岸坡陡峭。表层覆盖红壤，植被茂密。岛上电力通过海底电缆由大嵛山接入。建有 1 座陆岛交通码头。有 1 个测风塔。岛上设置 2 块石碑，一块刻有“鸳鸯岛生态保护区”（福鼎市海洋与渔业局 2008 年 1 月设立），另一块刻有“福鼎市鸳鸯岛海岛特别保护区”（福鼎市人民政府 2008 年 3 月设立）。属福瑶列岛海洋特别保护区。

小鸳鸯 (Xiǎoyuānyāng)

北纬 26°57.4′，东经 120°22.4′。位于宁德市福鼎市大嵛山东部海域，距大陆最近点 11.38 千米，属福瑶列岛。该岛位于鸳鸯岛旁，面积较小，故名。岸线长 510 米，面积 0.011 2 平方千米。基岩岛，岛体由火山岩构成。岸坡陡峭。基岩裸露，顶部有少量植被。属福瑶列岛海洋特别保护区。

观音礁岛 (Guānyīnjiāo Dǎo)

北纬 26°57.1′，东经 120°18.9′。位于宁德市福鼎市大嵛山西部海域，距大陆最近点 6.79 千米，属福瑶列岛。该岛形如观音塑像，故名。又名观音岩、观音礁。《中国海域地名志》（1989）、《福建省海域地名志》（1991）、《福建省海岛志》（1994）、《全国海岛名称与代码》（2008）中均称观音礁岛。岸线长 179 米，面积 2 285 平方米，最高点高程 13.3 米。基岩岛，岛体由火山岩构成。中部突起，岸坡平缓。上部覆盖红壤。植被茂密。属福瑶列岛海洋特别保护区。

大嵛山（Dàyú Shān）

北纬 26°56.8′，东经 120°20.9′。位于宁德市福鼎市东南部海域，距大陆最近点 6.59 千米。属福瑶列岛，闽东第一大岛。因岛中部凹陷呈盂状，旧称盂山，盂、嵛同音，又因系福瑶列岛主岛，故名。又名大嵛山岛。《中国海域地名志》（1989）、《福建省海域地名志》（1991）、《福鼎县志》（2003）、《全国海岛名称与代码》（2008）中均称大嵛山。《福建省海岛志》（1994）、《福建省海岛资源综合调查研究报告》（1996）、《宁德地区志》（1998）、《中国海岛》（2000）中均称大嵛山岛。岸线长 37.63 千米，面积 21.388 6 平方千米，最高点高程 541.4 米。基岩岛，岛体由花岗岩和火山岩构成。地貌以低山为主。东南与南部山势陡峭，北半部较平缓，中部凹陷，成天然湖泊，为山涧、小溪发育地。岸线曲折蜿蜒，北半部多礁石湾澳，南半部岸坡陡峭。岛上表层土多红壤、棕壤和水稻土，适宜种植作物有甘薯、水稻等。植被茂密，主要类型有常绿针叶林、灌木、草丛等。年均气温 15.1℃，年均降水量 2 068.8 毫米。多大风天气，春季多雾。周边海域有墨鱼、石斑鱼、带鱼、黄鱼等。

该岛为嵛山镇人民政府所在海岛，隶属福鼎市。岛上有 5 个行政村，即芦竹、马祖、渔鸟、东角、灶澳。2011 年户籍人口 5 245 人，常住人口 3 361 人。大嵛山开发较早，自明朝开始即为抗倭军事要塞，清朝时为蔡牵海上起义活动的重要根据地，辛亥革命时朱腾芬在此组织义军抗清。1959 年在岛东南部修建战壕、坑道、火力点、掩体、观察所、营房、防空洞等军工设施，为中华人民共和国成立后福建对台前沿阵地，驻军于 1972 年撤防。岛上现有中学、小学、卫生所等。水、电、通信、交通等设施齐全。建有日供水 500 吨自来水厂，各村均有自来水供应管网，水源主要来自岛上天湖水库。1991 年架设全长 13.9 千米 10 千伏海底电缆，实现与大陆电网并网。2007 年电力部门又架设 10 千伏海底电缆，保障岛上供电。建有环岛公路和天湖旅游公路，与大陆往来便利，每天有通往硖门、三沙的班轮。经济以渔业为主，兼营农业、工业、旅游业等。岛上建有二级渔港1个。岛上有耕地，种植甘薯、茶等。工业相对落后，几家小企业以食品和建材加工业为主。海岛旅游业已初具规模，滑草场、天湖等景点每年吸引众多游客。是福瑶列岛海洋特别保护区内最大的海岛。

显门礁岛 (Xiǎnménjiāo Dǎo)

北纬26°56.5′，东经120°17.8′。位于宁德市福鼎市小嵛山北部海域，距大陆最近点5.53千米，属福瑶列岛。因与小嵛山相峙成门户，故名。又名向门屿。《中国海洋岛屿简况》（1980）中称向门屿。《中国海域地名志》（1989）、《福建省海域地名志》（1991）、《福建省海岛志》（1994）、《全国海岛名称与代码》（2008）中均称显门礁岛。岸线长214米，面积2 223平方米，最高点高程11米。基岩岛，岛体由火山岩构成。地势东高西低，岸坡平缓。东侧顶部长有杂草。属福瑶列岛海洋特别保护区。

大猪礁 (Dàzhū Jiāo)

北纬26°56.3′，东经120°17.5′。位于宁德市福鼎市小嵛山北部海域，距大陆最近点4.99千米，属福瑶列岛。《福建省海域地名志》（1991）载："形似猪，故名。"面积约20平方米。基岩岛。无植被。属福瑶列岛海洋特别保护区。

猪仔礁 (Zhūzǎi Jiāo)

北纬26°56.3′，东经120°17.5′。位于宁德市福鼎市小嵛山北部海域，距大陆最近点5.02千米，属福瑶列岛。《福建省海域地名志》（1991）载："因与大猪礁相邻，面积小，故名。"面积约20平方米。基岩岛。无植被。属福瑶列岛海洋特别保护区。

芦竹岛 (Lúzhú Dǎo)

北纬26°56.1′，东经120°19.2′。位于宁德市福鼎市小嵛山东部海域，距大陆最近点7.81千米，属福瑶列岛。因其位于芦竹门港水道西侧，第二次全国海域地名普查时命今名。岸线长596米，面积0.011 4平方千米。基岩岛，岛体由火山岩构成，岸坡陡峭。四周基岩裸露，顶部覆盖少量红壤。长有灌木、草丛，以草丛为主。属福瑶列岛海洋特别保护区。

小嵛山（Xiǎoyú Shān）

北纬 26°56.0′，东经 120°18.0′。位于宁德市福鼎市大嵛山西侧 500 米，距大陆最近点 3.83 千米，属福瑶列岛。与大嵛山相邻，面积次之，故名。《中国海洋岛屿简况》（1980）、《中国海域地名志》（1989）、《福建省海域地名志》（1991）、《福建省海岛志》（1994）、《全国海岛名称与代码》（2008）中均称小嵛山。岸线长 15.56 千米，面积 3.623 9 平方千米，最高点高程 238.9 米。基岩岛，岛体由火山岩构成。中部山高陡峭，东部相对平缓，山间有天然湖泊小天湖。表土以红壤为主，多草丛、灌木。岸线曲折多湾澳。

有居民海岛，隶属福鼎市。2011 年户籍人口 83 人，常住人口 2 人。原岛上居民逐渐迁往大陆或大嵛山居住。山顶建有 1 座白色航标塔。属福瑶列岛海洋特别保护区。

芦竹仔岛（Lúzhúzǎi Dǎo）

北纬 26°56.0′，东经 120°19.3′。位于宁德市福鼎市小嵛山东部海域，距大陆最近点 7.98 千米，属福瑶列岛。因其位于芦竹岛东侧，面积较小，第二次全国海域地名普查时命今名。岸线长 122 米，面积 846 平方米。基岩岛，岛体由火山岩构成。岛呈球形，岸坡陡峭。顶部长有灌木和草丛。属福瑶列岛海洋特别保护区。

南屿仔（Nán Yǔzǎi）

北纬 26°56.0′，东经 120°41.2′。位于宁德市福鼎市西台山南 7 千米，距大陆最近点 33.74 千米。因与南屿相邻，面积小，故名。《中国海域地名志》（1989）、《福建省海域地名志》（1991）、《福建省海岛志》（1994）、《全国海岛名称与代码》（2008）中均称南屿仔。岸线长 381 米，面积 7 938 平方米，最高点高程 35 米。基岩岛，岛体由火山岩构成。岛呈圆形，岸坡陡峭。北侧基岩裸露，南侧覆盖草丛。

立柱岛（Lìzhù Dǎo）

北纬 26°56.0′，东经 120°41.2′。位于宁德市福鼎市西台山南 7 千米，距大陆最近点 33.87 千米。原与南屿仔统称为“南屿仔”，因岛体为独立高耸的石柱，第二次全国海域地名普查时命今名。面积约 40 平方米。基岩岛。无植被。

小羊鼓岛 (Xiǎoyánggǔ Dǎo)

北纬 26°55.9′，东经 120°23.6′。位于宁德市福鼎市大嵛山东部海域，距大陆最近点 14.43 千米，属福瑶列岛。因与陆岸大羊牯对峙，谐音而名。又名小羊鼓尾。《中国海域地名志》（1989）和《福建省海域地名志》（1991）中称小羊鼓岛。《福建省海岛志》（1994）和《全国海岛名称与代码》（2008）中称小羊鼓尾。岸线长 636 米，面积 0.021 3 平方千米，最高点高程 44.3 米。基岩岛，岛体由火山岩构成，呈椭圆形，岸坡陡峭。土层稀薄，上半部长有灌木、草丛，以草丛为主。属福瑶列岛海洋特别保护区。

小鸡笼岛 (Xiǎojīlóng Dǎo)

北纬 26°55.8′，东经 120°17.0′。位于宁德市福鼎市小嵛山西部海域，距大陆最近点 4.27 千米，属福瑶列岛。因与大鸡笼岛相邻，面积次之，故名。《中国海域地名志》（1989）、《福建省海域地名志》（1991）、《福建省海岛志》（1994）、《全国海岛名称与代码》（2008）中均称小鸡笼岛。岸线长 103 米，面积 745 平方米，最高点高程 4 米。基岩岛，岛体由火山岩构成。岸坡较缓。无植被。属福瑶列岛海洋特别保护区。

大鸡笼岛 (Dàjīlóng Dǎo)

北纬 26°55.8′，东经 120°16.8′。位于宁德市福鼎市小嵛山西部海域，距大陆最近点 3.93 千米，属福瑶列岛。因形如鸡笼，故名。又名大鸡笼。《中国海洋岛屿简况》（1980）中称大鸡笼。《中国海域地名志》（1989）、《福建省海域地名志》（1991）、《福建省海岛志》（1994）、《全国海岛名称与代码》（2008）中均称大鸡笼岛。岸线长 261 米，面积 3 989 平方米，最高点高程 18.1 米。基岩岛，岛体由火山岩构成。呈椭圆形，岸坡较缓。植被稀少，仅岩石缝隙中长有少量草丛。建有 1 座灯塔。属福瑶列岛海洋特别保护区。

清湾岛 (Qīngwān Dǎo)

北纬 26°55.4′，东经 120°18.7′。位于宁德市福鼎市小嵛山南部海域，距大陆最近点 7.08 千米，属福瑶列岛。原与银屿统称“银屿”，因其位于清湾村附近，第二次全国海域地名普查时命今名。岸线长 278 米，面积 4 097 平方米。基岩岛。无植被。属福瑶列岛海洋特别保护区。

正然岛 (Zhèngrán Dǎo)

北纬 26°55.4′，东经 120°18.6′。位于宁德市福鼎市小嵛山南部海域，距大陆最近点 6.94 千米，属福瑶列岛。因其位置佳，岛体耸立，如有浩然之气，第二次全国海域地名普查时命今名。岸线长 247 米，面积 3 714 平方米。基岩岛，岛体由火山岩构成。岛呈圆形，岸坡陡峭。上半部长有灌木、草丛，以草丛为主。属福瑶列岛海洋特别保护区。

银屿 (Yín Yǔ)

北纬 26°55.3′，东经 120°18.7′。位于宁德市福鼎市小嵛山南部海域，距大陆最近点 7.06 千米，属福瑶列岛。相传岛上岩石含银而得名。《中国海域地名志》（1989）、《福建省海域地名志》（1991）、《福建省海岛志》（1994）、《全国海岛名称与代码》（2008）中均称银屿。岸线长 1.38 千米，面积 0.083 平方千米，最高点高程 125.6 米。基岩岛，岛体由火山岩构成。岸坡陡峭。表层覆盖红壤。植被茂密。属福瑶列岛海洋特别保护区。

银屿仔岛 (Yínyǔzǎi Dǎo)

北纬 26°55.2′，东经 120°18.7′。位于宁德市福鼎市小嵛山南部海域，距大陆最近点 7.31 千米，属福瑶列岛。因其位于银屿南侧，面积较小，第二次全国海域地名普查时命今名。面积约 55 平方米。基岩岛。无植被。属福瑶列岛海洋特别保护区。

附录一

《中国海域海岛地名志·福建卷》未入志海域名录[1]

一、海湾

标准名称	汉语拼音	行政区	地理位置	
			北纬	东经
可门港	Kěmén Gǎng	福建省福州市连江县	26°25.3′	119°48.9′
初芦澳	Chūlú Ào	福建省福州市连江县	26°24.7′	119°49.9′
江湾澳	Jiāngwān Ào	福建省福州市连江县	26°24.6′	119°50.7′
大澳	Dà Ào	福建省福州市连江县	26°24.0′	119°47.7′
松皋澳	Sōnggāo Ào	福建省福州市连江县	26°23.4′	119°51.0′
下宫澳	Xiàgōng Ào	福建省福州市连江县	26°23.1′	119°47.2′
奇达澳口	Qídá Àokǒu	福建省福州市连江县	26°22.7′	119°52.0′
门垱里澳	Méndànglǐ Ào	福建省福州市连江县	26°22.3′	119°56.7′
上宫港	Shànggōng Gǎng	福建省福州市连江县	26°22.2′	119°46.6′
西江埕澳	Xījiāngchéng Ào	福建省福州市连江县	26°22.2′	119°45.9′
茭南澳	Jiāonán Ào	福建省福州市连江县	26°21.9′	119°56.7′
后港	Hòu Gǎng	福建省福州市连江县	26°21.8′	119°55.9′
洋里澳	Yáng Lǐ’ào	福建省福州市连江县	26°21.4′	119°51.8′
岭下澳	Lǐng Xià’ào	福建省福州市连江县	26°21.4′	119°55.0′
后仑涸澳	Hòulúnhé Ào	福建省福州市连江县	26°21.2′	119°52.6′
大建澳	Dàjiàn Ào	福建省福州市连江县	26°20.9′	119°53.9′
上塘澳	Shàngtáng Ào	福建省福州市连江县	26°20.7′	119°55.4′
马坞澳	Mǎwù Ào	福建省福州市连江县	26°19.7′	119°51.1′
后沙澳	Hòushā Ào	福建省福州市连江县	26°19.7′	119°54.2′
高塘港	Gāotáng Gǎng	福建省福州市连江县	26°19.5′	119°51.6′
黄岐澳	Huángqí Ào	福建省福州市连江县	26°19.2′	119°52.8′
赤澳	Chì Ào	福建省福州市连江县	26°19.1′	119°51.7′

① 根据2018年6月8日民政部、国家海洋局发布的《我国部分海域海岛标准名称》整理。

标准名称	汉语拼音	行政区	地理位置	
			北纬	东经
放鸡种澳	Fàngjīzhǒng Ào	福建省福州市连江县	26°19.0′	119°53.4′
大埕沙澳	Dàchéngshā Ào	福建省福州市连江县	26°18.4′	119°48.0′
罗回澳	Luóhuí Ào	福建省福州市连江县	26°17.8′	119°46.5′
布袋澳	Bùdài Ào	福建省福州市连江县	26°17.7′	119°45.5′
前澳	Qián Ào	福建省福州市连江县	26°17.5′	119°47.1′
蛤沙澳	Géshā Ào	福建省福州市连江县	26°16.6′	119°43.1′
东沙澳	Dōngshā Ào	福建省福州市连江县	26°16.0′	119°39.0′
晓澳澳	Xiǎo'ào Ào	福建省福州市连江县	26°13.5′	119°39.7′
道澳澳	Dào'ào Ào	福建省福州市连江县	26°12.3′	119°38.3′
乌猪港	Wūzhū Gǎng	福建省福州市连江县	26°10.1′	119°36.0′
黄土澳	Huángtǔ Ào	福建省福州市连江县	26°07.5′	119°39.9′
古郁澳	Gǔyù Ào	福建省福州市罗源县	26°32.1′	119°47.0′
师公澳	Shīgōng Ào	福建省福州市罗源县	26°30.2′	119°47.5′
鹧下澳	Zhèxià Ào	福建省福州市罗源县	26°28.7′	119°48.2′
百步澳	Bǎibù Ào	福建省福州市罗源县	26°28.5′	119°48.5′
吉壁澳	Jíbì Ào	福建省福州市罗源县	26°27.8′	119°48.6′
碧里澳	Bìlǐ Ào	福建省福州市罗源县	26°27.7′	119°42.4′
布袋澳	Bùdài Ào	福建省福州市罗源县	26°27.2′	119°49.2′
水流坑澳	Shuǐliúkēng Ào	福建省福州市平潭县	25°40.4′	119°39.4′
鼓屿澳	Gǔyǔ Ào	福建省福州市平潭县	25°40.4′	119°37.2′
小练坪澳	Xiǎoliànpíng Ào	福建省福州市平潭县	25°40.1′	119°36.1′
后垱后澳	Hòudàng Hòu'ào	福建省福州市平潭县	25°40.1′	119°35.8′
西礁澳	Xījiāo Ào	福建省福州市平潭县	25°40.1′	119°38.8′
鹅豆底澳	Édòu Dǐ'ào	福建省福州市平潭县	25°40.0′	119°39.8′
万叟沙澳	Wànsǒushā Ào	福建省福州市平潭县	25°40.0′	119°36.4′
后垱前澳	Hòudàng Qián'ào	福建省福州市平潭县	25°40.0′	119°35.6′
大澳底澳	Dà'ào Dǐ'ào	福建省福州市平潭县	25°39.9′	119°47.0′
甲澳	Jiǎ Ào	福建省福州市平潭县	25°39.9′	119°46.6′

标准名称	汉语拼音	行政区	地理位置	
			北纬	东经
凤尾底澳	Fèngwěi Dǐ'ào	福建省福州市平潭县	25°39.7′	119°35.5′
鲎垄下澳	Hòulǒng Xià'ào	福建省福州市平潭县	25°39.7′	119°42.4′
东观底澳	Dōngguān Dǐ'ào	福建省福州市平潭县	25°39.7′	119°39.8′
六秀下澳	Liùxiù Xià'ào	福建省福州市平潭县	25°39.6′	119°38.7′
青峰澳	Qīngfēng Ào	福建省福州市平潭县	25°39.6′	119°47.1′
后澳底澳	Hòu'ào Dǐ'ào	福建省福州市平潭县	25°39.6′	119°36.4′
东门前澳	Dōngmén Qián'ào	福建省福州市平潭县	25°39.6′	119°39.6′
丰田下澳	Fēngtián Xià'ào	福建省福州市平潭县	25°39.6′	119°46.2′
崎头下澳	Qítóu Xià'ào	福建省福州市平潭县	25°39.5′	119°39.3′
田下澳	Tián Xià'ào	福建省福州市平潭县	25°39.5′	119°35.1′
秀礁澳	Xiùjiāo Ào	福建省福州市平潭县	25°39.5′	119°38.7′
后壁山澳	Hòubìshān Ào	福建省福州市平潭县	25°39.5′	119°45.9′
加兰澳	Jiālán Ào	福建省福州市平潭县	25°39.5′	119°42.1′
大澳底澳	Dà'ào Dǐ'ào	福建省福州市平潭县	25°39.5′	119°39.0′
砼底澳	Hù Dǐ'ào	福建省福州市平潭县	25°39.4′	119°42.8′
过岭前澳	Guòlǐng Qián'ào	福建省福州市平潭县	25°39.4′	119°38.7′
南边沙澳	Nánbiānshā Ào	福建省福州市平潭县	25°39.4′	119°36.4′
岭下澳	Lǐngxia Ào	福建省福州市平潭县	25°39.4′	119°41.7′
白沙澳	Báishā Ào	福建省福州市平潭县	25°39.3′	119°46.9′
锦礁澳	Jǐnjiāo Ào	福建省福州市平潭县	25°39.3′	119°36.1′
后澳	Hòu Ào	福建省福州市平潭县	25°39.2′	119°40.5′
深坑底澳	Shēnkēng Dǐ'ào	福建省福州市平潭县	25°39.2′	119°34.6′
南澳碗澳	Nán'àowǎn Ào	福建省福州市平潭县	25°39.1′	119°46.8′
东砼底澳	Dōnghù Dǐ'ào	福建省福州市平潭县	25°39.1′	119°40.9′
中沙澳	Zhōngshā Ào	福建省福州市平潭县	25°39.0′	119°36.0′
福亭边澳	Fútíngbiān Ào	福建省福州市平潭县	25°39.0′	119°39.6′
红山澳	Hóngshān Ào	福建省福州市平潭县	25°39.0′	119°43.0′
祠堂头澳	Cítángtóu Ào	福建省福州市平潭县	25°39.0′	119°45.2′

标准名称	汉语拼音	行政区	地理位置	
			北纬	东经
东金澳	Dōngjīn Ào	福建省福州市平潭县	25°38.9′	119°35.8′
北澳	Běi Ào	福建省福州市平潭县	25°38.8′	119°34.5′
澳仔底澳	Àozǎi Dǐ’ào	福建省福州市平潭县	25°38.7′	119°46.4′
东岸底澳	Dōng’àn Dǐ’ào	福建省福州市平潭县	25°38.7′	119°35.6′
猫头墘澳	Māotóuqián Ào	福建省福州市平潭县	25°38.7′	119°44.2′
仙埕澳	Xiānchéng Ào	福建省福州市平潭县	25°38.7′	119°45.0′
白沙坑澳	Báishākēng Ào	福建省福州市平潭县	25°38.6′	119°33.7′
前澳	Qián Ào	福建省福州市平潭县	25°38.6′	119°39.8′
豆腐港	Dòufu Gǎng	福建省福州市平潭县	25°38.6′	119°35.5′
南盘澳	Nánpán Ào	福建省福州市平潭县	25°38.5′	119°45.0′
围营澳	Wéiyíng Ào	福建省福州市平潭县	25°38.5′	119°41.8′
墩兜澳	Dūndōu Ào	福建省福州市平潭县	25°38.5′	119°41.7′
土澳仔	Tǔ Àozǎi	福建省福州市平潭县	25°38.4′	119°33.4′
停泊澳	Tíngbó Ào	福建省福州市平潭县	25°38.4′	119°40.4′
小湾底澳	Xiǎowān Dǐ’ào	福建省福州市平潭县	25°38.4′	119°44.5′
旺宾澳	Wàngbīn Ào	福建省福州市平潭县	25°38.3′	119°35.0′
舍人宫澳	Shěréngōng Ào	福建省福州市平潭县	25°38.3′	119°40.1′
好娘官澳	Hǎoniángguān Ào	福建省福州市平潭县	25°38.2′	119°43.7′
烂土澳	Làntǔ Ào	福建省福州市平潭县	25°38.2′	119°33.7′
桃澳底澳	Táo’ào Dǐ’ào	福建省福州市平潭县	25°38.1′	119°44.8′
中澳	Zhōng Ào	福建省福州市平潭县	25°38.0′	119°34.0′
下斗门澳	Xiàdǒumén Ào	福建省福州市平潭县	25°38.0′	119°34.3′
东澳仔	Dōng Àozǎi	福建省福州市平潭县	25°37.9′	119°34.7′
南澳	Nán Ào	福建省福州市平潭县	25°37.8′	119°34.5′
钟门下澳	Zhōngmén Xià’ào	福建省福州市平潭县	25°37.7′	119°43.4′
龙头澳	Lóngtóu Ào	福建省福州市平潭县	25°37.4′	119°43.1′
罗澳	Luó Ào	福建省福州市平潭县	25°37.4′	119°42.5′
长江澳	Chángjiāng Ào	福建省福州市平潭县	25°37.4′	119°47.0′

标准名称	汉语拼音	行政区	地理位置	
			北纬	东经
梧安澳	Wú'ān Ào	福建省福州市平潭县	25°37.4′	119°42.8′
磹水澳	Tánshuǐ Ào	福建省福州市平潭县	25°37.2′	119°48.1′
院苑澳	Yuànyuàn Ào	福建省福州市平潭县	25°37.2′	119°48.3′
后澳仔	Hòu Àozǎi	福建省福州市平潭县	25°37.2′	119°42.3′
苏澳港	Sū'ào Gǎng	福建省福州市平潭县	25°37.0′	119°42.2′
溪口澳	Xīkǒu Ào	福建省福州市平潭县	25°36.8′	119°47.2′
赤澳	Chì Ào	福建省福州市平潭县	25°36.8′	119°48.9′
斗魁澳	Dòukuí Ào	福建省福州市平潭县	25°36.7′	119°41.8′
湾壑底澳	Wānhè Dǐ'ào	福建省福州市平潭县	25°36.4′	119°52.3′
金岐澳	Jīnqí Ào	福建省福州市平潭县	25°36.4′	119°41.5′
圆仔底澳	Yuánzǎi Dǐ'ào	福建省福州市平潭县	25°36.3′	119°53.9′
鲎北澳	Hòuběi Ào	福建省福州市平潭县	25°36.1′	119°52.3′
芦澳底澳	Lú'ào Dǐ'ào	福建省福州市平潭县	25°36.1′	119°52.9′
旗杆尾澳	Qígānwěi Ào	福建省福州市平潭县	25°36.1′	119°41.1′
丰兴底澳	Fēngxìng Dǐ'ào	福建省福州市平潭县	25°36.1′	119°52.3′
上澳	Shàng Ào	福建省福州市平潭县	25°36.0′	119°54.0′
康安澳	Kāng'ān Ào	福建省福州市平潭县	25°36.0′	119°41.1′
葫芦澳	Húlú Ào	福建省福州市平潭县	25°36.0′	119°53.5′
芦前澳	Lúqián Ào	福建省福州市平潭县	25°35.9′	119°52.3′
砉楼澳	Hùlóu Ào	福建省福州市平潭县	25°35.8′	119°51.4′
东砉澳	Dōnghù Ào	福建省福州市平潭县	25°35.8′	119°54.0′
南江澳	Nánjiāng Ào	福建省福州市平潭县	25°35.7′	119°43.9′
渔屿澳	Yúyǔ Ào	福建省福州市平潭县	25°35.7′	119°50.1′
东庠门澳	Dōngxiángmén Ào	福建省福州市平潭县	25°35.5′	119°52.3′
砂美澳	Shāměi Ào	福建省福州市平潭县	25°35.4′	119°51.3′
南海澳	Nánhǎi Ào	福建省福州市平潭县	25°35.4′	119°41.5′
南模澳	Nánmó Ào	福建省福州市平潭县	25°35.3′	119°53.3′
澳仔底澳	Àozǎi Dǐ'ào	福建省福州市平潭县	25°35.3′	119°53.1′

标准名称	汉语拼音	行政区	地理位置	
			北纬	东经
北港澳	Běigǎng Ào	福建省福州市平潭县	25°35.1′	119°49.5′
看澳	Kàn Ào	福建省福州市平潭县	25°35.0′	119°41.5′
玉屿澳	Yùyǔ Ào	福建省福州市平潭县	25°34.8′	119°41.8′
流水澳	Liúshuǐ Ào	福建省福州市平潭县	25°34.4′	119°50.1′
火烧澳	Huǒshāo Ào	福建省福州市平潭县	25°34.1′	119°52.9′
模镜澳	Mójìng Ào	福建省福州市平潭县	25°34.0′	119°50.7′
塔仔澳	Tǎzǎi Ào	福建省福州市平潭县	25°33.9′	119°52.4′
山礁澳	Shānjiāo Ào	福建省福州市平潭县	25°33.9′	119°51.3′
碌磚坞澳	Lùzhóuwù Ào	福建省福州市平潭县	25°33.9′	119°52.2′
化盐澳	Huàyán Ào	福建省福州市平潭县	25°33.8′	119°51.4′
大富澳	Dàfù Ào	福建省福州市平潭县	25°33.8′	119°51.5′
东澳	Dōng Ào	福建省福州市平潭县	25°33.8′	119°52.0′
湾底澳	Wāndǐ Ào	福建省福州市平潭县	25°33.0′	119°50.8′
南澳底澳	Nán'ào Dǐ'ào	福建省福州市平潭县	25°32.8′	119°51.8′
五对网澳	Wǔduìwǎng Ào	福建省福州市平潭县	25°32.6′	119°51.4′
后田澳	Hòutián Ào	福建省福州市平潭县	25°32.6′	119°49.4′
壑山澳	Hèshān Ào	福建省福州市平潭县	25°32.6′	119°48.9′
新澳	Xīn Ào	福建省福州市平潭县	25°32.5′	119°49.2′
燕下澳	Yànxià Ào	福建省福州市平潭县	25°31.2′	119°48.3′
竹屿港	Zhúyǔ Gǎng	福建省福州市平潭县	25°30.8′	119°44.0′
小澳仔	Xiǎo Àozǎi	福建省福州市平潭县	25°30.7′	119°42.5′
小湾澳	Xiǎowān Ào	福建省福州市平潭县	25°30.7′	119°43.2′
大湾澳	Dàwān Ào	福建省福州市平潭县	25°30.6′	119°42.8′
深澳底澳	Shēn'ào Dǐ'ào	福建省福州市平潭县	25°30.3′	119°41.7′
橹匙澳	Lǔshi Ào	福建省福州市平潭县	25°29.7′	119°40.7′
官姜澳	Guānjiāng Ào	福建省福州市平潭县	25°29.5′	119°49.2′
程安澳	Chéng'ān Ào	福建省福州市平潭县	25°29.5′	119°40.3′
田尾沙澳	Tiánwěishā Ào	福建省福州市平潭县	25°29.0′	119°51.4′

标准名称	汉语拼音	行政区	地理位置	
			北纬	东经
沙塔澳	Shātǎ Ào	福建省福州市平潭县	25°29.0′	119°49.5′
限门底澳	Xiànmén Dǐ'ào	福建省福州市平潭县	25°29.0′	119°51.5′
紫兰澳	Zǐlán Ào	福建省福州市平潭县	25°28.9′	119°49.9′
青湾底澳	Qīngwān Dǐ'ào	福建省福州市平潭县	25°28.8′	119°51.5′
光裕澳	Guāngyù Ào	福建省福州市平潭县	25°28.7′	119°50.7′
矿底澳	Hùdǐ Ào	福建省福州市平潭县	25°28.7′	119°51.5′
娘宫港	Niánggōng Gǎng	福建省福州市平潭县	25°28.4′	119°40.5′
墘垄窝澳	Qiánlǒngwō Ào	福建省福州市平潭县	25°28.3′	119°51.5′
埠头角澳	Bùtóujiǎo Ào	福建省福州市平潭县	25°28.3′	119°49.9′
屿仔澳	Yǔ Zǎi'ào	福建省福州市平潭县	25°28.2′	119°49.2′
磹报底澳	Tánbào Dǐ'ào	福建省福州市平潭县	25°28.1′	119°51.2′
观音澳	Guānyīn Ào	福建省福州市平潭县	25°28.0′	119°49.9′
澳前港	Àoqián Gǎng	福建省福州市平潭县	25°28.0′	119°50.5′
鹤脊澳	Hèjǐ Ào	福建省福州市平潭县	25°27.9′	119°41.2′
长塍下澳	Chángchéng Xià'ào	福建省福州市平潭县	25°27.8′	119°48.2′
东沙澳	Dōngshā Ào	福建省福州市平潭县	25°27.8′	119°51.0′
塍边澳	Chéngbiān Ào	福建省福州市平潭县	25°27.8′	119°48.4′
下网澳	Xiàwǎng Ào	福建省福州市平潭县	25°27.6′	119°50.6′
瓜屿澳	Guāyǔ Ào	福建省福州市平潭县	25°27.6′	119°47.7′
黄门澳	Huángmén Ào	福建省福州市平潭县	25°27.5′	119°41.0′
磹角尾澳	Diànjiǎowěi Ào	福建省福州市平潭县	25°27.4′	119°47.5′
敧澳仔澳	Jī'ào Zǎi'ào	福建省福州市平潭县	25°27.2′	119°47.0′
安海澳	Ānhǎi Ào	福建省福州市平潭县	25°26.9′	119°42.3′
北澳	Běi Ào	福建省福州市平潭县	25°26.7′	119°46.3′
福堂澳	Fútáng Ào	福建省福州市平潭县	25°26.6′	119°41.5′
崎沙澳	Qíshā Ào	福建省福州市平潭县	25°26.5′	119°45.7′
田美澳	Tiánměi Ào	福建省福州市平潭县	25°26.3′	119°45.5′
洋中澳	Yángzhōng Ào	福建省福州市平潭县	25°25.4′	119°45.2′

标准名称	汉语拼音	行政区	地理位置	
			北纬	东经
大澳	Dà Ào	福建省福州市平潭县	25°25.4′	119°43.3′
东限洋澳	Dōngxiànyáng Ào	福建省福州市平潭县	25°25.2′	119°44.1′
青窑澳	Qīngyáo Ào	福建省福州市平潭县	25°25.0′	119°45.4′
西澳	Xī Ào	福建省福州市平潭县	25°25.0′	119°46.2′
北澳仔	Běi Àozǎi	福建省福州市平潭县	25°24.9′	119°46.3′
鲎边澳	Hòubiān Ào	福建省福州市平潭县	25°24.9′	119°45.8′
山岐澳	Shānqí Ào	福建省福州市平潭县	25°24.9′	119°44.4′
下湖澳	Xiàhú Ào	福建省福州市平潭县	25°24.8′	119°45.6′
东澳	Dōng Ào	福建省福州市平潭县	25°24.5′	119°46.3′
钱便澳	Qiánbiàn Ào	福建省福州市平潭县	25°24.2′	119°45.2′
鸡母澳	Jīmǔ Ào	福建省福州市平潭县	25°24.1′	119°46.2′
浮斗澳	Fúdǒu Ào	福建省福州市平潭县	25°24.1′	119°45.2′
东垄澳	Dōnglǒng Ào	福建省福州市平潭县	25°24.0′	119°45.6′
后岐澳	Hòuqí Ào	福建省福州市平潭县	25°22.8′	119°43.1′
高屿澳	Gāoyǔ Ào	福建省福州市平潭县	25°22.6′	119°42.3′
岑兜澳	Céndōu Ào	福建省福州市平潭县	25°22.6′	119°42.8′
莲澳	Lián Ào	福建省福州市平潭县	25°22.3′	119°42.0′
山仔边澳	Shānzǎi Biān'ào	福建省福州市平潭县	25°21.8′	119°43.5′
普安下澳	Pǔ'ān Xià'ào	福建省福州市平潭县	25°21.5′	119°42.0′
江尾澳	Jiāngwěi Ào	福建省福州市平潭县	25°21.5′	119°42.4′
五帝澳	Wǔdì Ào	福建省福州市平潭县	25°21.5′	119°42.4′
北澳	Běi Ào	福建省福州市平潭县	25°20.6′	119°41.8′
丈二澳	Zhàngr Ào	福建省福州市平潭县	25°20.4′	119°41.6′
宫下澳	Gōngxià Ào	福建省福州市平潭县	25°20.3′	119°41.4′
中楼后澳	Zhōnglóu Hòu'ào	福建省福州市平潭县	25°20.1′	119°41.8′
中楼澳	Zhōnglóu Ào	福建省福州市平潭县	25°20.1′	119°41.3′
畚箕澳	Běnjī Ào	福建省福州市平潭县	25°19.7′	119°41.1′
后澳	Hòu Ào	福建省福州市平潭县	25°19.4′	119°42.0′

标准名称	汉语拼音	行政区	地理位置	
			北纬	东经
横神头澳	Héngshéntóu Ào	福建省福州市平潭县	25°19.3′	119°41.2′
底澳	Dǐ Ào	福建省福州市平潭县	25°19.1′	119°42.2′
南楼澳	Nánlóu Ào	福建省福州市平潭县	25°19.0′	119°41.3′
毛蟹澳	Máoxiè Ào	福建省福州市平潭县	25°19.0′	119°41.8′
宫下澳	Gōngxià Ào	福建省福州市平潭县	25°17.3′	119°45.4′
海口港	Hǎikǒu Gǎng	福建省福州市福清市	25°41.2′	119°27.6′
城头港	Chéngtóu Gǎng	福建省福州市福清市	25°40.9′	119°30.0′
吉湾澳	Jíwān Ào	福建省福州市福清市	25°39.9′	119°34.4′
龙田港	Lóngtián Gǎng	福建省福州市福清市	25°38.0′	119°28.4′
北澳	Běi Ào	福建省福州市福清市	25°37.4′	119°29.4′
后埕底澳	Hòuchéng Dǐ'ào	福建省福州市福清市	25°37.3′	119°32.1′
后澳	Hòu Ào	福建省福州市福清市	25°35.5′	119°35.3′
门前澳	Ménqián Ào	福建省福州市福清市	25°35.2′	119°35.4′
门头澳	Méntóu Ào	福建省福州市福清市	25°35.1′	119°34.7′
后湾澳	Hòuwān Ào	福建省福州市福清市	25°34.9′	119°34.4′
嘉儒港	Jiārú Gǎng	福建省福州市福清市	25°34.1′	119°31.5′
瑟江港	Sèjiāng Gǎng	福建省福州市福清市	25°30.7′	119°35.1′
玉楼湾	Yùlóu Wān	福建省福州市福清市	25°29.1′	119°36.2′
北坑港	Běikēng Gǎng	福建省福州市福清市	25°28.9′	119°36.4′
石狮嘴澳	Shíshīzuǐ Ào	福建省福州市福清市	25°28.4′	119°26.4′
坑尾澳	Kēngwěi Ào	福建省福州市福清市	25°28.0′	119°38.0′
小山东港	Xiǎoshāndōng Gǎng	福建省福州市福清市	25°27.9′	119°38.3′
澳底澳	Àodǐ Ào	福建省福州市福清市	25°25.8′	119°38.7′
限头港	Xiàntóu Gǎng	福建省福州市福清市	25°25.2′	119°39.3′
福堂澳	Fútáng Ào	福建省福州市福清市	25°25.2′	119°39.6′
薛礁澳	Xuējiāo Ào	福建省福州市福清市	25°25.0′	119°39.9′
隆前澳	Lóngqián Ào	福建省福州市福清市	25°24.5′	119°39.1′
方厝澳	Fāngcuò Ào	福建省福州市福清市	25°23.9′	119°30.6′

标准名称	汉语拼音	行政区	地理位置	
			北纬	东经
岸前澳	Ànqián Ào	福建省福州市福清市	25°23.8′	119°33.9′
牛华港	Niúhuá Gǎng	福建省福州市福清市	25°22.4′	119°31.1′
锦城港	Jǐnchéng Gǎng	福建省福州市福清市	25°22.4′	119°32.7′
底湾里澳	Dǐwānlǐ Ào	福建省福州市福清市	25°22.3′	119°35.1′
村前澳	Cūnqián Ào	福建省福州市福清市	25°20.7′	119°36.6′
下毛关澳	Xiàmáoguān Ào	福建省福州市福清市	25°20.5′	119°36.0′
浔江港	Xúnjiāng Gǎng	福建省厦门市	24°32.9′	118°11.0′
东咀港	Dōngzuǐ Gǎng	福建省厦门市同安区	24°38.7′	118°11.2′
西萨边澳	Xīsàbiān Ào	福建省莆田市秀屿区	25°22.9′	119°09.0′
庵下澳	Ānxià Ào	福建省莆田市秀屿区	25°19.9′	119°13.3′
黄岐澳	Huángqí Ào	福建省莆田市秀屿区	25°19.3′	119°17.3′
淇沪澳	Qíhù Ào	福建省莆田市秀屿区	25°16.6′	119°20.5′
东沁澳	Dōngqìn Ào	福建省莆田市秀屿区	25°16.5′	119°00.7′
后江下澳	Hòujiāngxià Ào	福建省莆田市秀屿区	25°15.6′	119°00.5′
坑口澳	Kēngkǒu Ào	福建省莆田市秀屿区	25°15.1′	119°28.6′
官澳	Guān Ào	福建省莆田市秀屿区	25°14.7′	119°28.7′
澳前	Àoqián	福建省莆田市秀屿区	25°14.7′	119°20.7′
西寨澳	Xīzhài Ào	福建省莆田市秀屿区	25°14.3′	119°26.9′
赤坡澳	Chìpō Ào	福建省莆田市秀屿区	25°14.2′	119°17.6′
东岱澳	Dōngdài Ào	福建省莆田市秀屿区	25°12.3′	119°36.0′
大厅澳	Dàtīng Ào	福建省莆田市秀屿区	25°11.1′	119°06.0′
平海澳	Pínghǎi Ào	福建省莆田市秀屿区	25°10.8′	119°15.7′
度下澳	Dùxià Ào	福建省莆田市秀屿区	25°08.6′	119°02.3′
贤良港	Xiánliáng Gǎng	福建省莆田市秀屿区	25°07.9′	119°06.9′
西亭澳	Xītíng Ào	福建省莆田市秀屿区	25°03.7′	119°06.4′
畚箕垵澳	Běnjī'ǎn Ào	福建省泉州市惠安县	24°53.7′	118°58.0′
崇武港	Chóngwǔ Gǎng	福建省泉州市惠安县	24°52.9′	118°55.0′
石井港	Shíjǐng Gǎng	福建省泉州市南安市	24°38.9′	118°25.6′

标准名称	汉语拼音	行政区	地理位置	
			北纬	东经
青崎澳	Qīngqí Ào	福建省漳州市云霄县	23°52.0′	117°30.0′
径头澳	Jìngtóu Ào	福建省漳州市云霄县	23°51.4′	117°29.9′
后安港	Hòu'ān Gǎng	福建省漳州市云霄县	23°51.0′	117°29.6′
拖尾湾	Tuōwěi Wān	福建省漳州市云霄县	23°50.4′	117°29.5′
岃屿澳	Lǐyǔ Ào	福建省漳州市云霄县	23°48.9′	117°29.0′
江口港	Jiāngkǒu Gǎng	福建省漳州市漳浦县	24°13.0′	118°00.3′
鸿儒港	Hóngrú Gǎng	福建省漳州市漳浦县	24°10.1′	117°56.7′
白塘澳	Báitáng Ào	福建省漳州市东山县	23°45.3′	117°28.8′
南门港	Nánmén Gǎng	福建省漳州市东山县	23°43.8′	117°34.5′
前港	Qián Gǎng	福建省漳州市东山县	23°43.1′	117°29.6′
亲营澳	Qīnyíng Ào	福建省漳州市东山县	23°39.8′	117°26.6′
荟冬澳	Huìdōng Ào	福建省漳州市东山县	23°39.5′	117°27.2′
屿下澳	Yǔxià Ào	福建省漳州市东山县	23°36.0′	117°20.2′
澳角湾	Àojiǎo Wān	福建省漳州市东山县	23°35.2′	117°25.5′
白塘湾	Báitáng Wān	福建省漳州市龙海市	24°13.8′	118°02.8′
湖前湾	Húqián Wān	福建省漳州市龙海市	24°12.7′	118°01.7′
盐田港	Yántián Gǎng	福建省宁德市	26°50.5′	119°49.9′
青官蓝澳	Qīngguānlán Ào	福建省宁德市霞浦县	26°57.2′	120°14.1′
牛屎湾	Niúshǐ Wān	福建省宁德市霞浦县	26°56.5′	120°14.2′
协澳港	Xié'ào Gǎng	福建省宁德市霞浦县	26°56.2′	120°15.1′
古镇港	Gǔzhèn Gǎng	福建省宁德市霞浦县	26°55.9′	120°14.7′
澳仔澳	Àozǎi Ào	福建省宁德市霞浦县	26°55.7′	120°15.2′
周湾澳	Zhōuwān Ào	福建省宁德市霞浦县	26°55.6′	120°10.5′
烽火澳	Fēnghuǒ Ào	福建省宁德市霞浦县	26°55.6′	120°14.8′
东壁澳	Dōngbì Ào	福建省宁德市霞浦县	26°55.4′	120°11.0′
三沙避风港	Sānshā Bìfēng Gǎng	福建省宁德市霞浦县	26°55.4′	120°12.9′
网仔澳港	Wǎngzǎi'ào Gǎng	福建省宁德市霞浦县	26°55.4′	120°15.3′

标准名称	汉语拼音	行政区	地理位置	
			北纬	东经
西澳	Xī Ào	福建省宁德市霞浦县	26°55.3′	120°12.2′
奇沙澳	Qíshā Ào	福建省宁德市霞浦县	26°55.3′	120°11.9′
狮头澳	Shītóu Ào	福建省宁德市霞浦县	26°55.3′	120°15.1′
东澳	Dōng Ào	福建省宁德市霞浦县	26°55.3′	120°12.4′
网仔澳	Wǎngzǎi Ào	福建省宁德市霞浦县	26°55.2′	120°14.9′
三沙港	Sānshā Gǎng	福建省宁德市霞浦县	26°55.1′	120°12.6′
田澳	Tián Ào	福建省宁德市霞浦县	26°55.0′	120°15.0′
龙湾澳	Lóngwān Ào	福建省宁德市霞浦县	26°53.2′	120°06.4′
粗鲁澳	Cūlǔ Ào	福建省宁德市霞浦县	26°49.1′	120°05.0′
北兜澳	Běidōu Ào	福建省宁德市霞浦县	26°48.7′	120°05.1′
南塘港	Nántáng Gǎng	福建省宁德市霞浦县	26°48.0′	119°50.3′
外湖澳	Wàihú Ào	福建省宁德市霞浦县	26°47.9′	120°05.9′
大湾里澳	Dàwānlǐ Ào	福建省宁德市霞浦县	26°47.8′	120°04.3′
长门澳	Chángmén Ào	福建省宁德市霞浦县	26°47.7′	120°07.2′
富积岐澳	Fùjīqí Ào	福建省宁德市霞浦县	26°47.7′	119°48.9′
桥仔下澳	Qiáozǎi Xià'ào	福建省宁德市霞浦县	26°47.7′	120°03.1′
沙澳里	Shā Àolǐ	福建省宁德市霞浦县	26°46.9′	120°07.1′
犬湾	Quǎn Wān	福建省宁德市霞浦县	26°46.7′	119°48.6′
澳里澳	Ào Lǐ'ào	福建省宁德市霞浦县	26°46.2′	119°48.2′
后壁澳	Hòubì Ào	福建省宁德市霞浦县	26°45.8′	119°48.2′
高罗澳	Gāoluó Ào	福建省宁德市霞浦县	26°45.3′	120°05.9′
上洋澳	Shàngyáng Ào	福建省宁德市霞浦县	26°44.8′	119°48.0′
下洋澳	Xiàyáng Ào	福建省宁德市霞浦县	26°44.5′	119°48.2′
积石澳	Jīshí Ào	福建省宁德市霞浦县	26°44.2′	120°06.5′
界石澳	Jièshí Ào	福建省宁德市霞浦县	26°43.9′	120°08.4′
长仔里澳	Chángzǎilǐ Ào	福建省宁德市霞浦县	26°43.9′	119°48.4′
龙潭坑澳	Lóngtánkēng Ào	福建省宁德市霞浦县	26°43.5′	119°48.5′
己澳	Jǐ Ào	福建省宁德市霞浦县	26°42.8′	120°08.5′

标准名称	汉语拼音	行政区	地理位置	
			北纬	东经
斗米澳	Dǒumǐ Ào	福建省宁德市霞浦县	26°42.8′	120°07.8′
园下澳	Yuánxià Ào	福建省宁德市霞浦县	26°42.6′	120°21.2′
田澳坑澳	Tián'àokēng Ào	福建省宁德市霞浦县	26°42.4′	120°21.6′
北海澳	Běihǎi Ào	福建省宁德市霞浦县	26°42.3′	120°20.9′
白蛇弄澳	Báishélòng Ào	福建省宁德市霞浦县	26°42.3′	120°21.8′
溪南港	Xīnán Gǎng	福建省宁德市霞浦县	26°42.2′	119°49.9′
鸭池塘港	Yāchítáng Gǎng	福建省宁德市霞浦县	26°41.9′	120°06.5′
南澳	Nán Ào	福建省宁德市霞浦县	26°41.9′	120°20.8′
求凤澳	Qiúfèng Ào	福建省宁德市霞浦县	26°41.9′	120°21.2′
土仔坪澳	Tǔzǎipíng Ào	福建省宁德市霞浦县	26°41.9′	119°47.8′
菜湾里澳	Càiwān Lǐ'ào	福建省宁德市霞浦县	26°41.8′	120°07.9′
台澳	Tái Ào	福建省宁德市霞浦县	26°41.7′	119°53.8′
东礵澳	Dōngshuāng Ào	福建省宁德市霞浦县	26°40.9′	120°22.9′
长腰澳	Chángyāo Ào	福建省宁德市霞浦县	26°40.8′	119°48.9′
后澳	Hòu Ào	福建省宁德市霞浦县	26°40.7′	119°49.2′
上澳港	Shàng'ào Gǎng	福建省宁德市霞浦县	26°40.7′	119°58.8′
后湾	Hòu Wān	福建省宁德市霞浦县	26°40.5′	119°53.7′
外澳	Wài Ào	福建省宁德市霞浦县	26°40.5′	119°48.4′
下东澳	Xiàdōng Ào	福建省宁德市霞浦县	26°40.4′	119°49.1′
小闾澳	Xiǎolǘ Ào	福建省宁德市霞浦县	26°39.8′	120°06.7′
细头澳	Xìtóu Ào	福建省宁德市霞浦县	26°39.7′	119°53.5′
网澳	Wǎng Ào	福建省宁德市霞浦县	26°39.4′	120°06.9′
西礵澳	Xīshuāng Ào	福建省宁德市霞浦县	26°39.1′	120°19.2′
肥土澳	Féitǔ Ào	福建省宁德市霞浦县	26°39.0′	119°51.8′
舢舨澳	Shānbǎn Ào	福建省宁德市霞浦县	26°39.0′	119°52.3′
闾峡港	Lǘxiá Gǎng	福建省宁德市霞浦县	26°38.9′	120°06.9′
祠南澳	Cínán Ào	福建省宁德市霞浦县	26°38.8′	120°07.0′
水井坑澳	Shuǐjǐngkēng Ào	福建省宁德市霞浦县	26°38.7′	120°21.7′

标准名称	汉语拼音	行政区	地理位置	
			北纬	东经
鬼澳	Guǐ Ào	福建省宁德市霞浦县	26°38.5′	120°21.1′
南礵澳	Nánshuāng Ào	福建省宁德市霞浦县	26°38.5′	120°21.5′
大湾	Dà Wān	福建省宁德市霞浦县	26°37.4′	119°54.6′
外浒澳	Wàihǔ Ào	福建省宁德市霞浦县	26°36.3′	119°57.6′
布袋澳	Bùdài Ào	福建省宁德市霞浦县	26°36.3′	120°09.4′
外龙井澳	Wàilóngjǐng Ào	福建省宁德市霞浦县	26°36.2′	120°09.8′
汉钓澳	Hàndiào Ào	福建省宁德市霞浦县	26°36.0′	120°08.8′
里龙井澳	Lǐlóngjǐng Ào	福建省宁德市霞浦县	26°35.8′	120°09.9′
灶澳	Zào Ào	福建省宁德市霞浦县	26°35.7′	120°08.6′
石灰小矿澳	Shíhuīxiǎokuàng Ào	福建省宁德市霞浦县	26°35.5′	120°09.9′
里澳	Lǐ Ào	福建省宁德市霞浦县	26°35.5′	120°08.3′
搭钩澳	Dāgōu Ào	福建省宁德市霞浦县	26°35.3′	119°50.7′
白犬澳	Báiquǎn Ào	福建省宁德市霞浦县	26°35.2′	120°09.8′
避船澳	Bìchuán Ào	福建省宁德市霞浦县	26°35.0′	120°08.1′
居安澳	Jū'ān Ào	福建省宁德市霞浦县	26°34.9′	119°56.1′
牛澳	Niú Ào	福建省宁德市霞浦县	26°34.9′	120°09.7′
打铁坑澳	Dǎtiěkēng Ào	福建省宁德市霞浦县	26°34.6′	120°07.8′
小澳	Xiǎo Ào	福建省宁德市霞浦县	26°34.6′	120°09.4′
长长澳	Chángcháng Ào	福建省宁德市霞浦县	26°34.5′	120°07.3′
文澳口	Wén'ào Kǒu	福建省宁德市霞浦县	26°34.4′	120°08.8′
沙澳	Shā Ào	福建省宁德市霞浦县	26°34.3′	120°07.1′
石人下澳	Shírénxià Ào	福建省宁德市霞浦县	26°34.3′	119°56.3′
北壁港	Běibì Gǎng	福建省宁德市霞浦县	26°34.2′	119°50.8′
沙澳仔	Shā Àozǎi	福建省宁德市霞浦县	26°34.2′	120°08.6′
白鸽坑澳	Báigēkēng Ào	福建省宁德市霞浦县	26°33.9′	120°07.1′
铁板沙澳	Tiěbǎnshā Ào	福建省宁德市霞浦县	26°33.9′	120°08.8′
尼姑屿澳	Nígūyǔ Ào	福建省宁德市霞浦县	26°33.8′	120°08.7′
武澳	Wǔ Ào	福建省宁德市霞浦县	26°33.7′	120°08.4′

标准名称	汉语拼音	行政区	地理位置	
			北纬	东经
池澳	Chí Ào	福建省宁德市霞浦县	26°33.7′	119°55.9′
里头澳仔	Lǐtóu Àozǎi	福建省宁德市霞浦县	26°33.7′	120°07.3′
田头澳	Tiántóu Ào	福建省宁德市霞浦县	26°33.6′	120°07.6′
南风澳	Nánfēng Ào	福建省宁德市霞浦县	26°33.4′	119°55.9′
田头澳仔	Tiántóu Àozǎi	福建省宁德市霞浦县	26°33.4′	120°07.7′
官溪澳	Guānxī Ào	福建省宁德市霞浦县	26°33.1′	119°55.6′
芋里澳	Yù Lǐ'ào	福建省宁德市霞浦县	26°33.0′	120°00.2′
大洞澳	Dàdòng Ào	福建省宁德市霞浦县	26°32.9′	119°54.8′
马刺澳	Mǎcì Ào	福建省宁德市霞浦县	26°32.3′	120°08.1′
西臼塘	Xījiùtáng	福建省宁德市霞浦县	26°32.3′	119°53.9′
东冲口港	Dōngchōngkǒu Gǎng	福建省宁德市霞浦县	26°32.1′	119°49.8′
清澳	Qīng Ào	福建省宁德市霞浦县	26°31.3′	119°50.6′
耳聋澳	Ěrlzzzóng Ào	福建省宁德市霞浦县	26°31.3′	120°02.7′
北澳	Běi Ào	福建省宁德市霞浦县	26°31.3′	120°03.2′
和石澳	Héshí Ào	福建省宁德市霞浦县	26°31.2′	119°51.4′
幸福澳	Xìngfú Ào	福建省宁德市霞浦县	26°31.2′	120°02.4′
赤澳	Chì Ào	福建省宁德市霞浦县	26°31.0′	119°52.3′
风门澳	Fēngmén Ào	福建省宁德市霞浦县	26°31.0′	120°03.9′
大王澳	Dàwáng Ào	福建省宁德市霞浦县	26°30.8′	120°02.0′
小王澳	Xiǎowáng Ào	福建省宁德市霞浦县	26°30.6′	120°02.0′
南京店澳	Nánjīngdiàn Ào	福建省宁德市霞浦县	26°30.5′	120°03.8′
贵澳	Guì Ào	福建省宁德市霞浦县	26°30.2′	120°01.8′
大澳	Dà Ào	福建省宁德市霞浦县	26°30.0′	120°02.8′
避风港	Bìfēng Gǎng	福建省宁德市霞浦县	26°30.0′	120°03.2′
墓澳	Mù Ào	福建省宁德市霞浦县	26°29.9′	119°47.0′
水船澳	Shuǐchuán Ào	福建省宁德市霞浦县	26°29.9′	120°01.5′
北头澳	Běitóu Ào	福建省宁德市霞浦县	26°29.8′	120°08.1′

标准名称	汉语拼音	行政区	地理位置	
			北纬	东经
牛脚澳	Niújiǎo Ào	福建省宁德市霞浦县	26°29.7′	119°47.8′
目鱼澳	Mùyú Ào	福建省宁德市霞浦县	26°29.7′	120°01.6′
虾笼澳	Xiālóng Ào	福建省宁德市霞浦县	26°29.6′	120°02.1′
陶澳	Táo Ào	福建省宁德市霞浦县	26°26.5′	119°49.0′
东銮澳	Dōngluán Ào	福建省宁德市霞浦县	26°25.3′	119°47.5′
新辉埕澳	Xīnhuīchéng Ào	福建省宁德市霞浦县	26°24.7′	119°48.6′
大口澳	Dàkǒu Ào	福建省宁德市霞浦县	23°31.7′	119°50.0′
百胜洋	Bǎishèng Yáng	福建省宁德市福鼎市	27°17.6′	120°15.1′
三门港	Sānmén Gǎng	福建省宁德市福鼎市	27°17.1′	120°17.3′
照澜港	Zhàolán Gǎng	福建省宁德市福鼎市	27°16.8′	120°18.6′
岐头洋	Qítóu Yáng	福建省宁德市福鼎市	27°16.4′	120°15.2′
铁将洋	Tiějiāng Yáng	福建省宁德市福鼎市	27°15.7′	120°15.3′
洋沙洋	YángshāYáng	福建省宁德市福鼎市	27°15.1′	120°14.4′
梅溪湾	Méixī Wān	福建省宁德市福鼎市	27°14.8′	120°21.9′
罗唇湾	Luóchún Wān	福建省宁德市福鼎市	27°14.4′	120°22.7′
姚家屿港	Yáojiāyǔ Gǎng	福建省宁德市福鼎市	27°14.1′	120°17.8′
马祖婆港	Mǎzǔpó Gǎng	福建省宁德市福鼎市	27°13.3′	120°17.7′
中澳	Zhōng Ào	福建省宁德市福鼎市	27°09.0′	120°26.0′
上澳	Shàng Ào	福建省宁德市福鼎市	27°08.9′	120°25.7′
小澳	Xiǎo Ào	福建省宁德市福鼎市	27°06.9′	120°22.7′
茶塘港	Chátáng Gǎng	福建省宁德市福鼎市	27°06.1′	120°15.9′
冬瓜屿港	Dōngguāyǔ Gǎng	福建省宁德市福鼎市	27°06.0′	120°23.0′
白沙澳	Báishā Ào	福建省宁德市福鼎市	27°02.5′	120°15.0′
硖门湾	Xiámén Wān	福建省宁德市福鼎市	27°02.0′	120°14.8′
下池澳	Xiàchí Ào	福建省宁德市福鼎市	27°00.2′	120°16.0′
西台澳	Xītái Ào	福建省宁德市福鼎市	27°00.1′	120°41.6′
网仔澳	Wǎng Zǎi'ào	福建省宁德市福鼎市	26°59.4′	120°42.7′
鱼头澳	Yútóu Ào	福建省宁德市福鼎市	26°59.2′	120°43.0′

标准名称	汉语拼音	行政区	地理位置	
			北纬	东经
斗笠下澳	Dǒulì Xià'ào	福建省宁德市福鼎市	26°59.0′	120°42.6′
马祖澳	Mǎzǔ Ào	福建省宁德市福鼎市	26°57.4′	120°19.2′

二、水道

标准名称	汉语拼音	所处行政区	地理位置	
			北纬	东经
箩水道	Lǎoluó Shuǐdào	福建省福州市	25°30.0′	119°39.0′
闽安门	Mǐn'ān Mén	福建省福州市马尾区	26°03.5′	119°30.7′
东岸门	Dōng'àn Mén	福建省福州市连江县	26°10.5′	119°36.3′
乌猪港	Wūzhū Gǎng	福建省福州市连江县	26°09.5′	119°36.0′
熨斗水道	Yùndǒu Shuǐdào	福建省福州市连江县	26°08.6′	119°39.6′
金牌门	Jīnpái Mén	福建省福州市连江县	26°08.0′	119°35.8′
岗屿水道	Gǎngyǔ Shuǐdào	福建省福州市罗源县	26°24.4′	119°45.5′
松下水道	Sōngxià Shuǐdào	福建省福州市平潭县	25°40.0′	119°35.0′
竹屿口水道	Zhúyǔkǒu Shuǐdào	福建省福州市平潭县	25°30.9′	119°42.6′
塘屿北水道	Tángyǔ Běishuǐdào	福建省福州市平潭县	25°21.2′	119°41.7′
松下门水道	Sōngxiàmén Shuǐdào	福建省福州市福清市	25°41.1′	119°35.1′
海口水道	Hǎikǒu Shuǐdào	福建省福州市福清市	25°40.0′	119°28.3′
南山江水道	Nánshānjiāng Shuǐdào	福建省福州市福清市	25°39.1′	119°28.3′
梅花港	Méihuā Gǎng	福建省福州市长乐市	26°01.4′	119°40.5′
鹭江水道	Lùjiāng Shuǐdào	福建省厦门市思明区	24°27.1′	118°04.2′
大嶝水道	Dàdèng Shuǐdào	福建省厦门市翔安区	24°34.5′	118°19.8′
大坠门	Dàzhuì Mén	福建省泉州市惠安县	24°49.2′	118°46.2′
小坠门	Xiǎozhuì Mén	福建省泉州市石狮市	24°48.6′	118°45.9′
八尺门	Bāchǐ Mén	福建省漳州市东山县	23°46.5′	117°24.4′
南港水道	Nángǎng Shuǐdào	福建省漳州市东山县	23°42.6′	117°21.2′
大港水道	Dàgǎng Shuǐdào	福建省漳州市东山县	23°42.6′	117°20.0′
黑土港水道	Hēitǔgǎng Shuǐdào	福建省漳州市东山县	23°35.8′	117°19.3′

标准名称	汉语拼音	所处行政区	地理位置	
			北纬	东经
门夹头水道	Ménjiátóu Shuǐdào	福建省宁德市蕉城区	26°45.1′	119°35.4′
漳湾汐水道	Zhāngwānxī Shuǐdào	福建省宁德市蕉城区	26°42.3′	119°37.2′
宁德水道	Níngdé Shuǐdào	福建省宁德市蕉城区	26°38.5′	119°35.8′
宝塔水道	Bǎotǎ Shuǐdào	福建省宁德市蕉城区	26°37.6′	119°35.9′
飞鸾港水道	Fēiluángǎng Shuǐdào	福建省宁德市蕉城区	26°36.5′	119°37.6′
钱墩门水道	Qiándūnmén Shuǐdào	福建省宁德市蕉城区	26°36.0′	119°45.8′
烽火门水道	Fēnghuǒmén Shuǐdào	福建省宁德市霞浦县	26°55.7′	120°14.5′
七尺门水道	Qīchǐmén Shuǐdào	福建省宁德市霞浦县	26°47.9′	120°08.1′
隔山门水道	Géshānmén Shuǐdào	福建省宁德市霞浦县	26°42.1′	119°49.4′
赤龙门水道	Chìlóngmén Shuǐdào	福建省宁德市霞浦县	26°41.2′	119°48.2′
关门江水道	Guānménjiāng Shuǐdào	福建省宁德市霞浦县	26°41.0′	119°54.0′
鲈门港水道	Lúméngǎng Shuǐdào	福建省宁德市福安市	26°43.6′	119°39.6′
鸡冠水道	Jīguān Shuǐdào	福建省宁德市福安市	26°41.5′	119°43.5′
八尺门水道	Bāchǐmén Shuǐdào	福建省宁德市福鼎市	27°15.1′	120°13.7′
大门水道	Dàmén Shuǐdào	福建省宁德市福鼎市	27°13.6′	120°23.4′
小门水道	Xiǎomén Shuǐdào	福建省宁德市福鼎市	27°13.4′	120°22.9′
大门仔水道	Dàménzǎi Shuǐdào	福建省宁德市福鼎市	27°13.1′	120°18.2′
大门	Dà Mén	福建省宁德市福鼎市	27°09.9′	120°28.0′
东角门港水道	Dōngjiǎoméngǎng Shuǐdào	福建省宁德市福鼎市	26°57.6′	120°22.2′
芦竹门港水道	Lúzhúméngǎng Shuǐdào	福建省宁德市福鼎市	26°56.4′	120°19.2′
银屿门港水道	Yínyǔméngǎng Shuǐdào	福建省宁德市福鼎市	26°55.5′	120°18.6′

三、滩

标准名称	汉语拼音	所处行政区	地理位置	
			北纬	东经
砂石滩	Shāshí Tān	福建省福州市连江县	26°23.2′	119°50.5′
海潮沙滩	Hǎicháo Shātān	福建省福州市连江县	26°17.5′	119°48.5′
长行	Cháng Háng	福建省福州市连江县	26°11.2′	119°40.7′
牛礁滩	Niújiāo Tān	福建省福州市罗源县	26°24.7′	119°46.3′
海坛湾滩	Hǎitánwān Tān	福建省福州市平潭县	25°31.9′	119°48.4′
小湾滩	Xiǎowān Tān	福建省福州市平潭县	25°30.8′	119°43.1′
沙绗沙	Shāháng Shā	福建省福州市平潭县	25°25.9′	119°42.0′
南中滩	Nánzhōng Tān	福建省福州市平潭县	25°19.6′	119°41.8′
刘垱滩	Liúdàng Tān	福建省福州市福清市	25°34.6′	119°35.5′
灵川滩	Língchuān Tān	福建省莆田市城厢区	25°15.8′	118°56.3′
涵江滩	Hánjiāng Tān	福建省莆田市涵江区	25°25.8′	119°08.7′
牡蛎滩	Mǔlì Tān	福建省泉州市南安市	24°36.0′	118°24.8′
直道坪	Zhídào Píng	福建省漳州市龙海市	24°27.4′	117°55.6′
甘文尾	Gānwénwěi	福建省漳州市龙海市	24°27.0′	117°55.3′
大埕坪	Dàchéng Píng	福建省漳州市龙海市	24°26.2′	117°54.9′
过冈滩	Guògāng Tān	福建省宁德市蕉城区	26°47.0′	119°36.7′
岩头冈滩	Yántóugāng Tān	福建省宁德市蕉城区	26°46.6′	119°35.1′
屿后土	Yǔhòu Tǔ	福建省宁德市蕉城区	26°46.3′	119°35.2′
店下滩	Diànxià Tān	福建省宁德市蕉城区	26°46.0′	119°34.2′
盐埕土	Yánchéng Tǔ	福建省宁德市蕉城区	26°46.0′	119°36.2′
孙柳尾滩	Sūnliǔwěi Tān	福建省宁德市蕉城区	26°45.9′	119°36.3′
湾里滩	Wānlǐ Tān	福建省宁德市蕉城区	26°45.6′	119°33.7′
荒面滩	Huāngmiàn Tān	福建省宁德市蕉城区	26°45.5′	119°33.9′
草尾滩	Cǎowěi Tān	福建省宁德市蕉城区	26°45.5′	119°33.5′
熨斗塘滩	Yùndǒutáng Tān	福建省宁德市蕉城区	26°44.7′	119°34.7′
雷东滩	Léidōng Tān	福建省宁德市蕉城区	26°44.6′	119°36.3′

标准名称	汉语拼音	所处行政区	地理位置	
			北纬	东经
溪乾土	Xīqián Tǔ	福建省宁德市蕉城区	26°44.4′	119°33.7′
保安塘滩	Bǎo'āntáng Tān	福建省宁德市蕉城区	26°44.4′	119°38.2′
下门土	Xiàmén Tǔ	福建省宁德市蕉城区	26°43.2′	119°38.8′
四冈面滩	Sìgāngmiàn Tān	福建省宁德市蕉城区	26°43.2′	119°39.1′
围头网滩	Wéitóuwǎng Tān	福建省宁德市蕉城区	26°43.1′	119°38.1′
门下土	Ménxià Tǔ	福建省宁德市蕉城区	26°43.0′	119°36.2′
鲤鱼墩滩	Lǐyúdūn Tān	福建省宁德市蕉城区	26°43.0′	119°38.4′
后门土	Hòumén Tǔ	福建省宁德市蕉城区	26°42.9′	119°38.4′
港土	Gǎng Tǔ	福建省宁德市蕉城区	26°42.7′	119°39.2′
灰头土	Huītóu Tǔ	福建省宁德市蕉城区	26°42.6′	119°38.3′
二屿滩	Èryǔ Tān	福建省宁德市蕉城区	26°42.5′	119°37.3′
牛尾土	Niúwěi Tǔ	福建省宁德市蕉城区	26°41.9′	119°38.7′
棺材土	Guāncai Tǔ	福建省宁德市蕉城区	26°41.5′	119°46.8′
牛尾尖滩	Niúwěi Jiāntān	福建省宁德市蕉城区	26°41.4′	119°38.8′
对面土	Duìmiàn Tǔ	福建省宁德市蕉城区	26°41.2′	119°36.7′
横后土	Hénghòu Tǔ	福建省宁德市蕉城区	26°41.2′	119°37.7′
中澳土	Zhōng'ào Tǔ	福建省宁德市蕉城区	26°41.0′	119°47.0′
中埕	Zhōng Chéng	福建省宁德市蕉城区	26°40.6′	119°36.5′
犁头尾滩	Lítóuwěi Tān	福建省宁德市蕉城区	26°40.5′	119°37.8′
北澳土	Běi'ào Tǔ	福建省宁德市蕉城区	26°40.4′	119°43.6′
八埕	Bā Chéng	福建省宁德市蕉城区	26°40.3′	119°37.8′
上埕	Shàng Chéng	福建省宁德市蕉城区	26°40.3′	119°36.5′
埕仔面滩	Chéngzǎimiàn Tān	福建省宁德市蕉城区	26°40.2′	119°37.8′
中尾埕	Zhōngwěi Chéng	福建省宁德市蕉城区	26°40.1′	119°36.6′
埕仔凹滩	Chéngzǎi'āo Tān	福建省宁德市蕉城区	26°40.0′	119°37.8′
南下塘滩	Nánxiàtáng Tān	福建省宁德市蕉城区	26°39.7′	119°36.6′
中磡滩	Zhōngkàn Tān	福建省宁德市蕉城区	26°39.6′	119°37.3′
石牛埕	Shíniú Chéng	福建省宁德市蕉城区	26°39.5′	119°37.7′

标准名称	汉语拼音	所处行政区	地理位置	
			北纬	东经
竹屿埕	Zhúyǔ Chéng	福建省宁德市蕉城区	26°39.4′	119°37.2′
竹屿尖滩	Zhúyǔ Jiāntān	福建省宁德市蕉城区	26°38.8′	119°38.2′
金蛇土	Jīnshé Tǔ	福建省宁德市蕉城区	26°38.4′	119°34.2′
猪母沙滩	Zhūmǔ Shātān	福建省宁德市蕉城区	26°38.3′	119°37.5′
蚶岐埕	Hānqí Chéng	福建省宁德市蕉城区	26°37.6′	119°33.0′
没尾土	Méiwěi Tǔ	福建省宁德市蕉城区	26°37.5′	119°34.2′
打石坑土	Dǎshíkēng Tǔ	福建省宁德市蕉城区	26°37.1′	119°33.7′
沙虎土	Shāhǔ Tǔ	福建省宁德市蕉城区	26°37.0′	119°34.2′
银石土	Yínshí Tǔ	福建省宁德市蕉城区	26°36.8′	119°39.3′
占石滩	Zhànshí Tān	福建省宁德市蕉城区	26°36.8′	119°39.1′
菜园尾滩	Càiyuánwěi Tān	福建省宁德市蕉城区	26°36.7′	119°38.8′
礁溪湾滩	Jiāoxīwān Tān	福建省宁德市蕉城区	26°36.7′	119°40.7′
象溪湾滩	Xiàngxīwān Tān	福建省宁德市蕉城区	26°36.7′	119°42.1′
观音下滩	Guānyīn Xiàtān	福建省宁德市蕉城区	26°36.4′	119°36.2′
三石土	Sānshí Tǔ	福建省宁德市蕉城区	26°36.0′	119°37.6′
末仔土	Mòzǎi Tǔ	福建省宁德市蕉城区	26°35.7′	119°37.0′
塘田滩	Tángtián Tān	福建省宁德市蕉城区	26°34.8′	119°36.1′
北港埕	Běigǎng Chéng	福建省宁德市蕉城区	26°34.3′	119°50.5′
梅田塘土	Méitiántáng Tǔ	福建省宁德市蕉城区	26°34.2′	119°35.9′
后岐洋滩	Hòuqí Yángtān	福建省宁德市霞浦县	26°53.2′	120°04.4′
后港洋滩	Hòugǎng Yángtān	福建省宁德市霞浦县	26°53.1′	120°03.3′
南塘澳滩	Nántáng'ào Tān	福建省宁德市霞浦县	26°48.4′	119°50.8′
山兜涂	Shāndōu Tú	福建省宁德市霞浦县	26°41.9′	119°55.5′
东安塘滩	Dōng'āntáng Tān	福建省宁德市霞浦县	26°40.4′	119°55.0′
海沙滩	Hǎi Shātān	福建省宁德市霞浦县	26°40.3′	120°06.3′
樟港湾滩	Zhānggǎngwān Tān	福建省宁德市福安市	26°56.7′	119°39.4′
长岐沙滩	Chángqí Shātān	福建省宁德市福安市	26°53.1′	119°39.6′
沙湾埕	Shāwān Chéng	福建省宁德市福安市	26°47.5′	119°45.7′

标准名称	汉语拼音	所处行政区	地理位置	
			北纬	东经
面前冈滩	Miànqiángāng Tān	福建省宁德市福安市	26°47.2′	119°34.7′
龙珠埕	Lóngzhū Chéng	福建省宁德市福安市	26°46.5′	119°43.6′
外宅塘滩	Wàizháitáng Tān	福建省宁德市福安市	26°45.6′	119°39.4′
后港僻滩	Hòugǎngpì Tān	福建省宁德市福鼎市	27°10.5′	120°23.3′
敏灶湾滩	Mǐnzàowān Tān	福建省宁德市福鼎市	27°05.8′	120°22.5′
文渡滩	Wéndù Tān	福建省宁德市福鼎市	27°02.9′	120°15.7′

四、岬角

标准名称	汉语拼音	行政区	地理位置	
			北纬	东经
可门头	Kěmén Tóu	福建省福州市连江县	26°25.5′	119°48.9′
人仔鼻	Rénzǎi Bí	福建省福州市连江县	26°25.4′	119°48.8′
马头	Mǎ Tóu	福建省福州市连江县	26°23.9′	119°47.4′
坂铁头	Bǎntiě Tóu	福建省福州市连江县	26°23.8′	119°47.2′
磹石头	Tánshí Tóu	福建省福州市连江县	26°23.1′	119°51.7′
龟山角	Guīshān Jiǎo	福建省福州市连江县	26°22.6′	119°46.7′
牛坪山角	Niúpíngshān Jiǎo	福建省福州市连江县	26°22.3′	119°45.1′
长崎头	Chángqí Tóu	福建省福州市连江县	26°21.6′	119°55.1′
上鼻	Shàng Bí	福建省福州市连江县	26°21.6′	119°55.3′
马鼻兜	Mǎ Bídōu	福建省福州市连江县	26°21.0′	119°54.1′
红石山角	Hóngshíshān Jiǎo	福建省福州市连江县	26°19.1′	119°52.4′
红头鼻角	Hóngtóubí Jiǎo	福建省福州市连江县	26°19.1′	119°54.2′
基澳尾	Jī'ào Wěi	福建省福州市连江县	26°17.8′	119°48.6′
贼仔尾	Zéizǎi Wěi	福建省福州市连江县	26°17.7′	119°48.7′
上鼻头	Shàngbí Tóu	福建省福州市连江县	26°17.5′	119°45.4′
龟尾	Guī Wěi	福建省福州市连江县	26°14.1′	119°40.4′
横仑岸	Hénglún'àn	福建省福州市连江县	26°12.8′	119°39.4′
大王头	Dàwáng Tóu	福建省福州市连江县	26°12.4′	119°38.9′

标准名称	汉语拼音	行政区	地理位置	
			北纬	东经
乌猪头	Wūzhū Tóu	福建省福州市连江县	26°11.1′	119°37.3′
丘旦山角	Qiūdànshān Jiǎo	福建省福州市连江县	26°09.5′	119°39.6′
川石蛇头	Chuānshíshé Tóu	福建省福州市连江县	26°08.2′	119°39.5′
虎尾角	Hǔwěi Jiǎo	福建省福州市罗源县	26°33.1′	119°47.6′
乌岩头	Wūyán Tóu	福建省福州市罗源县	26°28.2′	119°40.7′
狮岐头	Shīqí Tóu	福建省福州市罗源县	26°28.0′	119°41.3′
蝴蝶角	Húdié Jiǎo	福建省福州市罗源县	26°25.1′	119°47.5′
千里尾岬角	Qiānlǐwěi Jiǎjiǎo	福建省福州市平潭县	25°40.6′	119°37.5′
庠角	Xiáng Jiǎo	福建省福州市平潭县	25°39.9′	119°47.3′
大东角	Dà Dōngjiǎo	福建省福州市平潭县	25°39.9′	119°42.9′
白犬山角	Báiquǎnshān Jiǎo	福建省福州市平潭县	25°32.6′	119°51.7′
唐角	Táng Jiǎo	福建省福州市平潭县	25°30.7′	119°41.8′
冠飞角	Guànfēi Jiǎo	福建省福州市平潭县	25°27.8′	119°50.5′
观音角	Guānyīn Jiǎo	福建省福州市平潭县	25°27.5′	119°50.7′
海坛角	Hǎitán Jiǎo	福建省福州市平潭县	25°24.0′	119°46.3′
西猫尾岬角	Xīmāowěi Jiǎjiǎo	福建省福州市平潭县	25°18.5′	119°41.1′
东猫尾岬角	Dōngmāowěi Jiǎjiǎo	福建省福州市平潭县	25°18.5′	119°41.4′
东营岬角	Dōngyíng Jiǎjiǎo	福建省福州市福清市	25°37.3′	119°29.7′
鸡角岬角	Jījiǎo Jiǎjiǎo	福建省福州市福清市	25°35.8′	119°31.6′
东岐岬角	Dōngqí Jiǎjiǎo	福建省福州市福清市	25°35.6′	119°35.6′
广钟岬角	Guǎngzhōng Jiǎjiǎo	福建省福州市福清市	25°35.2′	119°32.1′
北楼岬角	Běilóu Jiǎjiǎo	福建省福州市福清市	25°34.2′	119°35.9′
韩瑶山岬角	Hányáoshān Jiǎjiǎo	福建省福州市福清市	25°28.4′	119°26.5′
薛厝岐岬角	Xuēcuòqí Jiǎjiǎo	福建省福州市福清市	25°26.6′	119°37.5′
球尾角	Qiúwěi Jiǎo	福建省福州市福清市	25°26.0′	119°20.5′
西岐岬角	Xīqí Jiǎjiǎo	福建省福州市福清市	25°22.0′	119°29.1′
龟鼻岬角	Guībí Jiǎjiǎo	福建省福州市福清市	25°21.2′	119°29.0′

标准名称	汉语拼音	行政区	地理位置	
			北纬	东经
球山岬角	Qiúshān Jiǎjiǎo	福建省福州市福清市	25°20.5′	119°35.5′
牛角	Niú Jiǎo	福建省福州市长乐市	25°45.4′	119°37.9′
澳头	Ào Tóu	福建省厦门市翔安区	24°32.3′	118°14.4′
大岞角	Dàzuò Jiǎo	福建省泉州市惠安县	24°53.2′	118°59.1′
浮山东角	Fúshān Dōngjiǎo	福建省泉州市惠安县	24°52.0′	118°50.4′
姑嫂角	Gūsǎo Jiǎo	福建省泉州市石狮市	24°41.8′	118°44.0′
土螺头	Tǔluó Tóu	福建省泉州市石狮市	24°40.1′	118°41.9′
白沙头	Báishā Tóu	福建省泉州市晋江市	24°37.8′	118°28.6′
鸟咀	Niǎo Zuǐ	福建省漳州市云霄县	23°46.4′	117°27.0′
东园角	Dōngyuán Jiǎo	福建省漳州市漳浦县	24°09.7′	117°59.0′
脚桶角	Jiǎotǒng Jiǎo	福建省漳州市漳浦县	24°02.2′	117°54.2′
蟹角	Xiè Jiǎo	福建省漳州市漳浦县	23°57.7′	117°47.9′
大偶角	Dà'ǒu Jiǎo	福建省漳州市漳浦县	23°54.9′	117°46.3′
杏仔角	Xìngzǎi Jiǎo	福建省漳州市漳浦县	23°47.7′	117°38.5′
赭角	Zhě Jiǎo	福建省漳州市诏安县	23°38.2′	117°16.8′
宫口头	Gōngkǒu Tóu	福建省漳州市诏安县	23°36.2′	117°14.0′
北天尾	Běitiān Wěi	福建省漳州市东山县	23°44.3′	117°32.0′
山儿角	Shānr Jiǎo	福建省漳州市东山县	23°40.7′	117°20.8′
圆锥角	Yuánzhuī Jiǎo	福建省漳州市东山县	23°39.7′	117°29.3′
塔角	Tǎ Jiǎo	福建省漳州市龙海市	24°21.3′	118°05.9′
燕尾角	Yànwěi Jiǎo	福建省漳州市龙海市	24°18.4′	118°07.9′
炉架顶角	Lújiàdǐng Jiǎo	福建省漳州市龙海市	24°17.2′	118°07.7′
乌鼻头角	Wūbítóu Jiǎo	福建省漳州市龙海市	24°16.0′	118°06.8′
四冈头角	Sìgāngtóu Jiǎo	福建省宁德市蕉城区	26°42.9′	119°39.3′
石岐角	Shíqí Jiǎo	福建省宁德市蕉城区	26°38.4′	119°39.5′
虎尾山角	Hǔwěishān Jiǎo	福建省宁德市蕉城区	26°37.1′	119°40.1′
虎头冈角	Hǔtóugāng Jiǎo	福建省宁德市霞浦县	27°11.6′	120°24.1′
梅花鼻	Méihuā Bí	福建省宁德市霞浦县	26°59.1′	120°14.7′

标准名称	汉语拼音	行政区	地理位置	
			北纬	东经
螺珠山角	Luózhūshān Jiǎo	福建省宁德市霞浦县	26°58.1′	120°13.8′
狮头鼻	Shītóu Bí	福建省宁德市霞浦县	26°56.9′	120°14.2′
马头鼻	Mǎtóu Bí	福建省宁德市霞浦县	26°54.7′	120°05.6′
鹤鼻头	Hèbí Tóu	福建省宁德市霞浦县	26°53.4′	120°03.9′
下榻尾角	Xiàtàwěi Jiǎo	福建省宁德市霞浦县	26°53.4′	120°06.6′
鼓鼻头	Gǔbí Tóu	福建省宁德市霞浦县	26°52.8′	120°04.6′
犁礁鼻	Líjiāo Bí	福建省宁德市霞浦县	26°49.9′	120°02.0′
长岐鼻	Chángqí Bí	福建省宁德市霞浦县	26°49.0′	120°05.2′
南岐头角	Nánqítóu Jiǎo	福建省宁德市霞浦县	26°48.3′	120°05.2′
金海鼻	Jīnhǎi Bí	福建省宁德市霞浦县	26°48.1′	119°50.0′
牛尾山角	Niúwěishān Jiǎo	福建省宁德市霞浦县	26°47.9′	120°07.0′
天门冈角	Tiānméngāng Jiǎo	福建省宁德市霞浦县	26°47.8′	120°08.0′
鼻头角	Bítóu Jiǎo	福建省宁德市霞浦县	26°47.6′	120°06.2′
凤凰鼻	Fènghuáng Bí	福建省宁德市霞浦县	26°47.4′	120°02.7′
带鱼鼻	Dàiyú Bí	福建省宁德市霞浦县	26°47.0′	119°49.1′
岐鼻山角	Qíbíshān Jiǎo	福建省宁德市霞浦县	26°47.0′	119°55.4′
鼻尾角	Bíwěi Jiǎo	福建省宁德市霞浦县	26°46.4′	120°06.7′
城下冈角	Chéngxiàgāng Jiǎo	福建省宁德市霞浦县	26°46.3′	119°48.1′
岐尾角	Qíwěi Jiǎo	福建省宁德市霞浦县	26°46.0′	119°48.5′
青下鼻	Qīngxià Bí	福建省宁德市霞浦县	26°45.6′	119°48.1′
寺头山角	Sìtóushān Jiǎo	福建省宁德市霞浦县	26°45.2′	120°02.8′
老鸦头角	Lǎoyātóu Jiǎo	福建省宁德市霞浦县	26°45.0′	119°47.5′
牛鼻头角	Niúbítóu Jiǎo	福建省宁德市霞浦县	26°44.3′	120°08.5′
村头鼻	Cūntóu Bí	福建省宁德市霞浦县	26°44.1′	120°01.1′
上垄山角	Shànglǒngshān Jiǎo	福建省宁德市霞浦县	26°44.0′	119°48.2′
喉咙岐角	Hóulóngqí Jiǎo	福建省宁德市霞浦县	26°43.5′	119°39.5′
岱岐头	Dàiqí Tóu	福建省宁德市霞浦县	26°43.0′	119°47.4′
象鼻头	Xiàngbí Tóu	福建省宁德市霞浦县	26°42.7′	120°08.2′

标准名称	汉语拼音	行政区	地理位置	
			北纬	东经
过狮鼻	Guòshī Bí	福建省宁德市霞浦县	26°42.6′	120°21.3′
鼻堡壁角	Bíbǎobì Jiǎo	福建省宁德市霞浦县	26°42.6′	119°47.2′
北尾角	Běiwěi Jiǎo	福建省宁德市霞浦县	26°42.6′	120°07.4′
石狮尾角	Shíshīwěi Jiǎo	福建省宁德市霞浦县	26°42.5′	120°07.2′
黄螺石角	Huángluóshí Jiǎo	福建省宁德市霞浦县	26°42.4′	119°47.3′
象鼻山角	Xiàngbíshān Jiǎo	福建省宁德市霞浦县	26°42.1′	119°49.3′
龙鼻穿角	Lóngbíchuān Jiǎo	福建省宁德市霞浦县	26°41.9′	119°47.6′
光鼻石角	Guāngbíshí Jiǎo	福建省宁德市霞浦县	26°41.8′	119°48.4′
羊头鼻	Yángtóu Bí	福建省宁德市霞浦县	26°41.7′	119°50.2′
观音鼻	Guānyīn Bí	福建省宁德市霞浦县	26°41.6′	119°56.8′
鼻仔尾角	Bízǎiwěi Jiǎo	福建省宁德市霞浦县	26°41.0′	120°06.4′
虎头角	Hǔtóu Jiǎo	福建省宁德市霞浦县	26°40.9′	119°59.0′
南爷山角	Nányéshān Jiǎo	福建省宁德市霞浦县	26°40.2′	120°06.6′
烟墩尾角	Yāndūnwěi Jiǎo	福建省宁德市霞浦县	26°39.7′	120°07.2′
东澳尾角	Dōng'àowěi Jiǎo	福建省宁德市霞浦县	26°39.3′	120°07.0′
塔岐鼻	Tǎqí Bí	福建省宁德市霞浦县	26°39.1′	119°51.7′
鸡角岐	Jī Jiǎoqí	福建省宁德市霞浦县	26°38.5′	119°42.6′
深沟鼻	Shēngōu Bí	福建省宁德市霞浦县	26°38.0′	120°06.8′
金蟹鼻	Jīnxiè Bí	福建省宁德市霞浦县	26°36.7′	120°01.1′
搭钩鼻角	Dāgōubí Jiǎo	福建省宁德市霞浦县	26°35.0′	119°51.0′
东臼鼻	Dōngjiù Bí	福建省宁德市霞浦县	26°32.7′	119°54.4′
和尚头	Héshang Tóu	福建省宁德市霞浦县	26°31.2′	119°50.3′
广桥鼻	Guǎngqiáo Bí	福建省宁德市霞浦县	26°29.9′	120°03.4′
二尖岩角	Èrjiānyán Jiǎo	福建省宁德市霞浦县	26°29.8′	120°01.5′
吉壁角	Jíbì Jiǎo	福建省宁德市霞浦县	26°28.6′	119°48.8′
虎头角	Hǔtóu Jiǎo	福建省宁德市霞浦县	26°26.8′	119°49.6′
长鼻头	Chángbí Tóu	福建省宁德市福安市	26°46.5′	119°46.3′
佛头角	Fótóu Jiǎo	福建省宁德市福安市	26°45.3′	119°43.5′

标准名称	汉语拼音	行政区	地理位置	
			北纬	东经
旧城鼻	Jiùchéng Bí	福建省宁德市福鼎市	27°11.4′	120°24.3′
马井鼻	Mǎjǐng Bí	福建省宁德市福鼎市	27°10.3′	120°23.6′
美岩鼻	Měiyán Bí	福建省宁德市福鼎市	27°09.1′	120°26.0′
鳗尾鼻	Mánwěi Bí	福建省宁德市福鼎市	27°05.7′	120°23.7′
蜈蚣鼻	Wúgōng Bí	福建省宁德市福鼎市	27°01.9′	120°15.7′

五、河口

标准名称	汉语拼音	行政区	地理位置	
			北纬	东经
闽江北口	Mǐnjiāng Běikǒu	福建省福州市连江县	26°10.9′	119°39.3′

附录二

《中国海域海岛地名志·福建卷第二册》索引

E

J

K

L

M

N

R

S

T

Y

Z